Kompendium für ITIL-Projekte

Menschen, Methoden, Meilensteine
Von der Analyse zum selbstoptimierenden Prozess

Martin Kittel, Torsten J. Koerting, Dirk Schött

Kompendium für ITIL-Projekte

Menschen, Methoden, Meilensteine
Von der Analyse zum selbstoptimierenden Prozess

readIT

Impressum

Bibliografische Informationen der Deutschen Bibliothek: Die Deutsche Bibliothek verzeichnet diese Publikation in der Deutschen Nationalbibliografie, detaillierte Daten sind im Internet unter http://dnb.ddab.de abrufbar.

ISBN-10: 3-8334-5411-3
ISBN-13: 978-3-8334-5411-0

Konzept und Text: Martin Kittel, Tosten J. Koerting, Dirk Schött GbR, readIT, www.readit.biz, info@readit.biz

Redaktionelle Betreuung: Dorothee Köhler, Redaktionsbüro Scriptics, www.scriptics.de

Umschlaggestaltung: Petra Ehlers Grafik- und Mediendesign, www.petraehlers.com

Herstellung und Verlag: Books on Demand GmbH, Norderstedt, www.bod.de

Zu den Autoren

Martin Kittel absolvierte Ausbildungen zum Energieanlagenelektroniker und staatlich geprüften Techniker (Fachrichtung Datenelektronik). Für das Unternehmen Digital Equipment war er zehn Jahre bis 1998 in verschiedenen Funktionen des IT Service Managements tätig und arbeitete anschließend sieben Jahre als zertifizierter Projektmanager bei Siemens Business Services im Bereich IT Service Management mit Fokus auf dem Design und der Implementierung von ITSM-Prozessen. Ein weiterer Schwerpunkt von Martin Kittel liegt im Bereich Beratung und Coaching im Hinblick auf Projektmanagementmethoden. Seit Anfang 2006 arbeitet Martin Kittel für MKS Germany und ist dort für den Aufbau und die Führung einer ITIL-Consulting Unit zuständig. **martin.kittel@readit.biz**

Torsten J. Koerting war als ausgebildeter Bankkaufmann zehn Jahre für die Deutsche Bank u. a. in Singapur, Indien und den USA tätig, bevor er 1998 in Deutschland als Co-Founder und CEO ein Unternehmen führte, das anwenderspezifische Lösungen zur Identifizierung, Erfassung, Strukturierung und Bereitstellung entscheidungsrelevanter Informationen entwickelte. Seit 2002 arbeitet Torsten J. Koerting als freiberuflicher Projektmanager mit Schwerpunkt IT-Dienstleistungen und leitete diverse Projekte zur Einführung und Optimierung von ITSM-Prozessen. Er ist Executive BBA (Bachelor of Business Administration, GSBA Zürich) und zertifizierter Project Management Professional (PMI). **torsten.koerting@readit.biz**

Dirk Schött ist gelernter Industriekaufmann und Diplomingenieur der Systemanalyse (FH Bremerhaven). Er arbeitete drei Jahre als Leiter Support im Systemhaus CDK und ist seit 1998 als Berater und Projektleiter bei Siemens Business Services in Frankfurt am Main tätig. Sein Schwerpunkt liegt auf dem IT Service Management. Er verantwortete viele Projekte zum Thema ITSM-Einführung und -Optimierung, u. a. in den Branchen Finance und Logistik/Transport. Dirk Schött ist ITIL-Foundation-Trainer, ausgebildeter IT Service Manager (ITIL) und zertifizierter Projektmanager. **dirk.schoett@readit.biz**

Überblick Inhaltsverzeichnis

Vorwort I 11

Vorwort II 13

1. Warum ein IT Service Management? 15

2. ITIL-Grundlagen 23

3. Einführung der ITIL-Prozesse: eine Herausforderung 63

4. Implementierungsmethode 73

5. Projektmanagement 87

6. Organisation im Wandel 115

7. Einführungsframework 127

8. Analyse-Phase 131

9. Design-Phase 149

10. Build-Phase 175

11. Swing-Phase 191

12. Optimizing- und Self-Optimizing-Phase 207

13. Weiterführende Informationen 221

14. Tools zur Prozessmodellierung 235

Anhang 245

Detailliertes Inhaltsverzeichnis

Vorwort I 11

Vorwort II 13

1. Warum ein IT Service Management? 15

    Spannende Frage: ITIL und Kosten.................................. 16
    Probleme 18
    ... und ihre Lösung: Strukturierung und Standardisierung............. 19
    Fazit 21

2. ITIL-Grundlagen 23

    Was ist ITIL? 23
    Das Framework... 25
    Die einzelnen Prozesse 27

3. Einführung der ITIL-Prozesse: eine Herausforderung 63

    Umsetzung nicht definiert.. 63
    Zu hohe Erwartung an ITIL 65
    Rollen unklar beschrieben 66
    Ungenügende Berücksichtigung der Kundensicht.............. 66
    Beharrungsvermögen der Organisation 67
    Veränderungen machen Angst... 68
    Konflikt von Aufbau- und Ablauforganisation.................. 68
    Auswahl der richtigen Implementierungsmethodik............. 70
    Fazit 71

4. Implementierungsmethode 73

    Die Ausgangsbasis, ... 73
    ... die Vorgehensweisen 73
    ... und ihre Ausprägungen.. 76
    Einflussfaktoren für die Vorgehensweise 79
    Fallbeispiele zur Wahl der Vorgehensweise..................... 81
    Fazit 86

5. Projektmanagement 87

   Projekte, Prozesse und Prozessprojekte 87
   Projektauftrag 88
   Projektorganisation 89
   Clustern von Prozessen 90
   Projektrollen 92
   Wichtige Disziplinen des Projektmanagements 98
   Übergreifende Methoden 103
   Fazit 112

6. Organisation im Wandel 115

   Organisationsformen 115
   Herausforderungen bei der Prozesseinführung 116
   Empfohlener Organisationsaufbau 118
   Veränderungsmanagement und Kommunikation 119
   Fazit 125

7. Einführungsframework 127

8. Analyse-Phase 131

   Steckbrief Analyse-Phase 131
   Vorgehensweise in der Analyse-Phase 133
   Kick-off 134
   Assessment-Tools 134
   Analyse-Workshops 138
   Szenarioentscheid 146
   Fazit 148

9. Design-Phase 149

   Steckbrief Design-Phase 149
   Vorgehensweise in der Design-Phase 151
   Kick-off 152
   Projektteam und Projektplan 153
   Prozess-Workshops 154
   Exkurs I: Kleine Prozesskunde 155
   Exkurs II: Die Prozessmodellierung 156

Mastermodell der Prozessdokumentation 162
Prozessschnittstellen 171
Fazit 173

10. Build-Phase 175

Steckbrief Build-Phase 175
Vorgehensweise in der Build-Phase 177
Kick-off 178
Implementierungskonzept 179
Schulungskonzept 182
Übergabe an den Regelbetrieb 185
Fazit 188

11. Swing-Phase 191

Steckbrief Swing-Phase 191
Kick-off 193
Prozess-Governance 194
Betriebsmatrix 198
KPIs 198
Fazit 205

12. Optimizing- und Self-Optimizing-Phase 207

Steckbrief Optimizing- und Self-Optimizing-Phase 208
Optimizing: reaktive Methode 208
Self-Optimizing: proaktive Methoden 210
Fazit 220

13. Weiterführende Informationen 221

ITIL-Zertifizierungen 221
IT Service Management Forum (itSMF) 222
BS 15000/ISO 20000 223
Sarbanes-Oxley Act (SOX) 228
Microsoft Operations Framework (MOF) 231
Control Objectives for Information & related Technology (COBIT)
.... 233

14. Tools zur Prozessmodellierung 235

    Bonapart 235
    jPass!, jLive! und jFlow! 238
    Aeneis 240

Anhang 245

    Glossar 245
    Links 255
    Literatur 256
    Abbildungsverzeichnis 257
    Tabellenverzeichnis 260
    Stichwortverzeichnis 261

Vorwort I

IT-Dienstleister unterliegen am freien Markt einem starken Wettbewerb durch Globalisierung und dauerndem Druck zur Standardisierung. Was vor zehn Jahren noch für die Fertigungsindustrie galt, bestimmt heute unsere Realität. Industrialisierung der IT, IT Factory, Shared Services sind zwar Schlagworte, aber auch Treiber, die uns einen Paradigmenwechsel aufzwingen.

Transparenz, Vergleichbarkeit, Messbarkeit und klare Zuordnung von Verantwortlichkeiten sind die Voraussetzungen für kontrolliertes Prozessmanagement, d. h. die Voraussetzung für ständige Verbesserung. Als Best-Practice-Ansatz bietet ITIL ein ideales Instrumentarium zur bedarfsorientierten Umsetzung dieser Anforderungen.

Weitere Treiber für die Standardisierung der IT-Prozesse gemäß der ITIL waren in unserem Unternehmen, der Sinius GmbH, die Erfüllung internationaler Normen und Standards – eine BS-15000-Zertifizierung stand an –, die Einführung eines adaptierten Prozessmodells unserer Konzernmutter Siemens Business Services GmbH & Co. OHG sowie die zwingend erforderliche Konsolidierung der historisch gewachsenen heterogenen Prozesslandschaft.

Die Implementierung der ITIL-Prozesse geschah bei uns 2005 im Rahmen eines phasenorientierten Projektes, in dem nicht nur die fachlichen Aspekte im Vordergrund standen. Ein wesentlicher Fokus wurde auch auf die gleichzeitige Veränderung der Organisation gerichtet. Für ein Unternehmen ist ein solches Projekt eine große Herausforderung. Die Beharrlichkeit der Organisation wird oft unterschätzt; auch der Übergang der Prozesse in den Regelbetrieb stellt eine größere Hürde dar als zunächst geglaubt. Die Kunst besteht darin, eine Organisation bzw. die Menschen in ihr zu befähigen, die implementierten Prozesse nach der Übergabe in den Regelbetrieb mit Leben zu füllen und zu stabilisieren.

Dieses Kompendium bietet neben grundlegenden Informationen zur ITIL und zum Projektmanagement ein Novum: ein praxisorientiertes Phasenmodell, das die Synthese dieser komplexen Bereiche darstellt. Basierend auf diesem Modell wurde das IT Service Management

11

in unserem Unternehmen erfolgreich eingeführt und wir haben damit die Voraussetzung geschaffen, einen standardisierten Betrieb überhaupt erst aufzubauen.

Die Autoren Martin Kittel, Torsten J. Koerting und Dirk Schött sind erfahrene Experten auf ihren Gebieten. Ihnen ist es im vorliegenden Kompendium gelungen, ihr Fachwissen praxisgerecht, nachvollziehbar und verständlich zu präsentieren. Insofern wünsche ich diesem Buch seinen verdienten Erfolg!

Karsten Kollat,
Chief Operating Officer
Mitglied der Sinius Geschäftsführung,
ein Unternehmen von Siemens Business Services

Vorwort II

Grundlagen dieses Kompendiums sind die ITIL und die in ihr aufgeführten IT-Service-Management-Prozesse sowie wesentliche Disziplinen des Projektmanagements. Diese beiden Bereiche haben wir verbunden und daraus – quasi als deren Synthese – eine phasenorientierte Vorgehensweise entwickelt, anhand derer Sie die ITSM-Prozesse in Ihrem Unternehmen einführen bzw. optimieren können.

Dieses Buch richtet sich an alle, die vor der Herausforderung stehen, ITSM-Prozesse zu implementieren: Projektleiter, IT-Leiter, Führungskräfte des IT-Managements, aber auch CIOs. Sie alle benötigen bei der Umsetzung der ITIL ein konkretes Vorgehensmodell, um ein derartiges Projekt von der Initiierungsphase bis zum Abschluss erfolgreich durchzuführen. Wir gehen davon aus, dass die Leser mit den Grundbegriffen der ITIL und dem methodischen Rüstzeug des Projektmanagements vertraut sind; in Bezug auf das Projektmanagement haben wir uns auf die Bereiche beschränkt, die für die ITIL relevant sind.

In unser Kompendium sind jahrelange Erfahrungen aus unterschiedlichen Branchen und Kundensituationen eingeflossen; es beschreibt unseren Best-Practice-Ansatz, der eine konkrete Anleitung zur praktischen Umsetzung der Prozesse gemäß der ITIL liefert. Sie bekommen Methoden, Hilfsmittel und Checklisten an die Hand und erfahren, welche Erfolgsfaktoren und Stolpersteine es bei der Einführung eines IT Service Managements gibt. In der Fachliteratur zur ITIL ist dies ein gänzlich neuer Aspekt: Die meisten Werke beschränkten sich bisher auf die Neubeschreibung der ITIL, ohne tiefer auf die Schwierigkeiten bei deren Umsetzung einzugehen. Wir beantworten Ihnen die Fragen, die sowohl die ITIL als auch die Fachliteratur offen lassen. ITIL beschreibt, WAS bei der Prozessgestaltung zu tun ist; wir zeigen Ihnen, WIE dies konkret umgesetzt werden kann. Besondere Aktualität hat unser Kompendium im Hinblick auf die kürzlich eingeführte ISO 20000. Wesentliche Aspekte der Zertifizierung haben wir bereits in einer speziellen Checkliste berücksichtigt.

Unser Dank geht an Bernd Brocksch, Roland Grube und Manfred Ruttmar, Mitarbeiter aus dem Consulting der Siemens Business Services GmbH & Co. OHG, die das fachliche Review übernommen haben. Außerdem danken wir Dorothee Köhler für eine nicht unerhebliche Anzahl Nachhilfestunden in Sachen Grammatik und Orthographie sowie ihre Geduld während der vielen Redaktionssitzungen.

Martin Kittel
Torsten J. Koerting
Dirk Schött

1. Warum ein IT Service Management?

Globalisierung, Standardisierung, Kosten- und Zeitdruck, Ansprüche an die Qualität und Messbarkeit: In diesem Spannungsfeld findet der Wandel von der Produktions- zur Dienstleistungsgesellschaft statt. Konzepte müssen – wenn sie bei der Umsetzung Erfolg haben wollen – auf Kosten- und Qualitätsanforderung der jeweiligen Dienstleistung ausgerichtet sein sowie auf deren schnelle Bereitstellung. Eine starke Fokussierung auf die Bedürfnisse und Anforderungen der Kunden[1] spielt sich nicht mehr nur im Marketing oder Vertrieb ab, sondern gilt auch in den IT-Abteilungen. Dort setzt sich die Erkenntnis durch, dass technologische Neuerungen nicht automatisch optimierte Abläufe und somit eine funktionierende Organisationsstruktur nach sich ziehen.

Aufgrund der geänderten Rahmenbedingungen und des sich vollziehenden Wandels wurde der Bedarf nach einem strukturierten, standardisierten und normierten Prozessrahmenwerk für IT-Organisationen und Kunden deutlich. Aus diesem Grund gab die britische Regierung die IT Infrastructure Library (ITIL[2]) in Auftrag – sie wollte die Qualität der öffentlichen Dienstleistungen verbessern (s. Kapitel 2). ITIL wird oft als eine Art Geheimwissenschaft angesehen, die nur den einen Zweck hat: sich selbst eine Existenzberechtigung zu verschaffen. Dass dies nicht sein *kann*, wird schon an der Entstehungsgeschichte deutlich: ITIL folgt einem Best-Practice-Ansatz. Hier sind Prozesse und Terminologien dokumentiert, die sich in der Praxis bewährt haben. Die für ITIL verantwortlichen Personen haben kooperiert und gemeinsam überlegt: Wie gehen wir am besten mit dem Thema IT um? Welchem Weg folgen wir? Wie erreichen wir branchen- und unternehmensunabhängig Standardisierung, Effizienz, Qualität und Messbarkeit von IT Services?

---

[1] Gemäß ITIL sind Kunden (Customer) diejenigen, die eine Leistung einkaufen und mit denen die Qualitätsparameter festgelegt werden. Diejenigen, die die Leistungen (täglich) nutzen, sind die Anwender (User).
[2] ITIL ist ein eingetragenes Warenzeichen der OGC (Office of Government Commerce).

Spannende Frage: ITIL und Kosten

Langfristig ist auch ITIL dazu geeignet – trotz steigender Qualität – auch die Prozess(management)kosten zu senken. Kurzfristig aber ist es möglich und wahrscheinlich, dass Ersparnisse durch gestiegene Prozesskosten kompensiert werden.

Einsparungen sind u. a. in folgenden Bereichen möglich:

- Reduzierung der Kommunikationsaufwände durch eindeutig geregelte Governance
- Reduzierung der Aufwände von zukünftigen und individuellen Prozessmodellierungen durch bereits implementierte und angewendete Standardmodelle
- Reduzierung der Prozessfehlkosten durch konsequente Ausrichtung auf die Qualität der Ergebnisse
- reduzierte Audit- und Revisionsaufwände durch konsistente Dokumentation
- reduzierter Beratungsbedarf, da die Regelorganisation das Prozess-Know-how selbst vorhält

Gegengerechnet werden u. a. folgende Kosten:

- Projektkosten
- mehr Aufwand in der Zeit nach der Einführung bis zur Stabilisierung
- Qualität kostet Geld!
- Governance und Steuerung bedeuten mehr Aufwand
- zusätzliche Aktivitäten, die bisher im Regelbetrieb nicht durchgeführt wurden (z. B. Erstellung und Pflege eines Kapazitätsplans)
- permanente Ausbildung

Aufgrund der genannten Punkte wird sich ein Return of Investment erst mittel- bis langfristig einstellen.

In Abhängigkeit von steigendem Prozessreifegrad werden die Prozesskosten durch geringer werdende Prozessfehlleistungen sinken. Dabei ist zu beachten, dass mit steigendem Prozesssreifegrad die Aufwände, die zu dessen Erreichung nötig sind, exponentiell steigen. Es ergibt sich ein rein rechnerischer kostenoptimaler Punkt, ab dem der Aufwand zur Steigerung des Prozessreifegrades in einem ungünstigen Verhältnis zur Reduktion der Prozesssfehlkosten steht.

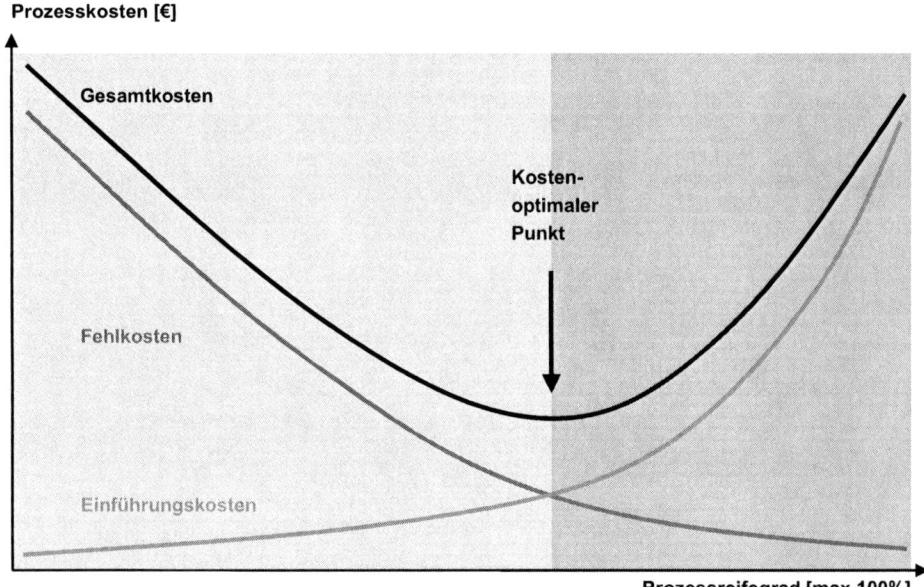

Abbildung 1: Prozesskosten im Verhältnis zum Reifegrad

Jedoch ist zu beachten, dass für gewisse Services andere Aspekte eine wesentliche Rolle spielen, wie zum Beispiel Schutz für Leib und Leben: Hier stehen die Prozesssqualität und die Vermeidung von Prozessfehlleistungen im Vordergrund.

> *Der Hauptfokus bei ITIL ist auf die Steigerung der Qualität von IT Services gerichtet und nicht auf die kurzfristige Senkung der Prozesskosten.*

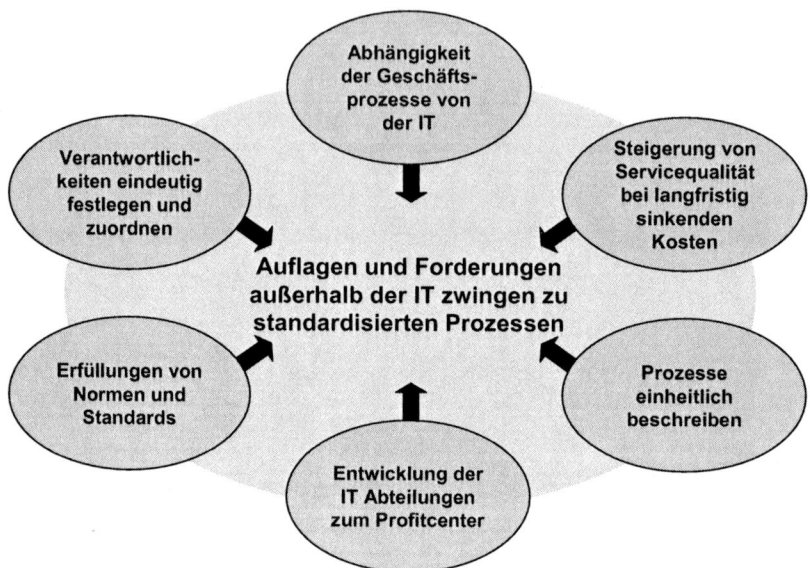

Abbildung 2: Gründe für die Einführung von ITIL

Probleme ...

Abhängigkeit von IT-Prozessen

In den Unternehmen besteht eine immer stärker werdende Abhängigkeit der Geschäfts- von den IT-Prozessen. Klassisches Beispiel dafür ist das E-Banking: In diesem Bereich ist der Geschäftsprozess sogar gleichbedeutend mit dem IT-Prozess und umgekehrt, d. h. ohne Geschäftsprozess gibt es keinen IT-Prozess, ohne IT-Prozess kann kein Geschäft generiert werden. IT-Prozesse müssen sich heute an den Geschäftsprozessen ausrichten, nicht etwa umgekehrt – wie das vor Jahren noch der Fall war. Damals gab die IT-Abteilung bzw. die Technologie vor, welche Vorhaben sich umsetzen ließen und welche nicht. Heute herrscht der Servicegedanke und Kunden haben eine hohe Erwartung an die Qualität der IT Services.

Nicht standardisierte Prozesse

Unternehmen sind einem starken Kosten- und Wettbewerbsdruck am Markt ausgesetzt. Die IT-Abteilungen sind darauf angewiesen, ihre Kosten zu optimieren, profitabel zu arbeiten und ihre Dienstleistungen auf die Anforderungen der Kunden auszurichten. Sie müssen effizient arbeiten, einen hohen Automatisierungs- und Standardisierungsgrad, fast schon einen Fabrikcharakter erreichen.[3]: Sollten standardisierte Prozesse vorhanden sein, ist es in den meisten Fällen jedoch so, dass diese isoliert im Unternehmen ablaufen. Sie genügen somit möglicherweise den eigenen abteilungsinternen Anforderungen, unterstützen jedoch die Kommunikation zwischen den leistungserbringenden Einheiten untereinander und zu den internen und externen Kunden sowie Servicepartnern nicht optimal.

Unstrukturierte Prozesse

Um herauszufinden, wie effizient eine IT-Abteilung arbeitet, müssen die Prozesskosten sowie die Qualität des Prozesses an sich eindeutig, widerspruchsfrei und nachvollziehbar gemessen werden können. Das geht nur, wenn die Prozesse innerhalb dieser IT-Abteilung festgelegte Messgrößen, wie Key Performance Indicators, beinhalten. Dies setzt eine klare Definition und Struktur dieser Prozesse voraus, die eine Messbarkeit erst möglich machen. (Schon allein durch die Definition und die Strukturierung steigt im Übrigen die Qualität der Prozesse, daraus folgend die Servicequalität und Kundenzufriedenheit.) Im Regelfall können im Ist-Zustand einer IT-Abteilung diese Kennzahlen mangels Strukturierung nicht erhoben werden.

... und ihre Lösung: Strukturierung und Standardisierung

Standardisierte und strukturierte Prozesse sind die Basis für eine optimale Kommunikation und die Nutzung von Synergien. Hier kommt ITIL ins Spiel.

ITIL ist ein Best-Practice-Ansatz, anhand dessen die Standardisierung und Strukturierung der IT-Service-Management-Prozesse umgesetzt werden kann. Die damit verbundenen Rollen und Verantwortlichkeiten, die zum Aufbau eines kunden- und serviceorientierten Betriebs der IT-Infrastruktur u. a. notwendig sind, können damit optimal abgebildet werden.

Warum ist die Standardisierung so wichtig?

- Es wird die gleiche „Sprache" gesprochen.
- Abläufe sind einheitlich und transparent.
- Die Fehlerhäufigkeit nimmt ab.

---

[3] In der Automobilindustrie gab es diese Themen und Herausforderungen in den 70er Jahren, dort ist man wesentlich weiter.

- Eine leichte Messung der Performance eines Prozesses und somit Kontrolle der Kosten ist möglich.
- Prozesse bzw. Teile von Prozessen können unkompliziert ausgelagert werden (Business Process Outsourcing).
- Prozessänderungen sind leichter umzusetzen.

Gleiche Sprache innerhalb des Prozesses und an den Schnittstellen

Standardisierung schafft zunächst einmal die Grundlage für effektive Kommunikation. In den unterschiedlichen Beziehungen von Dienstleistern und Kunden gibt es Kommunikations-schnittstellen (bspw. IT Governance). An diesen Schnittstellen müssen alle die gleiche „Sprache" sprechen, d. h. es muss die gleiche Nomenklatur etabliert sein, die durch ein verwandtes Prozessmodell erleichtert wird. Ist dies nicht der Fall, kann es Schwierigkeiten bei der Interaktion geben, unter der die Kundenbeziehung und Effizienz leidet. Ein Beispiel hierfür: Für die Bereitstellung von IT Services sind oft zwei oder drei Dienstleister zuständig: einer betreibt die Desktop Services, ein zweiter die Applikationen, ein dritter den Help Desk. Diese drei Dienstleister können nur dann sinnvoll und effektiv miteinander als auch mit dem Kunden kommunizieren, wenn die gleiche „Sprache" gesprochen wird und ein verwandtes Prozessmodell etabliert ist. Auf der Ebene der Rollen im Prozess bedeutet das: Der definierte Output eines Prozessschrittes entspricht genau dem erwarteten Input eines anderen Prozesses. Dadurch sind dienstleister- und kundenübergreifende Prozesse erst möglich.

Die Prozessübergänge werden durch gemeinsame Schnittstellenbeschreibungen dokumentiert. Das können Verfahrensanweisungen oder auch ein Betriebshandbuch sein. Dort sind die relevanten Aufgaben, Kompetenzen und Verantwortungen festgelegt, und zwar für jeden einzelnen Prozess bis hinunter auf die Prozessschrittebene. Wichtig ist in diesem Zusammenhang auch: Der In- und Output an den einzelnen Schnittstellen muss klar definiert sein (mehr dazu im Kapitel 2; dort erfahren Sie, welche In- und Outputs in den einzelnen Prozessen erforderlich sind).

Kostenkontrolle und Transparenz

Ein weiteres Argument für die Standardisierung von Prozessen: Wenn ein Dienstleister auf den Kunden hin ausgerichtet ist und seine Prozesse in Organisation und Sprache – beispielsweise gemäß ITIL – standardisiert hat, sind diese transparent und messbar. Der Dienstleister kann die Kosten besser kontrollieren und neue Anforderungen des Kunden schneller umsetzen. Für den Kunden ergibt sich darüber hinaus der Vorteil, dass die Leistungen des Dienstleisters im Zuge der angewandten Prozesse vergleichbar und austauschbar werden.

Die Standardisierung von Prozessen hat innerhalb der Beziehung zwischen Kunde und Dienstleister also drei Ausprägungen:

- Der Dienstleister standardisiert seine Prozesse, um sich besser zum Markt hin ausrichten zu können, in diesem Fall zu seinem Kunden.
- Ein Kunde richtet sich in der Gestaltung seiner IT-Prozesse und Rollen am marktüblichen Standard (ITIL) aus. So verlaufen Prozesse reibungsloser, die Kommunikation ist klarer. Die Erwartungen an die Leistungen des anderen sind synchronisiert. Durch die transparente Gestaltung sind die Leistungen mess-, vergleich- und austauschbar.
- Ein Unternehmen richtet sich standardisiert zu seinem internen IT-Dienstleister aus, um bestimmte leistungserbringende Einheiten, einzelne Prozesse oder ein ganzes Prozessumfeld auslagern zu können. (Bevor es ITIL gab, war dies nur mit einem erheblich höheren Aufwand möglich.)

> *Organisationen sollten Prozessstandardisierungen jedoch nicht nur zum Selbstzweck oder aus rein wirtschaftlichen Gründen vornehmen, sondern um dem Druck der Kunden entgegenzukommen und auf Anfragen oder in schwierigen Betriebssituationen sicherer agieren zu können. Wer Prozesse nicht standardisiert, hat einen klaren Nachteil im Wettbewerb.*

Vorgaben von außen

Hat ein Unternehmen seine IT-Prozesse gemäß ITIL standardisiert, dann sind sie definiert, beschrieben, messbar und transparent. Gesetzliche Vorgaben und andere Anforderungen wie z. B. die Norm ISO 20000 können somit schnell und effizient erfüllt werden.

Fazit

Auf dem Weg von der Produktions- zur Dienstleistungsgesellschaft sehen sich Unternehmen in Bezug auf Ihre IT-Abteilungen folgenden Problemen gegenüber: Die Geschäftsprozesse sind zunehmend von den IT-Prozessen abhängig; daraus und aus dem Kosten- und Erfolgsdruck resultierend müssen IT-Abteilungen service- und kundenorientierter arbeiten und ihre Prozesse messbar machen. Die Standardisierung von Prozessen nach ITIL ist die Basis für die serviceorientierte Ausrichtung dieser Prozesse, denn: Durch Standardisierung werden Schnittstellen einheitlich definiert, sind eine Kostenkontrolle und Auslagerung möglich und können Vorgaben von außen schnell umgesetzt werden.

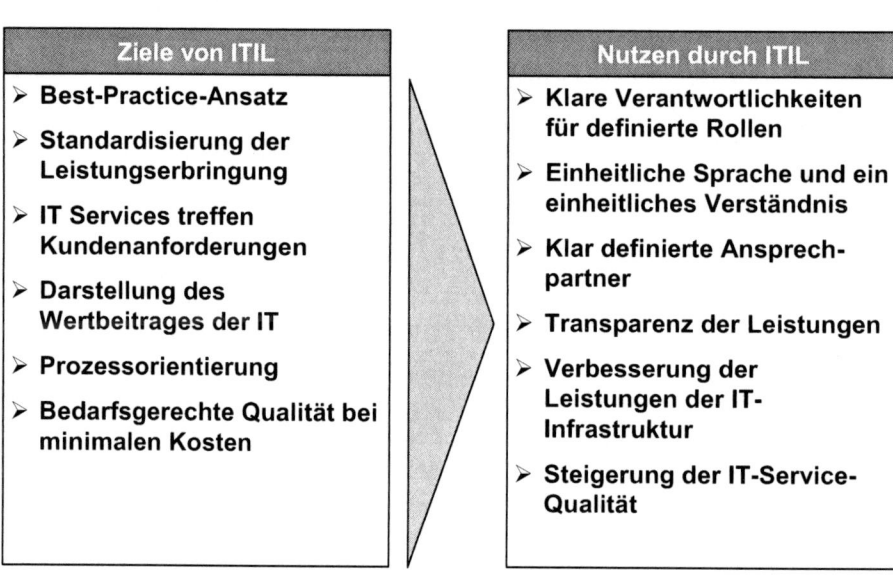

Abbildung 3: Ziele und Nutzen von ITIL

2. ITIL-Grundlagen

Standardisierung von Prozessen ist die Basis der Serviceorientierung (s. vorhergehendes Kapitel). ITIL bietet Leitlinien, die für diese Standardisierung sorgen.

Was ist ITIL?

Die ITIL bietet Prozessleitlinien und eine einheitliche Nomenklatur zur Planung, Erbringung und Unterstützung von IT Services. Die Abkürzung ITIL steht dabei für IT Infrastructure Library. Diese „Library" besteht aus mehreren Büchern, die Ende der 80er Jahre von der britischen Behörde Central Computer and Telecommunication Agency (CCTA) erarbeitet wurden. Ziel war es, die öffentlichen Dienstleistungen der britischen Regierung zu verbessern, und zwar durch die service- und qualitätsorientierte Nutzung der IT. 2001 ging die CCTA in das Office of Government Commerce über (OGC, eine Stabstelle der britischen Regierung), das seither auch für die Überarbeitung und Weiterentwicklung von ITIL zuständig ist.

In den Büchern der IT Infrastructure Libray sind Beschreibungen von in der Praxis erfolgreichen Prozessen und Rollen dokumentiert. Es handelt sich hier also um einen Best-Practice-Ansatz und nicht um ein Vorgehensmodell. In der Literatur wird ITIL oft als ein Prozessmodell bezeichnet; wenn Prozessmodell im Sinne einer abstrakten, übergreifenden Darstellung eines Prozesses verwendet wird, möchten wir uns dieser Definition anschließen. Oft genug wird ein *Prozess*modell jedoch als *Vorgehens*modell für die Implementierung von Prozessen missverstanden, und das ist ITIL ganz gewiss nicht.

> **ITIL ist ein Prozessmodell im Sinne einer abstrakten Darstellung von Prozessen. ITIL ist jedoch kein Vorgehensmodell!**

23

ITIL beschreibt also auf einer abstrakten Ebene, WAS für ein effektives IT-Service-Management getan werden muss, aber nicht WIE es getan werden soll. Die Umsetzung ist in jeder Kundensituation individuell auszugestalten.

> **ITIL beschreibt das WAS, aber nicht das WIE der Prozessgestaltung.**

Ziel- und Nutzergruppen

Die Bücher der IT Infrastructure Library richten sich an alle, die in die Planung, Steuerung und Überwachung von IT Services eingebunden sind: Manager, Mitarbeiter, Entwickler und Dienstleister etc. Die auf ITIL basierende Gestaltung von IT-Prozessen ist vor allem in England und in den Niederlanden weit verbreitet. Die Bedeutung in Deutschland nimmt stetig zu. Die wichtigste Benutzervereinigung ist das 1991 in Großbritannien gegründete itSMF (IT Service Management Forum). Seine Aufgabe ist es, die ITIL-Standards zu verbessern und weiterzuentwickeln. itSMF Deutschland hat seinen Sitz in Frankfurt. Alle weltweit etablierten IT Service Management Foren beraten das OGC (die für die Fortschreibung von ITIL zuständige Stabstelle der britischen Regierung) und machen die Informationen über ITIL u. a. auf den Websites zugänglich (s. Kapitel 13).

Ausbildung

ITIL umfasst ebenso die Ausbildung und international anerkannte Zertifizierung durch das ISEB (Information Systems Examination Board) in Großbritannien und das EXIN (Examensinstituut voor Informatica) in den Niederlanden. Folgende Zertifikate können von Personen erworben werden:

- Foundation Certificate in IT Service Management
- Practitioner Certificate in IT Service Management (prozessbezogen)
- Certificate in IT Infrastructure Management

Die Prüfungen finden regelmäßig in verschiedenen Ländern und Sprachen statt; die Institute, die die Prüfungsvorbereitung durchführen, müssen durch das ISEB oder EXIN akkreditiert sein.

Das Framework

Das ITIL Framework – das „Rahmenwerk", die Struktur – besteht aus folgenden Modulen und Einzelprozessen:

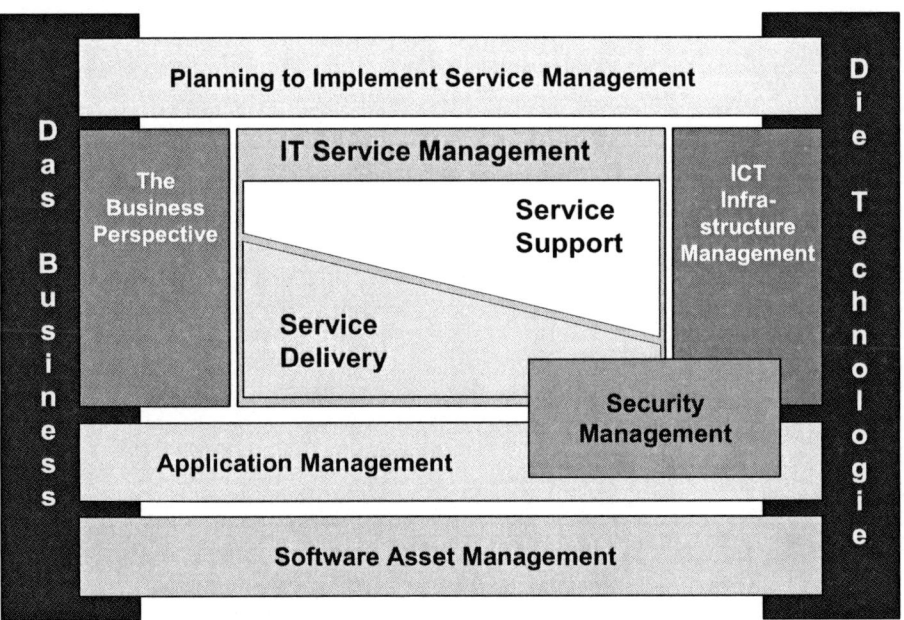

Abbildung 4: Die Bücher der ITIL

- **Service Support:** beinhaltet Prozessmodelle für Incident Management, Problem Management, Change Management, Configuration Management, Release Management und die Funktion Service Desk
- **Service Delivery:** beinhaltet Prozessmodelle für Service Level Management, Financial Management for IT Services, Capacity Management, Continuity Management und Availability Management
- **Security Management Book:** beschreibt den Prozess zur Gestaltung der IT-Informationssicherheit
- **Information and Communications Technology Infrastructure Management (ICT Infrastructure Management):** beinhaltet die vier Managementbereiche Design and

Planning, Deployments, Operations und Technical Support

- **Application Management:** beschreibt die Anforderungen, die aus der Anwendung von Software-Applikationen resultieren, und zwar über deren kompletten Lebenszyklus hinweg: Planung, Entwicklung, Test, Implementierung, Betrieb und Außerbetriebnahme

- **Planning to Implement Service Management:** beschreibt rudimentär Planung, Einführung und Verbesserung der jeweiligen ITIL-Prozesse

- **The Business Perspective:** beschreibt, welche Aspekte des IT Services aus Sicht des Managements relevant sind: Beziehung der IT zu ihren Kunden, Outsourcing von Dienstleistungen und Business Continuity Management

Service Support und Service Delivery sind die Kernmodule des ITIL Frameworks. Diese beiden Module basieren auf einer Interaktion mit dem Kunden.

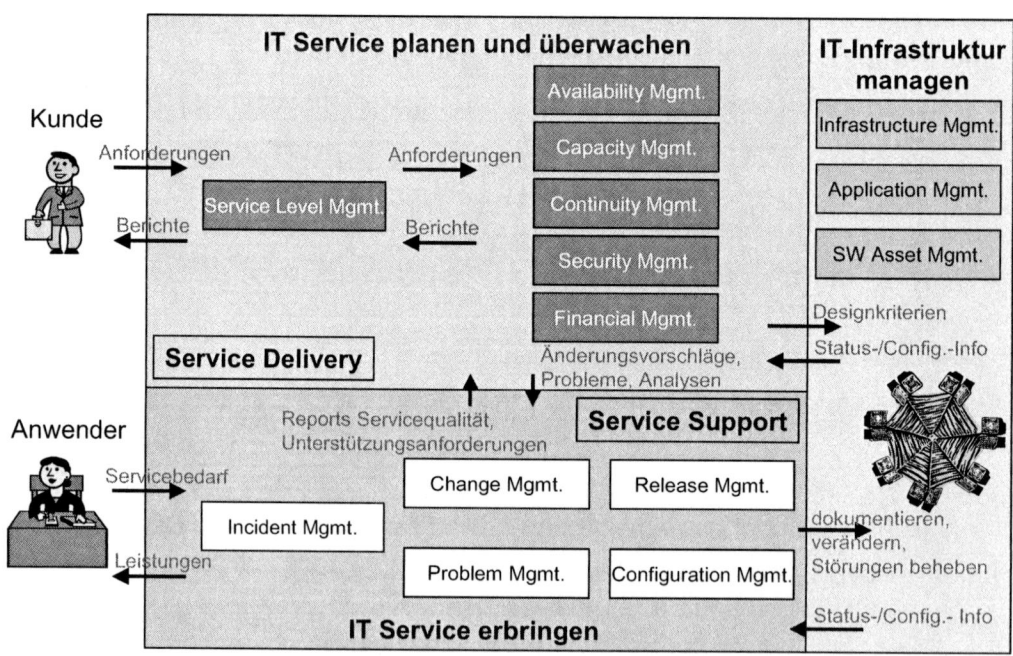

Abbildung 5: Service Support und Service Delivery – die ITIL-Kernprozesse

Service Delivery hat dabei einen stark planerischen Aspekt: Hier geht es in erster Linie um Serviceverträge und Dienstleistungsgarantien. Dem Kunden soll langfristig eine zugesagte

Leistung zur Verfügung gestellt werden; Service Delivery ist also zukunftsgewandt und an den Zielen des Kunden ausgerichtet. Service Support hat einen eher reaktiven Charakter; dieses Modul umfasst quasi die hinter der Service Delivery liegenden Prozesse.

In der Folge konzentrieren wir uns aufgrund der Häufigkeit, Relevanz und Wichtigkeit auf die Module Service Delivery und Service Support sowie Security Management. Es sind die Bereiche, die das Tagesgeschäft im IT Service ausmachen; mit diesen Modulen kann ein kompletter IT-Betrieb gestaltet werden.

Kein Prozess, sondern eine Funktion: der Service Desk

Der Service Desk ist zwar gemeinsam mit den einzelnen Prozessen dem Modul Service Support des Frameworks zugeordnet, spielt aber eine Sonderrolle: Er ist kein Prozess, sondern erfüllt eine Funktion. Aufgrund der großen Bedeutung des Service Desks ist diese Funktion in der IT Infrastructure Library beschrieben worden. Der Service Desk nimmt im Wesentlichen die Aufgaben aus dem Incident Management wahr, kann aber auch Teile der Aufgaben aus dem Change Management und dem Configuration Management abdecken. Er bildet die Kommunikationsschnittstelle zwischen den Anwendern oder Kunden und der IT. Er ist also eine Anlaufstelle, ein Ansprechpartner für Störungen, Anfragen oder Aufträge. Hier ist der First Level Support angesiedelt. Es gibt verschiedene Möglichkeiten, wie ein solcher Service Desk organisiert werden kann (zentral, dezentral oder virtuell), die an dieser Stelle jedoch nicht weiter ausgeführt werden sollen. Statt dessen verweisen wir auf die entsprechende Literatur (s. Kapitel 13).

Die einzelnen Prozesse

Nachfolgend haben wir Ihnen zu jedem Einzelprozess aus den Modulen Service Support und Service Delivery die wichtigsten Merkmale kompakt zusammengestellt: Ziele, Input[4], Aktivitäten, Output[5], wichtige Schnittstellen zu den anderen Einzelprozessen, Rollen im Prozess und die wesentlichen KPI[6].

---

[4] definierter Auslöser des Prozesses
[5] definiertes Ende oder Ergebnis des Prozesses
[6] Key Performance Indicator; Kennzahlen, anhand derer der Fortschritt oder der Erfüllungsgrad eines Prozesses in Bezug auf wichtige Zielsetzungen ermittelt werden kann

Prozessrollen

Ein Wort zu den Prozessrollen: Die in der ITIL beschriebenen Prozesse definieren auch den Process Owner, der Zielvorgaben gibt und die Kontrolle des Prozesses verantwortet, sowie weitere prozessspezifische Rollen, die für die Umsetzung der Prozesse verantwortlich sind bzw. die Prozesse tatsächlich ausführen. Unser in diesem Buch beschriebenes Rollenmodell unterscheidet sich jedoch von dem der ITIL. Es resultiert aus unserer langjährigen Beratererfahrung und hat sich in diversen Prozessimplementierungsprojekten bewährt. Weiterhin ist dies der von ITIL gewollte Ansatz der Adaptierung an die kundenindividuelle Situation. Wir unterscheiden zwischen Rollen *am* und Rollen *im* Prozess.

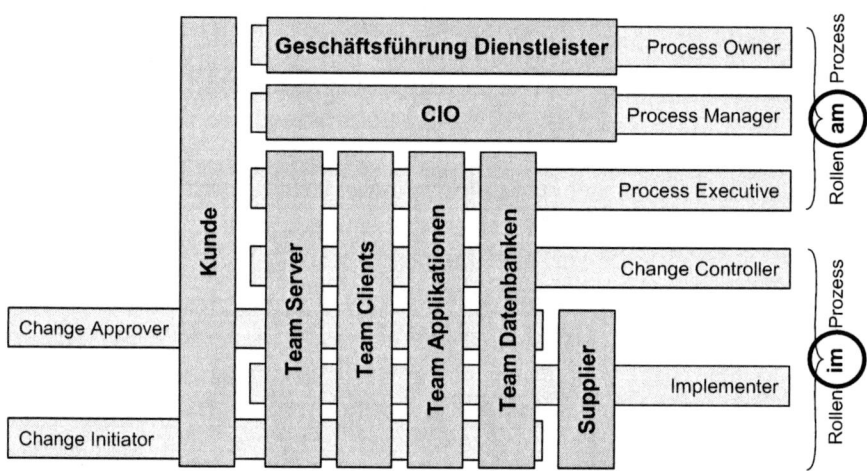

Abbildung 6: Mapping der Prozessrollen auf das Organisationsmodell am Beispiel Change Management

Träger der Rollen *am* Prozess sind mit ihren Tätigkeiten nicht operativ in die einzelnen Prozesse eingebunden. Sie definieren die Vorgaben für den Prozess, sie kontrollieren den Prozess und sorgen für dessen kontinuierliche Verbesserung.

- **Process Owner:** Er definiert und verantwortet die Zielsetzung eines Prozesses. Er ernennt und beauftragt die Process Manager und erfüllt die Prozesspflichten aus dem Business Process Modell und die Vorgaben aus dem Geschäftsauftrag. Er entscheidet über Entwicklung- und Verbesserungsmaßnahmen. Außerdem gibt er den zu erzielenden Reifegrad der Prozesse sowie die Prozessziele hinsichtlich Effektivität und Effizienz vor. Er hat die unternehmerische Verantwortung für die Prozesse, bewertet Prozessrisiken und entscheidet über Maßnahmen zur Risikoreduzierung. Er gibt den Prozess frei. Im Rahmen des Prozess-Review-Meetings (s. Prozess-Governance) trägt der Process Owner die Verantwortung für die Festlegung sowohl der Modellierungsrichtlinien als auch eines gesamtheitlichen und schlüssigen Prozessmodells zur Integration der ITSM-Prozesse in die Prozesslandschaft des Gesamtunternehmens. Hierzu sind sowohl die strategischen Vorgaben des Managements als auch die Unternehmensziele zu berücksichtigen.

- **Process Manager:** Er erfüllt die Vorgaben des Process Owners und ernennt den Process Executive. Er analysiert die Umsetzung der Prozessvorgaben anhand von Kennzahlen und identifiziert Prozessrisiken bzw. empfiehlt Maßnahmen zu deren Reduzierung. Er stellt die kontinuierliche Verbesserung sicher. Er stellt die Erreichung des vorgegebenen Reifegrads sicher und erstellt eine Entscheidungsvorlage zur Freigabe des Prozesses. Er definiert und misst Kennzahlen. Er erstellt und pflegt die Prozessdokumentation. Er überwacht die Schnittstellen und damit die Wechselwirkung der Prozesse. Er ermittelt den Ressourcenbedarf für den Prozessdurchlauf, die Bereitstellung des Prozesses und den Rollout. Er definiert die Vorgehensweise für die Prozessimplementierung und beauftragt diese nach der Freigabe durch den Process Owner.

- **Process Executive:** Diese Rolle wird nur eingerichtet, wenn aufgrund unterschiedlicher Unternehmenssituationen eine zusätzliche Hierarchieebene innerhalb der Prozessorganisation erforderlich ist. Diese Rolle zeichnet sich durch ihre kunden- oder bereichsspezifische Ausprägung aus; deren Aufgaben entsprechen im Wesentlichen denen des Process Managers. Das Ziel dieser Rolle ist die ordnungsgemäße Nutzung des Prozesses. Der Process Executive arbeitet am, aber auch im Prozess und kann somit dessen Wirksamkeit bewerten.

Die Rollen *im* Prozess sind für die Ausführung der Prozessschritte zuständig. Auf den nachfolgenden Seiten finden Sie zu jedem Prozess die dazugehörigen Rollen aufgelistet.

Service Support – Incident Management

Das Incident Management hat die Aufgabe, Störungen im IT Service schnellstmöglich zu beheben (Fehlfunktionen, Ausfall von Hard- oder Software), um Auswirkungen auf den Geschäftsbetrieb zu vermeiden. Incidents müssen aber nicht unbedingt Störungen, sondern können auch Aufträge oder Anfragen sein (Service Requests). Der Service Desk führt wesentliche Teile des Incident Managements aus. Insbesondere der 1st Level Support ist hier angesiedelt.

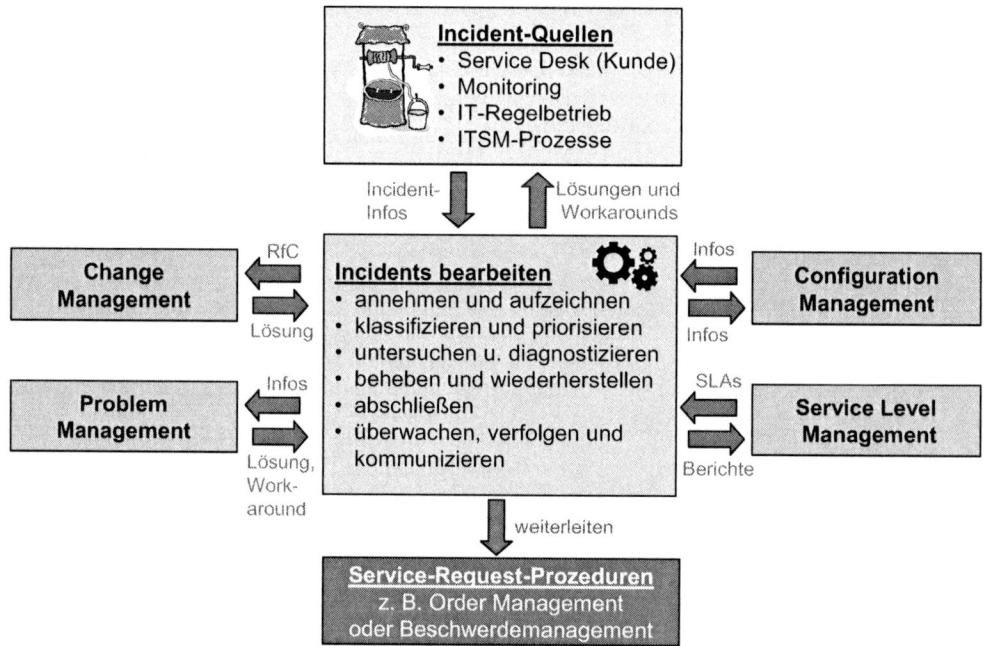

Abbildung 7: Service Support – Incident Management

Ziele
- Wiederherstellung des IT Services mit möglichst geringer Auswirkung auf die Anwender bzw. den Geschäftsbetrieb
- Verantwortung für den Incident während der kompletten Bearbeitungsdauer

Input
- Service Requests bzw. Störungen, die über den Service Desk gemeldet werden
- Lösungen, die das Problem Management zur Verfügung stellt
- Informationen über geplante oder erfolgte Veränderungen aus dem Change Management
- Informationen aus dem Configuration Management (zu Anwendern, Komponenten, Konfigurationen)

Aktivitäten
- Annahme, Bewertung und Priorisierung der Störungsmeldungen
- Untersuchung und Versuch der Erstlösung der Störung durch Nutzung einer Wissensdatenbank (Lösungen und Workarounds)
- Ggf. Einschaltung von Problem Management und Change Management
- Dokumentation und Kommunikation der Incidents und deren Status

Output
- Dokumentierte und kommunizierte Incidents an Configuration Management und Anwender
- Änderungsanforderung (Request for Change – RfC – an Change Management
- Problemauslösung und Stördaten an Problem Management
- Störungsinformationen an Service Level Management und alle anderen Service Delivery Prozesse
- Reports
- Informationen über Änderungen an den Configuration Items (CI) an Configuration Management

Wichtige Schnittstellen zu anderen Prozessen
- Problem Management (nutzt die Reports des Incident Managements zur proaktiven Problembeseitigung)
- Configuration Management (Austausch von Informationen zu Configuration Items)
- Change Management (bekommt RfC, liefert Planungen für Changes)
- Service Level Management (bekommt Störungsdaten, liefert Informationen zu Service Level, Prioritäten und Eskalationsregelung; Eskalation

im Sinne der hierarchischen Eskalation meint hier die Einbindung und Information weiterer Spezialisten)

- Availability Management (bekommt Störungsdaten und beurteilt die Verfügbarkeit; liefert Vorgaben zur Bearbeitung von Störungen)

Rollen im Prozess

- Incident Controller: Steuerung der Anrufverteilung auf die Mitarbeiter im First Level; Überwachung, Steuerung und Dokumentation der Incident-Laufzeiten; Sicherstellung der Koordination und Kommunikation mit Service Desk, Problem und Change Management im operativen Betrieb
- Call Agent: telefonischer Ansprechpartner für alle Anwender, analysiert, bearbeitet und dokumentiert Incidents
- Incident Coordinator: gleiche Aufgaben wie Call Agent, nimmt Incidents per Fax, Mail und Web sowie automatisch generierte Incidents an

Wesentliche KPI (Key Perfomance Indicators)

- Anzahl der Incidents, die im First Level gelöst werden konnten (Erstlösungsrate)
- Durchschnittliche Lösungszeit eines Incidents
- Durchschnittskosten je Incident
- Anzahl der korrekt weitergeleiteten Incidents aus dem First Level

Service Support – Problem Management

Hauptziel des Problem Managements ist die nachhaltige Vermeidung von Störungen durch die Behebung von Fehlern in der IT Infrastruktur. So sorgt das Problem Management dafür, dass Fehler erst gar nicht auftreten (proaktives Problem Management). Tritt ein Fehler gehäuft auf oder hat massive Auswirkungen auf den Geschäftsbetrieb (Major Incident), unterstützt das Problem Management reaktiv bei der Störungsbeseitigung. Ein weiteres Ziel des Problem Managements ist es, den Incident Prozess effizient zu unterstützen. Dazu stellt er temporäre Lösungen (Workarounds), eine Lösungsdatenbank oder auch Informationen über aktuell bekannte Probleme (Known Errors) zu Verfügung. Änderungen zur Problembeseitigung werden per RfC über das Change Management geleitet und überwacht.

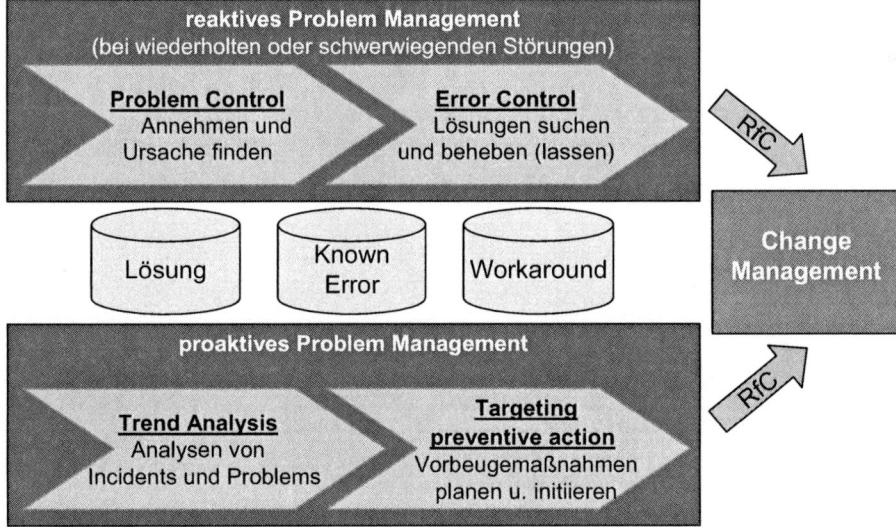

Abbildung 8: Service Support – Problem Management

Ziele
- Vermeidung und Begrenzung der Auswirkungen von Störungen auf die IT Services
- Bestimmung, Analyse und Beseitigung von Störungsursachen
- Proaktive Analyse von potenziellen Schwachstellen der Services
- Bereitstellung von Informationen über Workarounds, bekannte Fehler, bekannte Lösungen und getroffene Maßnahmen

Input
- Incident Details (aktuell und historisch) aus Incident Management
- Konfigurationsdaten aus der Configuration Management Database (CMDB)
- vorhandene Workarounds
- Expertenwissen
- Reports/Monitoring
- Systemdokumentationen
- Letzte Changes (mögliche Störungen)
- FSC (Überwachung der Problemlösung)
- SLAs (Verfolgung der Problemlösung)
- Anwenderfeedback (für proaktives Problem Management)

Aktivitäten
- Problemkontrolle (Erkennung, Aufnahme, Klassifizierung, Untersuchung, Diagnose)
- Fehlerkontrolle (Erkennung, Aufnahme, Lösungsfindung und -bereitstellung, Abschluss, Fehlerüberwachung)
- Proaktives Problem Management (Trendanalysen, Testen und Untersuchen, Auslösung von Präventivmaßnahmen)
- Informationsbereitstellung (für Incident Management, Anwender und IT-Management)

Output
- Lösungen und Workarounds
- RfC an Change Management
- Problem- und Known-Error-Eintrag in die Lösungsdatenbanken
- CI-Status
- Trendanalysen

Wichtige Schnittstellen zu anderen Prozessen
- Incident Management (liefert Daten, nutzt Lösungen und Workarounds des Problem Managements)
- Change Management (liefert Informationen zu anstehenden und ausgeführten Changes, bekommt RfC inkl. Lösungsvorschlag zur Beseitigung von Fehlern)

- Configuration Management (liefert Konfigurationsdaten der CI zur Ursachen- und Lösungsfindung, bekommt aktuellen Status der CI)
- Capacity Management, Availability Management, Security Management, Continuity Management (liefern Hinweise auf strukturelle Probleme und Planungen im Hinblick auf die künftige IT Infrastruktur)

Rollen im Prozess

- Problem Controller: überwacht, steuert und dokumentiert den Betrieb des Problem Managements; ist Eskalationsinstanz für Problem Coordinator und Problem Handling Staff; stellt Koordination und Kommunikation mit dem Incident Management sicher; erstellt Reports zur Definition und Auswertung der Qualität/Quantität der Problem-Bearbeitung; identifiziert und initiiert Änderungen an relevanten Tools
- Problem Coordinator: Annahme, Erfassung, Analyse, Zuweisung eingehender Problems und Known Errors, Überwachung und Kommunikation der Lösung (inkl. Workarounds), Aktualisierung der Datenbanken, Zulieferung von Dokumentationen zu einem erkannten Problem, Ermittlung der betroffenen CI und deren Kombinationen, Klassifizierung und Zuweisung der Problems im Zuständigkeitsbereich
- Problem Handling Staff: Annahme und Analyse der vom Problem Coordinator weitergeleiteten Problems, Erarbeitung und Bereitstellung von Workarounds, Initiierung der Fehlerbeseitigung

Wesentliche KPI (Key Perfomance Indicators)

- Proaktive Problemlösungsrate
- Anzahl bereitgestellter Workarounds
- Lösungszeit je Problem
- Verhältnis Problems zu Known Errors

Service Support – Change Management

Aufgabe des Change Managements ist es, sämtliche Veränderungen innerhalb der produktiven IT-Infrastruktur und ihrer Komponenten (CI) zu managen und zu dokumentieren. Die Abfolge der einzelnen (Änderungs-)Schritte wird dabei strukturiert geplant, deren Umsetzung gesteuert und kommuniziert. Am Ende wird eine Erfolgskontrolle durchgeführt.

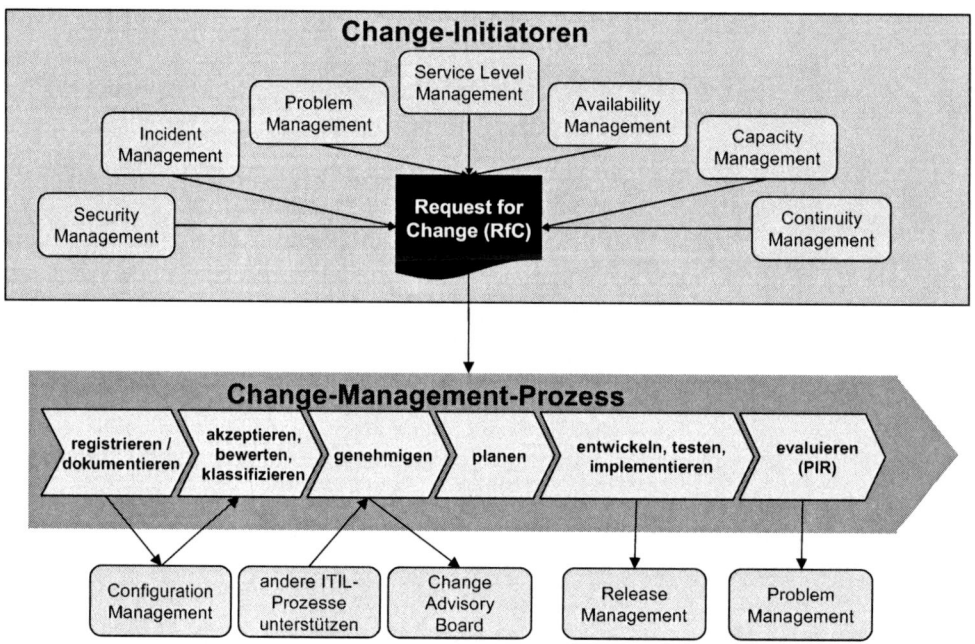

Abbildung 9: Service Support – Change Management

Ziele	• Kontrollierte, strukturierte, zeitnahe und standardisierte Durchführung von allen Changes
	• Auswirkungen auf den laufenden Betrieb sollen so gering wie möglich gehalten werden
Input	• Request for Change (RfC)
	• CI Daten aus der Configuration Management Database (CMDB)

Aktivitäten	• Erfassung, Annahme oder Ablehnung eines RfC
	• Klassifizierung, Priorisierung, Planung, Entwicklung, Testen, Implementierung, Evaluation eines RfC
	• Erfolgskontrolle im Zuge eines Post Implementation Review (PIR)

Output	• Aktualisierte Daten für CMDB
	• Beauftragung von Configuration- und Release Management
	• Informationen an Change Advisory Board (CAB)[7]
	• Reports
	• Bericht und Maßnahmen aus PIR
	• Forward Schedule of Change (FSC: Änderungskalender, Planungen und Einzelheiten der Changes)

Wichtige Schnittstellen zu anderen Prozessen	• Incident Management (liefert RfC, die vom Change Management bearbeitet werden, bekommt Information über Änderungen)
	• Problem Management (liefert RfC und wirkt im CAB mit)
	• Configuration Management (liefert CI Informationen, bekommt diese aktualisiert zurück)
	• Release Management (führt Changes in Form von Release-Aufträgen[8] durch)
	• Service Level Management (Changes machen ggf. Nachverhandlungen mit dem Kunden nötig, und zwar in Bezug auf das Service Level Agreement (SLA)[9], Änderungen am SLA erzeugen RfC, das Service Level Management wirkt im CAB mit, bekommt Planungen der Changes)
	• Availability Management, Capacity Management und Security Management (liefern, analysieren und bewerten RfC)
	• Continuity Management (arbeitet an der Auswirkungsanalyse mit, testet und aktualisiert Notfallpläne)

---

[7] Änderungsbeirat, der einberufen wird, um Changes zu beurteilen und zu autorisieren
[8] Testen und Überführen in die Produktionsumgebung einer Reihe von neuen oder geänderten CIs
[9] Dokument, das die Rechte und Pflichten der Parteien – Kunde und Dienstleister – vertraglich regelt

Rollen im Prozess

- Change Controller: Erfassung, Bewertung, Veranlassung der Durchführung von Changes sowie deren Beurteilung und Dokumentation, Information an betroffene Stellen, Einberufung des CABs, Erstellung von Reports, Analyse der KPI
- Change Initiator: Beschreibung, Begründung und Bewertung eines RfCs
- Change Approver: Genehmigung eines RfCs (unter Betrachtung der Konsequenzen sowohl der Durchführung als auch einer Unterlassung)
- Change Implementer: vom Change Controller beauftragter technischer Experte, der für ein RfC das Produkt erstellt oder beschafft, Test- und Implementierungsplan erstellt und umsetzt sowie die Dokumentation erstellt
- Change Advisory Board: Autorisierung von RfC, Erstellung von Risiko- und Impact-Analysen, Steuerung von Notfall-Changes

Wesentliche KPI (Key Perfomance Indicators)

- Anzahl erfolgreicher Änderungen
- Anzahl Changes mit vorherigem Test durchgeführt
- Anzahl der Incidents, die durch Changes ausgelöst wurden
- Durchschnittliche Dauer der Genehmigung

Service Support – Release Management

Das Release Management ist für umfangreiche Hard- und Software-Rollouts zuständig, und zwar unter Projektbedingungen. Es verantwortet die Umsetzung großer Änderungsmaßnahmen. Die Releases werden dabei geplant, getestet und kontrolliert in die Produktionsumgebung überführt.

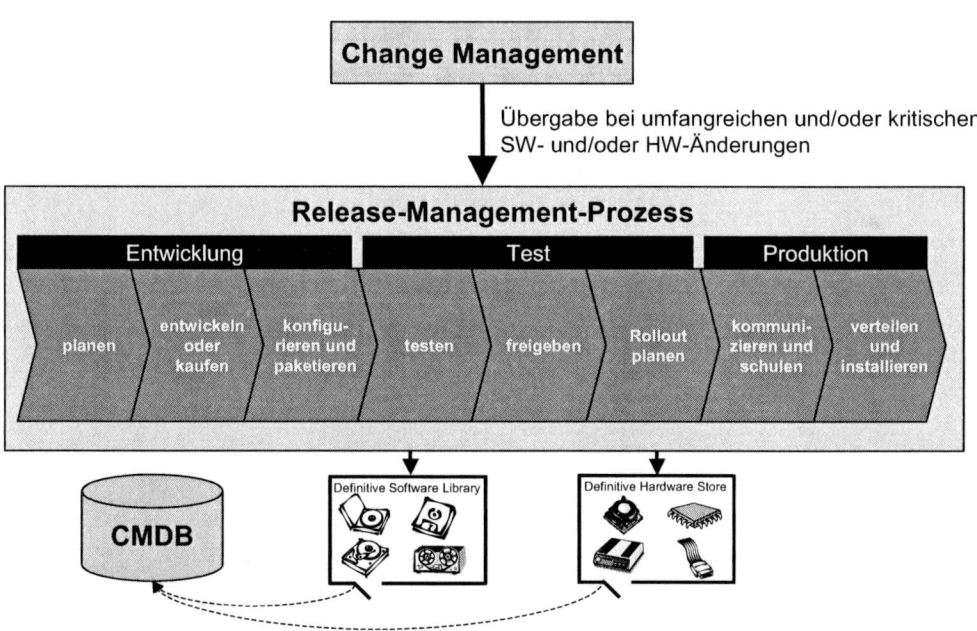

Abbildung 10: Service Support – Release Management

Ziele

- Planung, Koordinierung, Ausführung und Überwachung von umfangreichen Hard- und Software-Rollouts sowie Änderungen an IT Services bei gleichzeitiger Sicherung und Schutz der Produktionsumgebung
- Installation von korrekten, autorisierten und getesteten Versionen
- Aufbewahrung aller Software und Master-Kopien (der gekauften und entwickelten Software) in der Definitive Software Library (DSL)[10] so-

---

[10] Die Definitive Software Library ist ein Speicherort (Datenträger oder Datenbank) für Software inklusive eines Archivs für die älteren Versionen.

wie der maßgeblichen Ersatzteile und Hardware-Komponenten im Definitive Hardware Store (DHS)[11]

Input
- Release-Auftrag (genehmigter RfC)
- bisherige Release-Planung (die dann angepasst wird)
- Daten über CI aus der CMDB

Aktivitäten
- Entwicklung und Festlegung von Release-Grundsätzen und -Strategie
- Planung, Design, Entwicklung, Aufbau und Konfiguration des Releases
- Test und Abnahme des Releases
- Rollout-Planung, Kommunikation, Vorbereitung und Training
- Rollout (Verteilung und Installation)

Output
- geänderte oder neu erstellte Releases, Verwahrung in DSL oder DHS
- Release-Plan
- Known Error und Workarounds aus der Entwicklungsumgebung
- Management Reports

Wichtige Schnittstellen zu anderen Prozessen
- Change Management (die Umsetzung der Releases wird vom Change Management freigegeben, zudem ist das Change Management für den Post Implementation Review verantwortlich, gibt Empfehlungen zu Inhalten und Planung der Releases und ist für den zugehörigen RfC zuständig; ebenso geht die Release-Planung in den FSC ein)
- Configuration Management (erhält aktuelle DSL- und DHS-Daten sowie die CI-Daten nach einem Rollout zur Speicherung in der CMDB)
- Incident und Problem Management (bekommt über Change und Configuration Management Informationen über neue Umgebung, neue Releases und behobene Fehler)

---

[11] Der Definitive Hardware Store ist ein abgeschlossener Bereich für maßgebliche Ersatzkomponenten, die nicht verändert werden dürfen.

Rollen im Prozess

- Release Controller: erarbeitet und kommuniziert den Masterplan, stellt die Aktualität der DSL und DSH sicher, plant Pilotierungen und Roll-outs, initiiert Schulungen, wertet Reports aus, initiiert und koordiniert Analyse, Tests und Abnahmen
- Inspector (Input): ist zuständig für formale Eingangsprüfung der RfC, der gelieferten Dokumentationen und Sources, nimmt den Auftrag an, kalkuliert Kosten, plant Termine, löst internen Workflow aus und übernimmt die gelieferten Daten
- Configurator: verantwortlich für die Umsetzung des Release-Auftrags (Bereitstellung der Entwicklungsumgebung, Analyse und Test der Einlieferungen, Konfiguration und Automatisierung des Releases, Bewertung von Test- und Back-out-Verfahren)
- Tester: verantwortlich für die Funktionalitäts- und Qualitätssicherung (Bereitstellung der Testumgebung, Test des Releases, Unterstützung des Kunden bei den Funktionstests, Verifizierung des Back-out-Plans, Freigabe zum Integrations- und Abnahmetest)
- Implementer: Installation des Releases in der Testumgebung, ggf. Installation der Hardware, technische Durchführung von Softwareversand und -installation in der Testumgebung und Produktivumgebung
- Inspector (Output): sichert die Qualität durch Einsteuerung nur kompletter Releases in die Pilot- und Produktivumgebung und prüft deswegen die Releases auf Vollständigkeit, Sources und Dokumentation, zudem prüft er die absolvierten Tests auf Vollständigkeit, auf Erteilung der Freigaben und führt einen Abgleich bzw. eine Koordinierung mit anderen geplanten Rollouts durch

Wesentliche KPI (Key Perfomance Indicators)

- Anzahl der Releases im Zeit- und Budgetrahmen
- Anzahl der erfolgreichen Releases (ohne Back-out)
- Anzahl der Fehler nach Rollout (in Arbeitsablauf oder CI)
- Aktualität der Software in DSL sowie Verhältnis zwischen Software in der DSL und tatsächlich eingesetzter Software

41

Service Support – Configuration Management

Das Configuration Management versorgt alle Service-Management-Prozesse mit den für ihre Zielerbringung notwendigen Informationen. Die Komponenten der IT-Infrastruktur (Configuration Items) werden in einer strukturierten Form vernetzt miteinander in einer virtuellen Datenbank, der CMDB, aufgenommen und ständig aktualisiert. Dem Configuration Management kommt somit eine zentrale Rolle im Zusammenspiel der einzelnen Prozesse zu.

Abbildung 11: Service Support – Configuration Management

Ziele
- Bereitstellung von aktuellen Daten für die IT-Prozesse
- Pflege einer einheitlichen und zentralen Datenbasis ohne Redundanzen

Input
- CI-Daten
- Informationen aus Change und Release Management
- Audit- und Review-Ergebnisse der übrigen Prozesse aus Service Support und Service Delivery

Aktivitäten
- Mittelfristige Planung (drei bis sechs Monate) des Configuration Managements im Hinblick auf Strategien, Grundsätze, Ziele, Prozesse
- Identifizierung und Kontrolle der CI
- Statusüberwachung und Verifizierung der Daten sowie Berichtswesen

Output
- Audit- und Review Reports
- aktuelle CI-Daten
- Konfigurationsinformationen an die übrigen Prozesse aus Service Support und Service Delivery

Wichtige Schnittstellen zu anderen Prozessen
- Incident und Problem Management (liefern Informationen zu nicht korrekten CI-Daten und bekommen wiederum CI-Daten, um ihre Aufgaben zu erfüllen)
- Release Management (liefert über das Change Management neue Release-Versionen, bekommt über die CMDB die Informationsbasis für die Releases)
- Change Management (liefert Informationen, um die CMDB auf dem neuesten Stand zu halten und nutzt CI-Informationen zur Bewertung von Changes)
- Continuity Management (legt fest, welche CI in der CMDB nach unvorhergesehenen Katastrophenfällen wiederhergestellt werden müssen)
- Capacity-, Financial-, Service Level-, Availability- und Security Management (nutzen die CI-Daten zur Erfüllung ihrer Aufgaben)

Rollen im Prozess
- Configuration Designer: Erstellung und Pflege von Datenmodellen; Ausarbeitung von Richtlinien, Konventionen und operativen Arbeitsgrundlagen; Definition von Schnittstellen; Dokumentation und Kommunikation
- Configuration Controller: Überwachung der operativen Aufgaben; Aus- und Bewertung der Rohdaten; Prüfung der Einhaltung definierter Konventionen und Richtlinien, Bewertung, Dokumentation und Einleitung von fachlichen Eskalationen

43

- Configuration Coordinator: Gesamtverantwortung für die Auftrags-annahme, -koordination, -verfolgung und -erledigung; Terminplanung und -abstimmung mit anderen Prozessen
- Configuration Operator: Anlage und Aktualisierung von CI, Bereitstellung der Rohdaten für Reportings, Sicherung von Daten, Eskalation bei Regelverstößen

Wesentliche KPI (Key Perfomance Indicators)	- SLA-Verletzungen aufgrund von Fehlern im Configuration Management - Aufgrund von Fehlern in CMDB nicht implementierbare RfCs - Anzahl und Umfang von Abweichungen, die bei Audits festgestellt wurden - Dauer vom Antrag bis zur Einstellung in die CMDB (neuer CI)

Service Delivery – Service Level Management

Das Service Level Management ist die zentrale Schnittstelle zum Kunden. Hier werden gemeinsam Abstimmungen getroffen und im Service Level Agreement (SLA) schriftlich fixiert, dessen Erbringung anschließend überwacht und ggf. angepasst und verbessert wird. Zugehörige Absicherungsverträge sind Operational Level Agreement (OLA; Vereinbarung über die Zulieferungen der internen IT-Organisation) und Underpinning Contract (UC; Vertrag mit externem Dienstleister). Im Service-Katalog sind alle verfügbaren IT Services und deren möglichen Ausprägungen beschrieben.

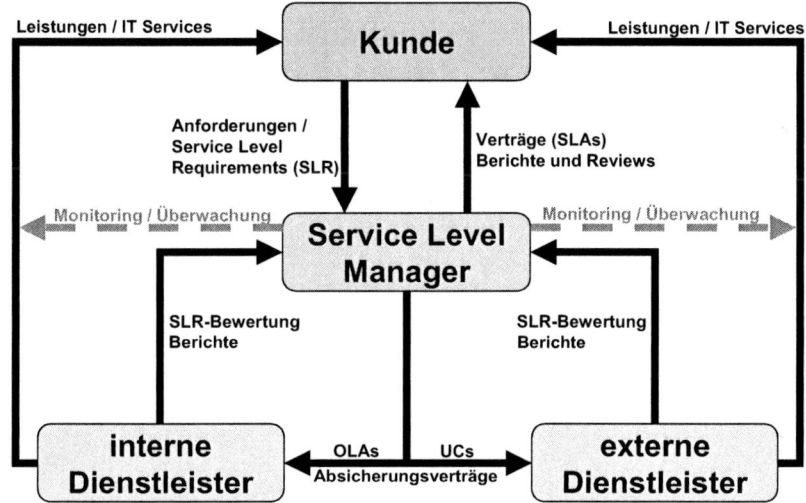

Abbildung 12: Service Delivery – Service Level Management

Ziele
- Regelung und Beschreibung der Dienstleistungen
- Verbesserte Beziehungen zwischen Kunden und IT
- Erbringung und Steigerung der IT-Servicequalität

Input
- Kundenanforderungen
- Planungsdaten aus den anderen Prozessen
- CI aus CMDB

45

- RfC von Change Management
- Bericht über die Entwicklung der Servicequalität

Aktivitäten

- Identifizierung der Kundenanforderungen und -bedürfnisse
- Festlegung der zu erbringenden Services, Erstellung eines Service Katalogs (Aufstellung aller Services des IT-Dienstleisters)
- Abschluss der Verträge (Leistungsart, -umfang, Kosten) in Form von SLA
- Absicherung der zu erbringenden Dienstleistungen durch OLAs und UCs
- Überwachung der definierten Service Levels, Berichte und Auswertungen
- Initiierung von Maßnahmen zu Verbesserung der Servicequalität und Anpassung von Verträgen

Output

- SLA, OLA, UC
- Service Katalog, Berichte und Reports
- Informationen zu CI-Relationen

Wichtige Schnittstellen zu anderen Prozessen

- Service Desk (Obwohl der Service Desk eine Funktion erfüllt und wie oben schon erwähnt kein Prozess ist, soll er hier genannt werden, denn die Kooperation zwischen Service Desk und Service Level Management ist sehr wichtig. Der Service Desk nimmt Anfragen und Beschwerden der Kunden auf und stellt sie dem Service Level Management zur Verfügung)
- Incident Management (liefert Störungsdaten sowie Daten zur Verfügbarkeit, setzt die vereinbarten Service Level zur Steuerung ein)
- Configuration Management (SLA, OLA und UC gehören zu den CI, sind als solche in der CMDB erfasst, haben wiederum Beziehungen zu anderen CI und sind dadurch für die Service Levels relevant)
- Availability Management (liefert Daten und die Planung zur Verfügbarkeit sowie deren Monitoring und Reporting; die Verfügbarkeit wie-

derum ist einer der häufigst eingesetzten Service Levels)

- Financial Management (liefert die Kosten und Preismodelle eines Services)
- Capacity Management (nutzt die vereinbarten Service Levels zur Kapazitätsplanung und stellt die erforderliche Kapazität sicher)
- Security Management (liefert die Sicherheitsanforderungen und -bewertungen zur SLA-Gestaltung)
- Change Management (liefert Änderungen an der IT-Infrastruktur und deren Auswirkungen auf die SLAs; benutzt die definierten SLAs bei der Durchführung von Changes)

Rollen im Prozess

- Service Level Controller: zuständig für die Erfüllung sämtlicher mit dem Kunden bestehender Verträge und für die Annahme der Implementierung neuer oder ergänzender Verträge (Vereinbarung, Anpassung, Überwachung von definierten Servicequalitäten, Berichterstattung, Maßnahmen zur Verbesserung von Services)
- Reporting Controller: übernimmt die fachliche Prüfung der bereitgestellten Kunden- und Management-Reports, bereitet sie ggf. auf und liefert sie periodisch an den Service Level Controller
- Operational Service Level Controller: Service-Erbringung, operative Steuerung von Systemen und Ressourcen, Unterstützung des Service Level Controllers u. a. bei der Analyse von Abweichungen, der Erarbeitung von alternativen Maßnahmen

Wesentliche KPI (Key Perfomance Indicators)

- Abdeckung der Services durch Service Level Agreements
- Anteil der SLA-Komponenten, die über OLA und UC abgesichert werden
- Anteil der SLA, die vollständig überwacht werden
- Anzahl der regelmäßigen Berichte
- Vollständigkeit des Service-Katalogs in Bezug auf die erbrachten Services

Service Delivery – Financial Management for IT Services

Im Bereich des Financial Managements werden Budgets geplant und Kosten kontrolliert, auch die Leistungsverrechnung erfolgt hier. Das Financial Management stellt die Managementinformationen zur Verfügung, die für die effiziente und wirtschaftliche Erbringung von IT Services Voraussetzung sind. Über die Ausgaben kann vollständig Rechenschaft abgelegt und die Kosten können den einzelnen Services zugeordnet werden.

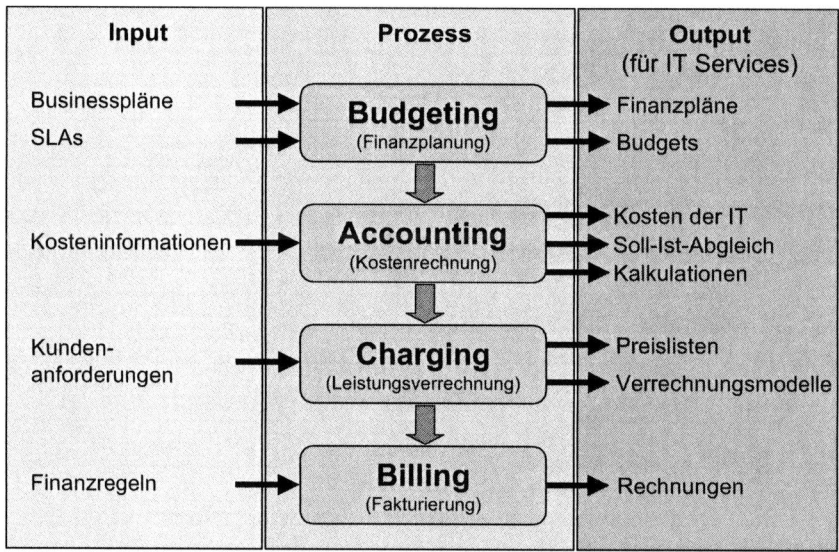

Abbildung 13: Service Delivery – Financial Management

Ziele
- Kontrolle über den kosteneffizienten Einsatz von IT-Komponenten und -Ressourcen zur Service-Erbringung
- Transparenz der Kosten
- Unterstützung von Managemententscheidungen

Input
- CI-Daten
- Vereinbarte Services, Service Levels
- Benötigte Kapazitäten
- Changes

- Verrechnungsmodelle
- Finanzplanungen aller Abteilungen
- entstandene Kosten bei der Leistungserbringung

Aktivitäten
- Finanzplanung (Budgeting)
- Kostenrechnung (Accounting)
- Leistungsverrechnung (Charging und Billing)

Output
- Budgetplanungen
- Kostenaufstellungen
- Rechnungen
- Preislisten
- Soll-Ist-Vergleiche

Wichtige Schnittstellen zu anderen Prozessen
- Service Level Management (bekommt Kosten und Preise für die jeweiligen Services und teilt diese den Kunden mit)
- Configuration Management (liefert über die CMDB Daten für die Ermittlung der Kosten)
- Capacity Management (liefert Informationen über die eingesetzten Ressourcen; bekommt Informationen über die Kosten, um die Wirtschaftlichkeit der Ressourcen zu ermitteln)

Rollen im Prozess
- Financial Controller: verantwortlich für die wirtschaftliche Steuerung durch Berichterstattung, Einhaltung der Kosten, Bewertung von Risiken, Umsetzung der Kalkulationsrichtlinien, Ermittlung der Betriebskostensätze, Kontrolle der Wirtschaftlichkeit, Erstellung von Monats- und Jahresabschlüssen
- Financial Coordinator: ist übergeordnete Eskalationsstelle für den Betrieb und stellt dadurch eine schnelle Behebung aller durch Regelverstöße verursachten Unstimmigkeiten und Differenzen sicher
- Financial Planer: stellt Erreichung der wirtschaftlichen Ziele gemäß

SLA sicher; Personalbedarfs- und Kostenplanung

- Financial Sales Controller: verantwortlich für alle kaufmännischen Belange (Bereitstellung und Überprüfung von Kalkulationen, Gestaltung von Verrechnungsmodellen, Berichterstattung, Rechnungslegung, Abrechnung)

- Financial Supporter: wirtschaftliche Verantwortung für die gebuchten Aufwände (Überprüfung der Buchungen, Überprüfung von Kontierungsinformationen, Stornierungen, Einhaltung des genehmigten Budgets)

Wesentliche KPI (Key Perfomance Indicators)

- Zielerreichung (geplantes Budget entspricht dem tatsächlichen Budget; Budgetabweichungen)

- Anteil fehlerhafter Rechnungen aufgrund von Fehlern im Financial-Management-Prozess

- Zeitgerechte Erstellung von Berichten/Planung im Financial Management

- Vollständigkeit der Kostenerfassung

Service Delivery – Capacity Management

Basierend auf den Geschäftsanforderungen und der vorhandenen Infrastruktur wird ein Kapazitätsplan erstellt, dessen Umsetzung die rechtzeitige und kosteneffiziente Bereitstellung von ausreichender IT-Kapazität zum Ziel hat. Grundlage sind hierbei die Vereinbarungen im Service Level Agreement. Der Analyse und der Prognose, also der proaktiven Planung der Kapazitäten, muss eine große Bedeutung zugemessen werden. Besondere Herausforderung ist die Balance zwischen Anforderungen und Nachfrage, sodass keine Überkapazitäten entstehen und doch die Leistung in der vereinbarten Qualität erbracht werden kann.

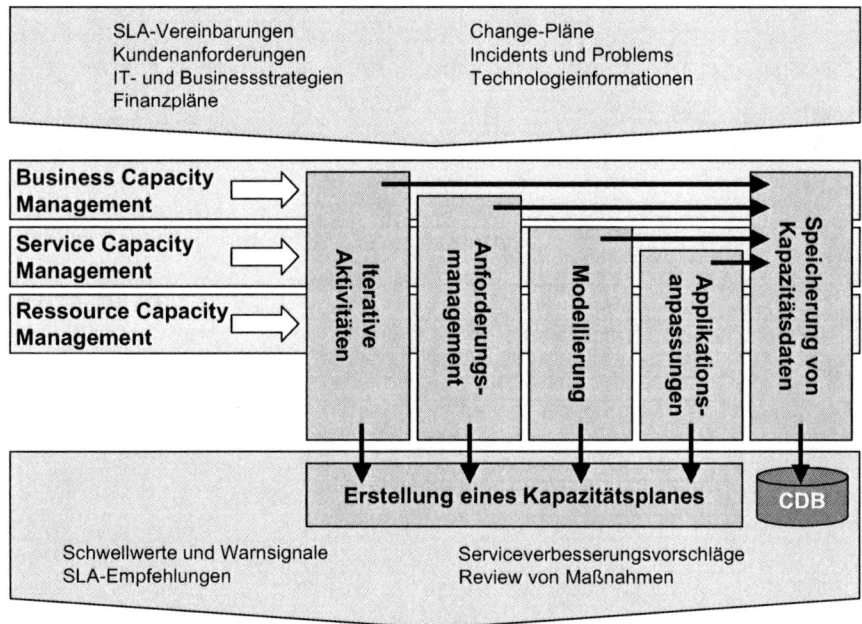

Abbildung 14: Service Delivery – Capacity Management

Ziele

- Sichere Erkennung aktueller und zukünftiger Kapazitäten
- Bereitstellung benötigter Kapazitäten – zu wirtschaftlich vertretbaren Konditionen und zum richtigen Zeitpunkt –, damit die vereinbarten Service Levels erfüllt werden können
- Vermeidung von Störungen durch Kapazitätsengpässe

Input
- Geschäftsstrategie, IT-Strategie und -Planung
- Incidents und Problems aufgrund von Kapazitätsengpässen
- SLA, Service-Katalog, FSC (u. a. aufgrund neuer Verträge)
- Informationen über neue Technologien

Aktivitäten
- Definition der Anforderungen an die IT auf Basis der Geschäftsanforderung; Analyse, Planung und Implementierung der Anforderungen in Bezug auf die Services
- Definition und Bereitstellung der für die vereinbarten IT Services erforderlichen Kapazitäten sowie die Übernahme der Verantwortung dafür; Überwachung und Steuerung der für das Capacity Management relevanten SLA
- Überwachung der den IT Services zugrundeliegenden IT-Infrastruktur-Ressourcen hinsichtlich der für das Capacity Management relevanten SLA

Output
- Capacity Plan
- Capacity Management Database
- Service-Level-Empfehlungen, Kapazitätsberichte
- RfC zur Serviceverbesserung

Wichtige Schnittstellen zu anderen Prozessen
- Availability Management (eng verknüpft mit Capacity Management, denn Verfügbarkeit ist nur in Verbindung mit Kapazität gegeben; beide Prozesse nutzen die gleichen Methoden für Analyse, Planung, Verbesserung und Review; Availability Management und Capacity Management können aufgrund der vielen Gemeinsamkeiten zusammen verantwortet werden)
- Incident Management (liefert Störungen, die in Kapazitätsproblemen begründet liegen; bekommt Werkzeuge zur Erkennung oder Behebung von Kapazitätsproblemen)
- Problem Management (bekommt Werkzeuge und Informationen zur Unterstützung innerhalb seiner reaktiven und proaktiven Rolle hinsicht-

lich der Kapazitäten der IT-Infrastruktur)

- Change Management (das Capacity Management sollte im Change Advisory Board vertreten sein; geplante Changes können Auswirkungen auf die Kapazitäten haben)
- Release Management (bekommt rollout-relevante Kapazitätsdaten)
- Configuration Management (stellt Informationen aus der CMDB zum Aufbau der Capacity Management Database zur Verfügung (CDB))
- Service Level Management (bekommt Informationen über Machbarkeit und Risiken von Kapazitätsanforderungen für die Verhandlungen und Vereinbarungen)
- Financial Management (Capacity Management ist involviert in die Kostenplanung sowie Kosten-Nutzen-Analyse und liefert Daten über die Kosten der Kapazitäten)
- Continuity Management (bekommt Informationen über den Mindestbedarf an Kapazität, der nach einem Katastrophenfall wieder hergestellt werden muss)

Rollen im Prozess

- Capacity Controller: Erstellung und Aktualisierung des Kapazitätsplans, Aktualisierung der Datenbank CDB, Erstellung von Prognosen, Kostenkontrolle, Initiierung und Umsetzung von Kapazitätsanpassungen, Reporting
- Capacity Coordinator: verantwortlich für Kapazitäten in den Bereichen des Regelbetriebs, Planung und Definition der Anforderungen an benötigte IT und erforderliches Personal

Wesentliche KPI (Key Perfomance Indicators)

- Aktualität der Kapazitätsplanung
- Anzahl von Ausfällen aufgrund von Kapazitätsproblemen/-störungen
- Einhaltung der vereinbarten Service Levels zu Kapazität
- Kosteneffizienz (keine Überkapazitäten, keine Panikkäufe) in Bezug auf Kapazitäten

Service Delivery – Availability Management

Auch beim Availability Management geht es um die langfristige, kosteneffiziente Bereitstellung zugesagter Leistungen, hier im Sinne der Verfügbarkeit. Auf Basis der Geschäftsanforderungen wird ein allgemeines und ein servicespezifisches Verfügbarkeitsniveau definiert, die Umsetzung geplant und anhand der Kennzahlen überwacht. Neben der Verfügbarkeit spielen die Zuverlässigkeit (Reliability) der IT-Systeme, die Wartbarkeit (Maintainability) der IT-Systeme, die Fähigkeit, den Service wiederherzustellen (Serviceability), und die Informationssicherheit (Security) der Services eine Rolle.

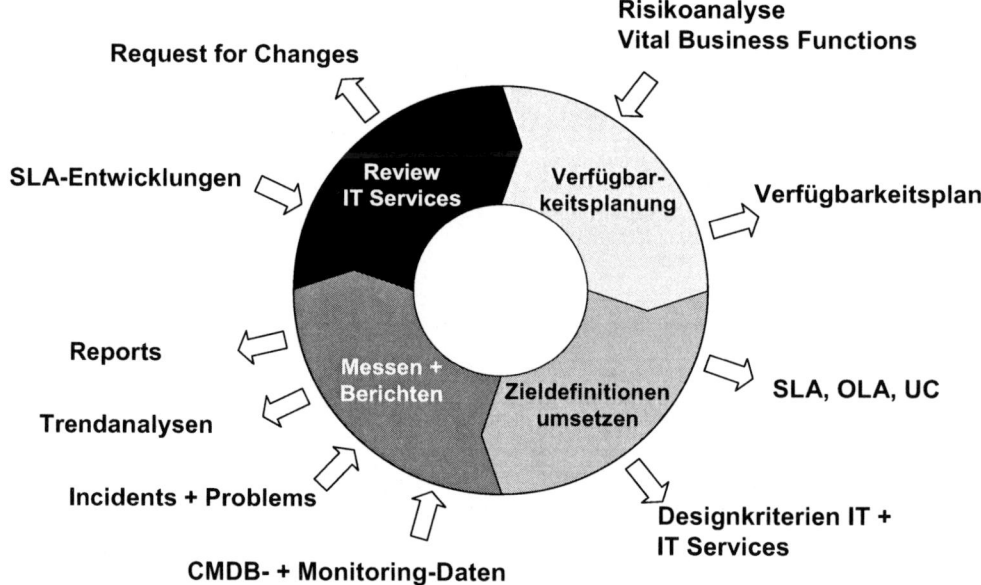

Abbildung 15: Service Delivery – Availability Management

Ziele
- Bereitstellung von vereinbarter Verfügbarkeit
- Rechtzeitige (proaktive) Erkennung von Verfügbarkeitsdefiziten
- Abwägung von Kosten und Nutzen (Angebot und Nachfrage) hinsichtlich des Systemdesigns

Input
- Verfügbarkeitsanforderungen von Service Level Management
- Informationen über Ausfälle von Services und Komponenten
- Konfigurationsdaten aus der CMDB

Aktivitäten
- Planung und Kontrolle der Verfügbarkeit (Analyse der Anforderungen sowie der Nichtverfügbarkeit, Reporting, Monitoring, Erstellung und Pflege des Availability-Plans)
- Zusammenarbeit mit dem Continuity Management zur Erstellung des Notfallplans
- Bewertung der geplanten Verfügbarkeitsziele hinsichtlich Risiken und Machbarkeit

Output
- Kriterien für das Design der Verfügbarkeit bzw. Wiederherstellung
- Planungen für neue oder zu verändernde Services
- Techniken zur Ausfallvermeidung und Minimierung der Auswirkung eines Ausfalls
- Vereinbarte Ziele hinsichtlich Verfügbarkeit der IT-Infrastruktur
- Geplante Verfügbarkeit (Projected Service Ability)
- Verfügbarkeitsberichte

Wichtige Schnittstellen zu anderen Prozessen
- Capacity Management (Kapazität wirkt sich auf die Verfügbarkeit aus und umgekehrt; diese beiden Prozesse stehen in einem engen Zusammenhang und können zusammen verantwortet werden (s. o.))
- Service Level Management (legt die Verfügbarkeit in den Service Level Agreements fest)
- Configuration Management (liefert Daten über die IT-Infrastruktur)
- Problem Management (liefert Informationen über Probleme hinsichtlich der Verfügbarkeit)
- Change Management (liefert geplante Änderungen, erhält Bewertungen für anstehende Changes)

Rollen im Prozess

- Availability Controller: erstellt und aktualisiert den Verfügbarkeitsplan, erstellt Prognosen, stellt die Erreichung der Ziele hinsichtlich Verfügbarkeit und Kosten sicher, unterstützt die Erstellung von SLA, erstellt Reportings an das Management, ist Eskalationsinstanz für die Coordinators
- Availability Coordinator: verantwortlich für Verfügbarkeit in den Bereichen des Regelbetriebs, Planung und Anforderung benötigter IT, Personaleinsatzplanung

Wesentliche KPI (Key Perfomance Indicators)

- Grad der Verfügbarkeit je Service oder User
- Grad und Häufigkeit der Nichtverfügbarkeit
- Grad der Einhaltung von Availability-Plänen
- SLA-/OLA-/UC-Verletzung aufgrund mangelnder Verfügbarkeit

Service Delivery – Continuity Management

Hier werden alle Maßnahmen und Verantwortungen definiert und geplant, die in unvorhergesehenen Katastrophenfällen greifen sollen. Das Continuity Management ist dem übergeordneten Business Continuity Management (BCM) zugeordnet und unterstützt dessen allge-
meinen Prozess.

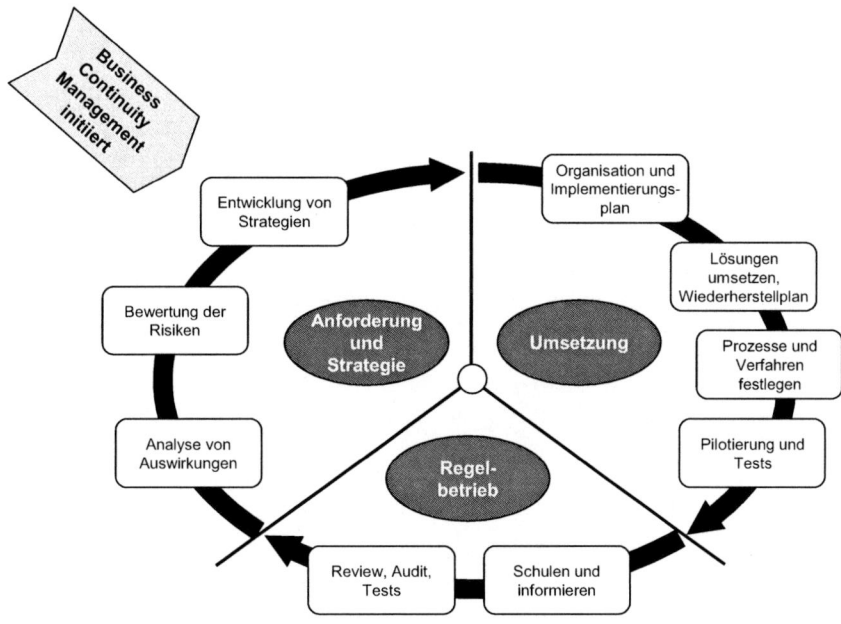

Abbildung 16: Service Delivery – Continuity Management

Ziele	• Wiederherstellung der IT Services im Katastrophenfall innerhalb der vereinbarten Zeit
Input	• von BCM bereitgestellte Funktionen • Daten zur Konfiguration • in den SLA dokumentierte Anforderungen der Kunden zu Wieder-herstellungszeit und -umfang

Aktivitäten
- Initiierung (Umfang und Schwerpunkt festlegen)
- Festlegung der Anforderungen (Auswirkungs- und Risikoanalyse) und einer Strategie
- Implementierung und Erstprüfung des Notfallplans
- Operatives Management (Schulung, regelmäßiges Prüfen und Testen des Notfallplans)

Output
- Bewertete Risiken innerhalb der IT
- Notfallpläne

Wichtige Schnittstellen zu anderen Prozessen
- Service Level Management (liefert über das SLA den Umfang der nach einer Katastrophe wiederherzustellenden IT Services)
- Availability Management (entwickelt und implementiert Risikominimierungs- und Wiederherstellungsmaßnahmen)
- Configuration Management (liefert Konfigurationsdaten für die Services, die wiederhergestellt werden sollen)
- Capacity Management (liefert die Definition des Minimums an erforderlichen IT-Kapazitäten)
- Change Management (berücksichtigt die Notfallpläne bei der Durchführung von Changes und meldet ggf. Anpassungsbedarf)

Rollen im Prozess
- Continuity Manager: Sicherstellung des Geschäftsbetriebs (auf einem definierten Niveau) im Katastrophenfall, Ausrufung des Katastrophenfalls (in diesem Fall hat der Continuity Manager uneingeschränkte fachliche und disziplinarische Weisungsbefugnis und ist der Geschäftsführung direkt unterstellt), Erarbeitung und Pflege von Continuity Management-Strategie und -Richtlinie, Initialisierung von Präventivmaßnahmen
- Continuity Coordinator: Unterstützung des Continuity Managers, Überwachung der operativen Aufgaben im Continuity Management, Erarbeitung und Durchführung von Test-Szenarien, Reviews und Audits, Lieferung von Rohdaten an die anderen Prozesse

Wesentliche
KPI (Key
Perfomance
Indicators)

- Aktualität der Notfallpläne
- Erfolgsquote der Notfalltests
- Höhe der finanziellen Einbußen nach einem Katastrophenfall
- Bekanntheit/Verständlichkeit des Notfallplans

Security Management

Das Security Management beschreibt den Prozess zur Gestaltung der IT-Informationssicherheit; Informationen sind in diesem Zusammenhang zentraler Produktionsfaktor und stellen die Business Continuity sicher. Sie sollen vor unbefugtem Zugriff geschützt werden. Zudem geht es in diesem Prozess auch um die Aspekte Integrität (Vollständigkeit, Richtigkeit und passender Zeitpunkt der Information), Verletzbarkeit (Vulnerability) sowie Verfügbarkeit der Information.

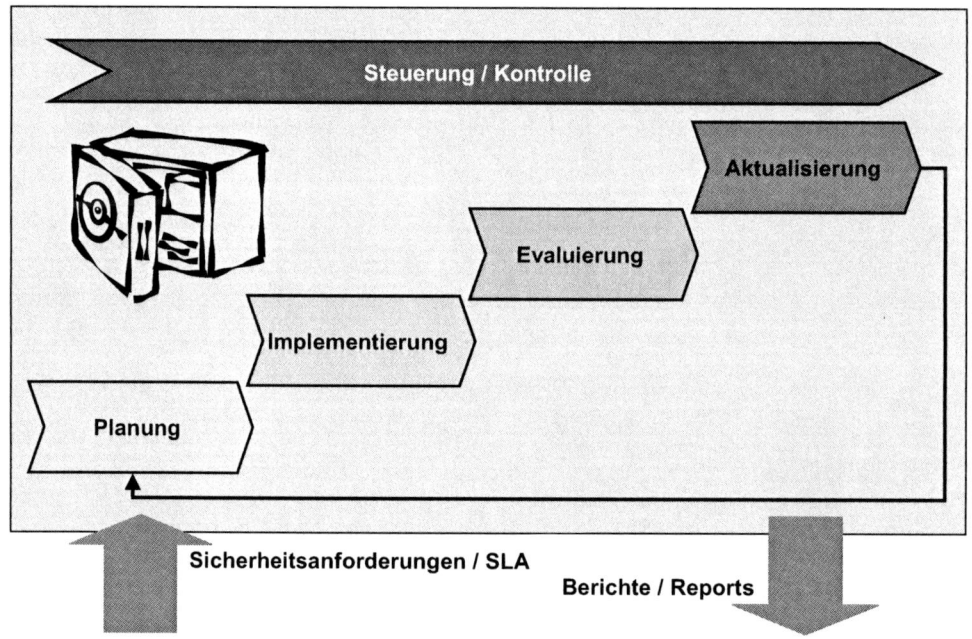

Abbildung 17: Security Management

Ziele
- Schutz von Informationen
- Erfüllung von vereinbarten Sicherheitsanforderungen (in SLA dokumentiert), gesetzlichen Auflagen, übergreifende Richtlinien wie z. B. BAFIN und ggf. Unternehmenssicherheitsrichtlinien
- Erstellung von Sicherheitsvorgaben für die IT Services

Input
- Sicherheitsanforderungen aus SLA
- Sicherheitsrichtlinien des Unternehmens
- Sicherheitsrichtlinien der Kunden
- Externe Vorschriften und Gesetze

Aktivitäten
- Steuerung und Kontrolle des Prozesses; Mitwirkung in der Sicherheitspolitik des Unternehmens
- Planung (Verhandlung und Gestaltung der SLAs, Umsetzung von Änderungen über das Change Management)
- Implementierung (Umsetzung der geplanten Maßnahmen)
- Evaluierung (durch interne und externe Audits)
- Aktualisierung, da sich Risiken, IT-Infrastruktur und Organisationen permanent ändern

Output
- Relevanter Bereich des SLAs (z. B. aufgetretene Security Incidents)
- Berichte über die Aktivitäten des Security Managements
- Security Policy
- Pläne zu Sicherheitsmaßnahmen mit Zielen, Nutzen, Risiken

Wichtige Schnittstellen zu anderen Prozessen
- Security Management ist in allen ITSM-Prozessen zu berücksichtigen, auch die externen Dienstleister und die Kunden müssen eingebunden sein; exemplarisch seien folgende Prozesse genannt:
- Service Level Management (vereinbart mit dem Kunden die Anforderungen zur Informationssicherheit)
- Configuration Management (liefert die CI-Daten mit der jeweiligen Klassifizierung der Sicherheitsstufe)
- Incident Management (bearbeitet Security Incidents)
- Problem Management (sucht Sicherheitsprobleme und arbeitet an deren Beseitigung)

Rollen im Prozess	• Security Manager (Einführung, Durchführung und Verbesserung des Prozesses, Einsatz und Schulung der Mitarbeiter, Dokumentation der Sicherheitsmaßnahmen, Erstellung von entsprechenden Reports, Erarbeiten und Implementierung von Sicherheitsmaßnahmen, Durchführung von Reviews und Audits) • Security Officer (operative Umsetzung der oben genannten Aufgaben und Tätigkeiten im Regelbetrieb)
Wesentliche KPI (Key Perfomance Indicators)	• Anzahl der sicherheitsrelevanten Tickets • Schadenshöhe durch Security Incidents • Durchschnittliche Dauer vom Auftreten einer Sicherheitslücke bis zum Schließen der Lücke durch einen Patch/ein neues Pattern • Anteil des geschulten Personals bzw. der geschulten Mitarbeiter

3. Einführung der ITIL-Prozesse: eine Herausforderung

Dieses Kapitel liefert einen Überblick über die Herausforderungen, die sich vor, während und nach der Einführung von ITIL-Prozessen ergeben können; außerdem einen Exkurs zum Thema Aufbauorganisation und Ablauforganisation.

Umsetzung nicht definiert

In den 80er Jahren gab die britische Organisation CCTA das Best-Practice-Framework ITIL in Auftrag. Für die verschiedenen Prozesse (Incident Management, Change Management, Problem Management etc.) innerhalb der jeweiligen Module wurden Arbeitsgruppen gebildet, die dann die einzelnen Bücher der Library schrieben. Heute gibt es also zu jedem einzelnen Prozess ein Buch (die dann zusammengefasst wurden z. B. in Service Support oder Service Delivery). Was hier jedoch fehlt, ist ein theoretischer „Überbau": Die einzelnen Bücher der Infrastructure Library folgen nicht ein und derselben Struktur und verwenden unterschiedliche Kriterien für die Darstellung der Inhalte. Man kann also durchaus sagen, dass die Verantwortlichen versucht haben, ein Generalwerk zu entwerfen, ohne ihre eigenen Regeln konsequent zu beachten.

Prozesse nicht synchronisiert

Doch damit nicht genug: Die einzelnen Prozesse – wie sie in ITIL dargestellt sind – passen nicht immer zueinander. Sie sind als Einzeldisziplinen formuliert und in sich zwar weitgehend konsistent mit den jeweiligen Aufgaben, Rollen und Verantwortlichkeiten beschrieben. Jedoch fehlt die Synchronisation der einzelnen Prozesse untereinander. Im Incident Management steht beispielsweise als Output: Änderungsanforderung an Change Management. Prüft man jedoch an entsprechender Stelle die Inputs für das Change Management, muss man feststellen, dass diese Anforderung aus dem Incident Management dort überhaupt nicht aufgeführt ist. Andere Beispiele für die fehlende Synchronisation: die nicht klar definierten

Unterschiede der einzelnen Prozesse oder die fließend beschriebenen Übergänge von einem Prozess zum anderen. Wenn Sie fünf Service Manager fragen, wo das Change Management aufhört und das Release Management anfängt, bekommen Sie ebenso viele inhaltlich verschiedene Antworten! Die Vermutung liegt nahe, dass die einzelnen Arbeitsgruppen bei der Erstellung der ITIL nicht ausreichend miteinander kommuniziert haben.

Solange man mit der Beschreibung der Prozesse auf einer theoretischen Ebene bleibt, zieht das keine nennenswerten Schwierigkeiten nach sich. Versucht man jedoch, die Prozesse ohne entsprechende Anpassung in einer Organisation abzubilden, wird es kompliziert. Dieser Mangel im Bereich der Synchronisierung von Prozessen wird also erst bei der konkreten Ausgestaltung und der Einführung der Prozesse und Rollen offensichtlich.

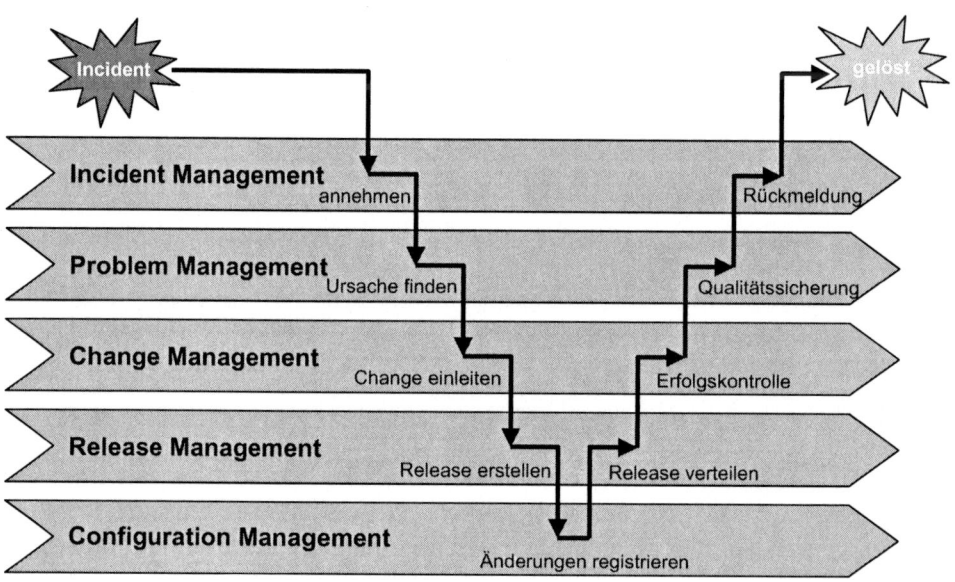

Abbildung 18: Geschäftsvorfälle gehen durch viele Prozesse

Umsetzungsmodell fehlt

Um es an einem Geschäftsvorfall aus der Praxis deutlich zu machen: Wenn ein Anwender oder ein Kunde ein Problem mit seiner Hardware hat, wendet er sich an den Service Desk. Dieser steuert diese Störung über das Incident Management, das Problem Management, ggf. an Change, Release und Configuration Management und gibt dem Anwender ein entsprechendes Feedback. Und genau auf diese Praxis ist ITIL nicht ausgerichtet. Die einzelnen Prozesse existieren *nebeneinander*, es werden höchstens einige Schnittstellen zu anderen Prozessen angeführt, und das meistens ungenügend. ITIL sagt uns nicht, wie die einzelnen Geschäftsvorfälle vertikal durch die Prozesse geleitet werden sollen. Es geht in einem ersten Schritt darum, die einzelnen Prozesse klar und einleuchtend, transparent und nachvollziehbar voneinander abzugrenzen. Danach gilt es, die Schnittstellen zu den anderen Prozessen ebenso transparent und nachvollziehbar zu definieren, zu beschreiben und anhand echter Geschäftsvorfälle zu testen.

> *Geschäftsvorfälle durchlaufen immer mehrere ITIL-Prozesse. Eine detaillierte Beschreibung der Schnittstellen fehlt jedoch.*

Warum hat das Prozessmodell ITIL es dann überhaupt geschafft, zu einem Standardwerk zu werden?, mag man sich fragen. Die Antwort ist ebenso einfach wie unbefriedigend: Weil es eines der ersten übergreifenden IT-Service-Management-Modelle überhaupt war, das versuchte, Standards für Prozesse zu definieren. Inzwischen gibt es weitere Ansätze, wie die herstellerabhängigen Modelle IBM IT Process Model (ITPM), HPs IT Service Management Model (ITSM) oder das Microsoft Operations Framework Process Model (MOF). Hinzu kommt ein übergreifendes Modell zur Planung und Steuerung der IT, CobIT.

Zu hohe Erwartung an ITIL

Die Schwierigkeiten bei der Prozessgestaltung nach ITIL hängen darüber hinaus sehr stark mit der hohen Erwartung an die Leistungsfähigkeit von ITIL zusammen. Und so könnte man an dieser Stelle eine Warnung aussprechen – sowohl an Unternehmen wie auch an Berater gerichtet: Die Kunden erwarten von ITIL, dass sie dort ein komplettes Set an Informationen, Prozess- und Rollenbeschreibungen bekommen, die eins zu eins implementierbar sind. Dies ist jedoch nicht so. Die im vorherigen Abschnitt genannten Dinge, die nicht vorhanden sind (Synchronisation der Prozesse, eindeutige Schnittstellen, Rollendefinitionen etc.), werden meist völlig unterschätzt, sowohl auf Kunden- als auch auf Beraterseite. Noch einmal: ITIL beschreibt das WAS, aber nicht das WIE; dieses wiederum bedarf einer (kunden-) individuellen Anpassung. Genau dort liegt bei der Ausgestaltung der Prozesse ein hoher Arbeitsaufwand.

Ein anderer Aspekt greift im Zusammenhang mit der hohen Erwartung an die Einführung von ITIL: Die Situation am Markt ist beschönigt dargestellt. Unserer Erfahrung nach sind längst nicht so viele Unternehmen nach ITIL ausgerichtet, wie behauptet wird. Diese Darstellung erzeugt jedoch einen gewissen Druck, und die Verantwortlichen in den Unternehmen fragen sich: „50 Prozent der Unternehmen haben schon Prozesse nach ITIL eingeführt oder optimiert, die restlichen 49 Prozent sind gerade dabei, warum wir nicht?" Nicht nur, dass längst nicht alle Unternehmen in Deutschland nach ITIL ausgerichtet sind oder es bald sein werden[12]: Selbst Unternehmen, die ein BS-15000- bzw. ISO-20000-Zertifikat haben – was eigentlich nachweisen soll, dass ein Unternehmen seine Prozesse gemäß ITIL ausgerichtet hat –, erfüllen oft den erforderlichen Prozessreifegrad von 3 nicht, obwohl dies eigentlich Voraussetzung sein sollte (s. Kapitel 8). Wie gesagt: Nach außen werden manche Dinge beschönigt dargestellt.

Rollen unklar beschrieben

Eine weitere Schwierigkeit bei ITIL sind die unklaren Rollenbeschreibungen – gerade das Rollenmodell ist nicht ausreichend. Zwar sind die Aufgaben definiert, die zu jedem Prozess gehören, es wird jedoch völlig außer Acht gelassen, dass diese Aufgaben niemals von *einem* Menschen in *einer* Rolle übernommen werden können. Die Aufgaben in einem Prozess bestehen aus vielen verschiedenen Teilen. Es gibt operative Teile, planerische Teile, vertrieblich orientierte Teile, es gibt eine Innen- und eine Außensicht. Hier muss also gesplittet werden. Unsere spezielle Ausgestaltung des Rollenmodells (Rollen im Prozess) konnten Sie im letzten Kapitel nachlesen.

Ungenügende Berücksichtigung der Kundensicht

Ein anderes Problem bei ITIL ist die ungenügende Einbindung der Kunden bzw. Anwender bei der Gestaltung und Einführung von Prozessen und Rollen (in der ISO 20000 werden diese Themen abgefragt, s. auch Kapitel 13). ITIL ist aus Sicht eines Dienstleisters geschrieben, und das merkt man an diesem Punkt sehr deutlich. Dem Dienstleister wird suggeriert: Er muss sich optimieren, seine Prozesse gemäß ITIL gestalten, die Schnittstellen zu den Kunden

---

[12] Eine Marktstudie aus dem Jahr 2004 spricht von ca. 30 Prozent der Unternehmen in Deutschland mit mehr als 2.500 Mitarbeitern, die ITIL eingeführt haben. Weitere 30 Prozent erwägen die Einführung und in den restlichen 30 Prozent der Unternehmen ist der Begriff ITIL gänzlich unbekannt (Quelle: Marktstudie ITIL-Einsatz in deutschen Unternehmen 2004, Schwetz Consulting, http://www.schwetz.de/gfelder/index.html).

ausreichend definieren, und das gute Ergebnis stellt sich von alleine ein. Verschwiegen wird jedoch, dass die ITIL-Einführung bei einem Dienstleister unmittelbare und massive Auswirkungen auf den Kunden hat: Dieser muss seine Prozesse wiederum zumindest an den Schnittstellen mit den Prozessen des Dienstleiters verknüpfen. –denn ohne die Einbindung des Kunden in den Prozessablauf, soweit erforderlich, ist ein Scheitern absehbar. Man kann sich als Dienstleister zwar die Haltung aneignen: „Wir haben Input und Output festgelegt und der Rest ist nicht relevant!", das ist jedoch nur die halbe Wahrheit. Der Kunde muss seine Rollen in der Organisation und in seinem Prozessmodell abbilden, dann erst ist die Voraussetzung für eine funktionierende Kommunikation und einen reibungslosen Ablauf der Prozesse auf allen Ebenen geschaffen (s. auch Kapitel 1).

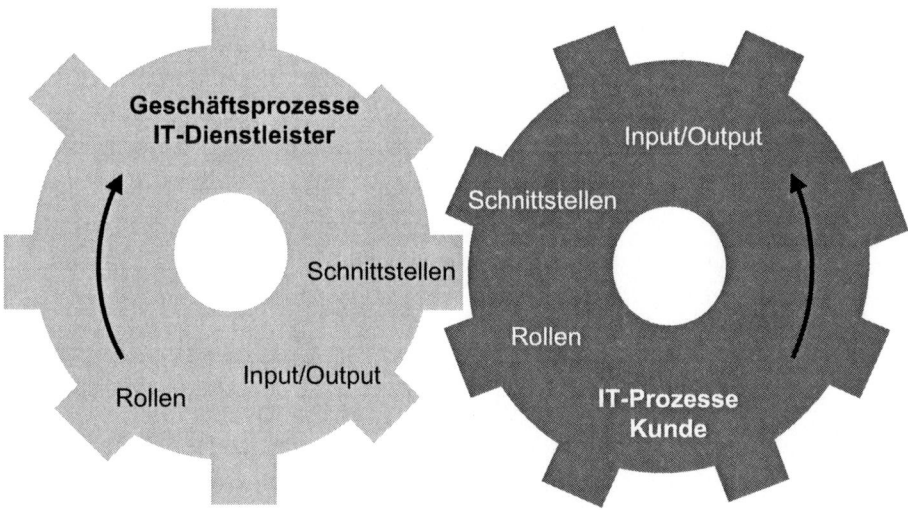

Abbildung 19: Kundenprozesse sind mit den Dienstleisterprozessen verzahnt

Beharrungsvermögen der Organisation

Die Einführung von ITIL bedeutet auch eine Herausforderung auf der unternehmenskulturellen und daraus folgend auf der menschlichen Ebene. Die irrige Annahme des Managements, aber auch die vieler Berater ist: Wenn die formale Ebene, die sachliche Ebene stimmt, dann ist der Projekterfolg garantiert. Es herrscht der falsche Glaube, dass durch bloße „Technik" – im Sinne eines Prozessmodells –, durch Beschreibung, durch Dokumentation die Implementierung neuer Prozesse kein Problem sei. Der „Faktor Mensch" wird hier jedoch völlig außer

Acht gelassen, es findet eine Entkopplung von Technik und Mensch statt. Eine Redensart besagt: „A fool with a tool is still a fool." In unserem Sinne heißt das: „A fool with a process is still a fool", und wir meinen damit:

> *Ein Prozess kann noch so gut dokumentiert sein und dennoch kann dessen Einführung am Beharrungsvermögen der Organisation und der damit verbundenen fehlenden Veränderungsbereitschaft der Mitarbeiter scheitern.*

Veränderungen machen Angst

Beim Thema Veränderung greifen zunächst einmal sehr einfache psychologische Mechanismen: Veränderungen bedeuten für die Betroffenen eine Abkehr von gewohnten Handlungsmustern und bedrohen deren eigene Interessen – dass die meisten Menschen darauf nicht begeistert, sondern mit Angst und Widerstand reagieren, ist nicht mehr als normal. Und aus dieser veränderungsunwilligen Verweigerungshaltung ergibt sich eine nächste Herausforderung bei der ITIL-Einführung: Wird vonseiten des Managements mit Druck agiert, stellt sich mitunter das genaue Gegenteil des erhofften Effekts ein, denn: Mitarbeiter hören auf, selbstständig zu denken, und orientieren sich stur an den Vorgaben der einzelnen Prozesse. Es besteht dann die Gefahr, dass aus Prozessen wieder Funktionen werden. Mitarbeiter beispielsweise aus dem Incident Management ziehen sich auf ihren Prozess zurück und fühlen sich für den Rest – und damit die „Durchsteuerung" eines Geschäftsvorfalles durch mehrere Prozesse – nicht mehr zuständig. Sie übernehmen keine Verantwortung mehr. Was vorher vielleicht noch funktioniert hat, bevor die Prozesse gemäß ITIL eingeführt wurden, klappt jetzt nicht mehr.

Konflikt von Aufbau- und Ablauforganisation

Auf dem Gebiet der Organisationslehre gibt es u. a. zwei unterschiedliche Arten der Organisation: die Aufbau- und die Ablauforganisation. Die Aufbauorganisation zielt auf die Gliederung der Gesamtaufgabe eines Unternehmens in kleinere Aufgaben, deren Kombination zu Stellen bzw. Abteilungen und die Koordination der einzelnen Abteilungen. Die Ablauforganisation wiederum ermittelt und definiert Arbeitsprozesse und steuert sie durch die in der Aufbauorganisation festgelegten Strukturen (s. Kapitel 6), und zwar durch die Kombination der Teilaufgaben im Hinblick auf die Reihenfolge, Dauer und Ort der Durchführung.

Eine große Schwierigkeit bei der Prozesseinführung gemäß ITIL liegt in der Kollision von Aufbau- und Ablauforganisation. Denn die Aufbauorganisation ist auf die Funktionen ausgerichtet, Prozesse hingegen laufen funktionsübergreifend. Sie bewegen sich durch verschiedene Bereiche der Organisation hindurch und wieder zurück. Sie können jedoch nicht durchgängig gesteuert werden, da es an den Bereichs- bzw. Segmentgrenzen immer Verantwortungsübergänge gibt. Wenn jetzt die Aufbauorganisation Vorgaben macht, gewisse Ziele definiert – beispielsweise die Erreichung einer bestimmten Produktivität in einem Bereich –, kann es sein, dass ein Prozess andere Ziele hat. Konkret könnte dies so aussehen: Ist ein Mitarbeiter seinem Linienvorgesetzten innerhalb der Aufbauorganisation untergeordnet und übernimmt er zusätzlich eine Rolle in einem Prozess, der dem vom Linienvorgesetzten ausgegebenen Geschäftsauftrag zuwiderläuft, wird es Probleme geben: Es kommt zu einem Zielkonflikt zwischen der Prozess- und der Linienverantwortung. Wenn also die gegensätzlichen Ziele der Aufbau- und der Ablauforganisation nicht schlüssig beschrieben sind, zum Beispiel in einer Matrix (s. Kapitel 6), ergeben sich daraus massive Schwierigkeiten bei der Einführung von Prozessen.

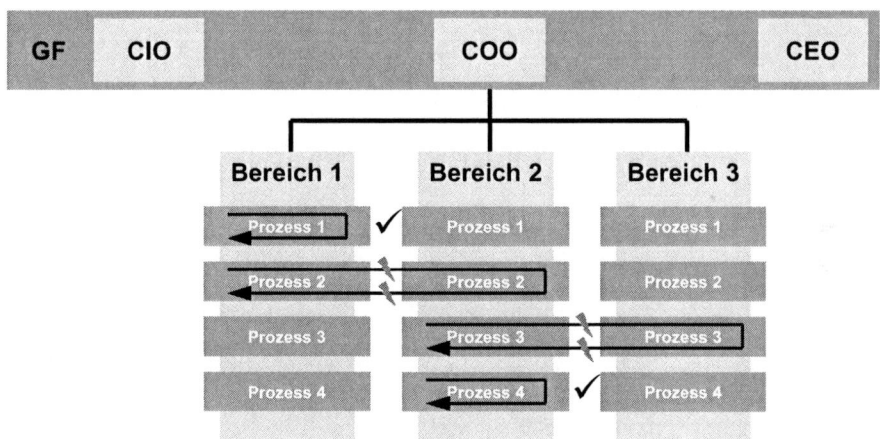

Abbildung 20: Konflikte in der hierarchischen Aufbauorganisation

An dieser Grafik wird es deutlich: Die Geschäftsführung verantwortet verschiedene Abteilungen. Die unterschiedlichen Prozesse müssen über diese Abteilungen hinweg funktionieren, denn Prozesse spielen sich ja nicht nur in einem Bereich ab. Überall da, wo ein Prozess über eine Abteilung hinausreicht, sehen Sie einen Blitz. Solange der Prozess innerhalb einer Gruppe, in einer Linie oder in einer Abteilung positioniert ist, funktioniert es. Verlässt der

Prozess jedoch eine Abteilung, hat der Process Manager/Process Executive wenig Einfluss auf das, was in den anderen Abteilungen mit „seinem" Prozess geschieht, denn bis dorthin reicht seine Weisungsbefugnis nicht.

Wenn nun in einer Unternehmung Prozesse eingeführt werden – wir beziehen uns dabei immer auf die Einführung eines IT Service Managements gemäß ITIL –, bedeutet dies einschneidende Veränderungen in der gesamten Organisation, auf die beteiligten Personen, auf Verträge, auf die Leistungsabwicklung gegenüber den Kunden und auf die Schnittstellen zu ihnen: Die Ablauforganisation kollidiert mit der Aufbauorganisation, in der es wegen des Verantwortungsübergangs an Bereichsgrenzen keine durchgängige Steuerungsmöglichkeit gibt.

Auswahl der richtigen Implementierungsmethodik

Für die Umstellung einer IT-Organisation nach den Vorgaben der ITIL gibt es verschiedene Arten der Implementierung:

- Single Process Approach
- Multi Process Approach
- All Processes Approach (mehr dazu im nächsten Kapitel)

Eine Herausforderung besteht darin, die für das Unternehmen und die jeweilige Konstellation richtige Implementierungsmethodik zu identifizieren.

Wenn der falsche Ansatz gewählt wurde und das ganze Prozessprojekt deswegen scheitert, wird in den meisten Fällen sowohl seitens der Mitarbeiter als auch des Managements ITIL grundsätzlich in Frage gestellt und nicht etwa die Implementierungsmethode und die damit verbundene Vorgehensweise. Oft ist es so, dass in den Unternehmen schon andere Prozessprojekte durchgeführt wurden, die aus diesem Grund gescheitert sind. Die Wahl der falschen Implementierungsmethode kann die Veränderungswilligkeit der Mitarbeiter nachhaltig negativ beeinflussen und die Beharrlichkeit verstärken.

Fazit

Dies sind die Herausforderungen, die sich bei der Einführung von ITIL in einem Unternehmen ergeben können:

- ITIL beschreibt das WAS, aber nicht das WIE der Prozessgestaltung: Ein Umsetzungsmodell fehlt.
- Die Einzelprozesse sind nicht synchronisiert; die prozessübergreifende Abwicklung von Geschäftsvorfällen bereitet Probleme.
- Die Erwartungen an ITIL sind zu hoch; der hauptsächliche Aufwand liegt in der kundenindividuellen Anpassung der einzelnen Prozesse.
- Die Rollen sind nicht klar genug beschrieben; die Aufgaben in den Prozessen müssen ihrem „Charakter" entsprechend aufgeteilt werden.
- Kunden und Dienstleister sind nicht genügend abgestimmt.
- Die Angst der Mitarbeiter vor Veränderungen wird nicht entsprechend berücksichtigt.
- Das Beharrungsvermögen der Organisation wird unterschätzt.
- Die Ablauforganisation steht möglicherweise im Zielkonflikt mit einer Aufbauorganisation.
- Die Wahl der Implementierungsmethode ist entscheidend.

Die Einführung eines Prozessmodells auf Basis der ITIL ist nicht einfach, auch wenn es schon Hunderte gemacht haben :-)

---

4. Implementierungsmethode

Die Wahl der richtigen bzw. passenden Implementierungsmethode gehört zu den großen Herausforderungen bei der Einführung von Prozessen gemäß ITIL – das haben wir im letzten Kapitel schon herausgearbeitet. Diesem Thema widmen wir uns nun etwas ausführlicher und geben Ihnen einen Überblick über die verschiedenen Vorgehensweisen und deren Ausprägungen. Außerdem zeigen wir Ihnen, welche Einflussfaktoren eine entscheidende Rolle bei der Wahl der Vorgehensweise spielen und wie Sie diese Faktoren bewerten.

Die Ausgangsbasis, ...

Unterschiedliche Ausgangssituationen können zu unterschiedlichen Vorgehensweisen mit unterschiedlichen Ausprägungen führen. In manchen Unternehmen existieren noch keinerlei Prozesse, die gemäß ITIL gestaltet und optimiert werden können. Hier startet man quasi bei Null. Dies trifft eigentlich nur bei neu gegründeten Unternehmen zu. In der Mehrheit der Unternehmen gibt es bereits Prozess-Ansätze, die einen unterschiedlichen Reifegrad haben können und sich in einem unterschiedlichen Implementierungszustand befinden.

... die Vorgehensweisen ...

ITIL beschreibt verschiedene Vorgehensweisen zur Implementierung der Prozesse innerhalb von Service Delivery und Service Support – und betont ausdrücklich, dass es nicht *den* einen richtigen Weg zur Implementierung gebe. Die unterschiedlichen Vorgehensweisen lassen sich in drei Kategorien einteilen:

- Single Process Approach
- Multi Process Approach
- All Processes Approach (oder Big Bang)

Single Process Approach

Entweder wird ein Prozess nach dem anderen oder nur einer entwickelt, eingeführt und verbessert.[13] Bis alle betrachteten Prozesse auf diese Art und Weise – sequenziell – implementiert sind, kann relativ viel Zeit vergehen. Die Prozesse laufen in der Regel jedoch stabil und
haben eine starke, nachhaltige Wirkung auf die komplette Organisation, vor allem im Hinblick auf das Thema Self-Optimizing (s. Kapitel 12). Die Gefahr beim Single Process Approach ist, dass aufgrund von unternehmensstrategischen und -politischen Veränderungen
die Einführung der Prozesse ins Stocken gerät und letztendlich abgebrochen wird. Das Ergebnis wäre dann ein nicht konsistent eingeführtes IT Service Management. Schwierig beim
Single Process Approach ist weiterhin: Die einzelnen Prozesse benötigen ein aus den restlichen Prozessen gebildetes und bestehendes Umfeld, da sonst die Schnittstellen nicht besetzt
sind. Das Incident Management etwa „erwartet", dass es ein Problem Management oder ein
Change Management gibt, sonst können wichtige Prozessschritte und Aufgaben nicht erfüllt
werden. Wenn man im Zuge des Single Process Approaches nur das Incident Management
einführt, hängt dieser Prozess gleichsam in der Luft. Die Einführung von einzelnen Aufgaben hat immer zur Folge, dass an den Schnittstellen Temporärlösungen geschaffen werden
müssen.

Single Process Approach: die Vorteile

• Prozesse laufen stabil und mit nachhaltiger Wirkung auf die gesamte Organisation

Single Process Approach: die Nachteile

• beansprucht viel Zeit
• Gefahr des Stockens oder Abbruchs der Prozesseinführung aufgrund von unwägbaren
  Veränderungen
• Temporärlösungen an Schnittstellen zu anderen Prozessen

---

[13] Wobei nicht immer von einer Neuentwicklung der Prozesse ausgegangen werden kann: In
vielen Fällen handelt es sich auch um Optimierungsvorhaben. Dann wäre die Reihenfolge
entsprechend dem Framework: Analyse (der bestehenden Prozesse) und Identifizierung des
Optimierungspotenzials, Design bzw. Optimierung der Prozesse, Festlegung der Vorgehensweise für die Implementierung und dann die Implementierung.

Multi Process Approach

Hier werden einzelne Prozesse zusammengefasst und gleichzeitig eingeführt, in den meisten Fällen Incident-, Change-, Problem- und Release Management. Hierbei handelt es sich um die wesentlichen Kernprozesse im IT Service Management. Um herauszufinden, in welchen Bereichen der größte Handlungsbedarf besteht, kann man beispielsweise die SWOT-Analyse einsetzen[14] und die entsprechenden Prozesse zusammenfassen. Der Vorteil dieser Vorgehensweise ist, dass man eng verwandte Prozesse bündeln kann. Auch eine Auswahl nach Notwendigkeit oder Wichtigkeit für das Unternehmen kann so getroffen werden. Problematisch ist die Auswahl an sich. Ein wenig entwickelter Prozess hat nicht automatisch die größte Bedeutung. Und die dann ausgewählten Prozesse haben möglicherweise nicht die wesentlichen Schnittstellen miteinander. In allen Fällen laufen auch hier höchstwahrscheinlich entscheidende Schnittstellen noch ins Leere.

Multi Process Approach: die Vorteile

- Zusammenfassung verwandter Prozesse
- Zusammenfassung nach Notwendigkeit oder Wichtigkeit für das Unternehmen
- im Vergleich zu den übrigen Approaches die größte Nachhaltigkeit

Multi Process Approach: die Nachteile

- Auswahl der zusammenzufassenden Prozesse gestaltet sich schwierig
- Einführung komplexer
- Belastung der Organisation höher
- Wichtige Schnittstellen laufen möglicherweise ins Leere

All Processes Approach oder Big Bang

Alle Prozesse werden nahezu parallel realisiert, und zwar zu einem festgesetzten Umstellungstermin. Dies bedeutet meist einen sehr hohen Aufwand aufgrund der großen Komplexität und der sehr großen Veränderungen, die sich für die betroffene Organisation daraus ergeben. Der gesamte Regelbetrieb wird in der Gestaltung der Prozesse und im Rollout stark belastet, insbesondere wenn Mitarbeiter mehrere Rollen verantworten. Jeder Prozess hat zu einem oder mehreren anderen Prozessen eine Schnittstelle, die „bedient" werden muss. Führt

---

[14] Instrument zur Situationsanalyse, das Stärken (Strengths), Schwächen (Weaknesses), Chancen (Opportunities) und Gefahren (Threats) betrachtet

man im Rahmen des Single Process Approach nur einen Prozess mit den dazugehörigen Schnittstellen ein, haben diese keine „Pendants" in den anderen (weil noch nicht existierenden) Prozessen. Für den Big Bang spricht auch die relativ kurze Projektlaufzeit.

All Processes Approach: die Vorteile

* kurze Projektlaufzeit
* Alle Schnittstellen werden bedient

All Processes Approach: die Nachteile

* hoher Aufwand durch große Komplexität
* starke Auswirkungen auf die Organisation
* starke Belastung des Regelbetriebs
* hohes Risiko des Scheiterns

... und ihre Ausprägungen

Innerhalb der verschiedenen Vorgehensweisen Single Process Approach, Multi Process Approach und All Processes Approach gibt es verschiedene Ausprägungen. Diese haben generell das Ziel, die Komplexität der Einführung zu reduzieren und somit die Belastung des Regelbetriebs kleiner zu halten. Auch das Risiko des Qualitätsverlustes in Bezug auf die Leistungserbringung reduziert sich auf den betrachteten Rahmen.

* **Kundenorientiert:** Wenn ein IT-Dienstleister mehrere Kunden betreut, kann die Einführung der Prozesse pro Kunde erfolgen. Das hat den Vorteil des eingegrenzten Betrachtungsrahmens und ist übersichtlicher. Wenn allerdings zentrale Funktionen Aufgaben für mehrere Kunden übernehmen, wird es kritisch. Es steht dann immer die Frage im Raum, nach welchem Prozess nun vorgegangen wird.
* **Branchenorientiert:** Ein IT-Dienstleister ist mit seiner Leistungserbringung auf eine bestimmte Branche ausgerichtet. Er hat also seine Bereiche branchenorientiert aufgestellt; sie funktionieren unabhängig voneinander, nutzen jedoch möglicherweise zentrale Funktionen und Services. Die Leistungen der jeweiligen Bereiche können von mehreren Kunden aus derselben Branche genutzt werden. Ist eine Trennung der Leistungserbringung nicht eindeutig möglich, werden also zentrale Funktionen und Services genutzt, ergeben sich die gleichen Probleme wie bei der Kundenorientierung.

- **Abteilungsorientiert:** Die jeweiligen Prozesse werden nur für eine Abteilung bzw. Organisationseinheit innerhalb des Unternehmens implementiert. Auch hier ergibt sich als Vorteil die Reduktion der Komplexität innerhalb der Einführung, was wiederum die Organisation entlastet. Problematisch ist es nur dann, wenn die Abteilungen untereinander auf Leistungen angewiesen sind. Dann passen die Schnittstellen möglicherweise nicht zueinander.

- **Serviceorientiert:** Thema hier sind die Services, die für einen bestimmten Kundenkreis erbracht werden, wie Print Services Lifecycle beispielsweise. Die Implementierung orientiert sich dann an diesen Services, die von mehreren Prozessen unterstützt werden. Sie ist nur sinnvoll, wenn es wenig Überschneidungen und Zulieferungen aus anderen Services gibt.

- **Vertragsorientiert:** Die einzelnen Verträge dienen als Abgrenzung für die Implementierung. Bei dieser Ausprägung sind jedoch die Grenzen zur Serviceorientierung fließend, denn ein Vertrag kann immer auch serviceorientiert sein. Die Gefahr dabei ist, dass man sich verzettelt und den Regelbetrieb komplett verwirrt, wenn es innerhalb eines Kunden verschiedene Prozesse gibt. Es kann sinnvoll sein, wenn gekapselte Leistungseinheiten existieren, die nur ein Thema beim Kunden bedienen.

Die dritte Dimension

Zusätzlich zu den oben genannten Ausprägungen gibt es weitere übergeordnete Ausprägungen – eine dritte Dimension – der Implementierungsmethode:

- **Quickwin-/Ergebnisorientiert:** Am Beispiel des Capacity Managements festgemacht, würde diese Ausprägung bedeuten, dass der Prozess Capacity Management eingeführt wird, jedoch mit einer starken Konzentration auf den Capacity Plan. Relevant ist also nur das Dokument, das zum Output des Prozesses gehört. Ziel ist es, sich an „greifbaren" Ergebnissen zu orientieren, die der Organisation einen erkennbaren Mehrwert bieten und für alle sichtbar sind.

- **Pilotorientiert:** Dies kann bedeuten, dass beispielsweise bei einer kundenorientierten Big-Bang-Implementierung eine Pilotphase in einem kleinen Bereich gestartet wird. Man beginnt also mit einem Segment, quer durch alle Disziplinen, nach erfolgreichem Verlauf werden dann die vollständigen Prozesse mit einem Big Bang implementiert. Diese Dimension ist als Ergänzung zu der vorherigen Einteilung zu sehen und kann beliebig kombiniert werden. So kann die Vorgehensweise kundenorientiert sein. Aber bei der Einführung für den Kunden A fängt man mit einer Abteilung B an und lässt dann erst die anderen (C) folgen.

Die Wahl dieser übergeordneten Ausprägungen hängt von der Analyse ab. Ergibt die Analyse beispielsweise, dass viele Quickwins möglich sind, werden diese zuerst realisiert, bevor man sich den Prozessen allumfänglich widmet. Entscheidend kann auch das zur Verfügung stehende Budget (Fokussierung auf Quickwins) oder das zu erwartende Risiko (Notwendigkeit der Pilotierung) sein.

Wir empfehlen dringend, die gewählte Vorgehensweise in einem Bereich zu pilotieren („Proof of Concept"), in dem Pilotierungsschwierigkeiten toleriert werden, Mitarbeiter ein grundlegendes Verständnis der Prozesse haben und bei der Optimierung der Vorgehensweise Unterstützung leisten. So lassen sich Fehler für den weiteren Implementierungsverlauf vermeiden.

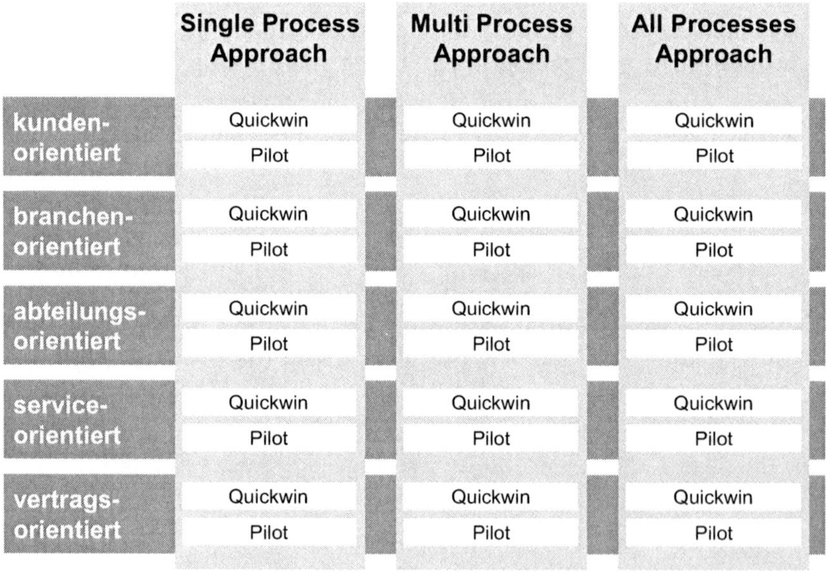

	Single Process Approach	Multi Process Approach	All Processes Approach
kunden-orientiert	Quickwin	Quickwin	Quickwin
	Pilot	Pilot	Pilot
branchen-orientiert	Quickwin	Quickwin	Quickwin
	Pilot	Pilot	Pilot
abteilungs-orientiert	Quickwin	Quickwin	Quickwin
	Pilot	Pilot	Pilot
service-orientiert	Quickwin	Quickwin	Quickwin
	Pilot	Pilot	Pilot
vertrags-orientiert	Quickwin	Quickwin	Quickwin
	Pilot	Pilot	Pilot

Abbildung 21: Die drei Dimensionen der Implementierungsmethode

Einflussfaktoren für die Vorgehensweise

Anhand der folgenden Einflussfaktoren ist nun zu bewerten, inwieweit bereits eine günstige Ausgangslage in einem Unternehmen bzw. in dem betrachteten Bereich besteht, um Prozesse einzuführen bzw. zu verändern. Grundsätzlich lassen sich zwei Dinge sagen: Je ausgeprägter die Einflussfaktoren, sprich: je besser sie erfüllt sind, desto höher ist die Bewertung und somit die Möglichkeit gegeben, den Multi Process Approach bzw. den All Process Approach zu wählen. Je weniger die Einflussfaktoren vorhanden sind, desto besser ist es, zunächst mit einem oder sehr wenigen Prozessen zu starten, um dann im weiteren Verlauf immer mehr Prozesse hinzuzunehmen. Weiterhin ist es durchaus möglich, mehrere Implementierungsmethoden abzuleiten und diese anhand eines Szenarioentscheids im Zuge einer Nutzwertanalyse am Ende der Analyse-Phase (s. Kapitel 8) auszuwählen.

Senior Management Commitment:	1	2	3	4	5
Sorgt das Management für eindeutige Führung und Kommunikation? Steht es hinter dem Projekt? Hält es seine Verpflichtungen ein und lebt diese vor?					

Stabiles Umfeld:	1	2	3	4	5
Agiert das Unternehmen in einem stabilen Umfeld? Oder ist dieses Umfeld starken Schwankungen unterworfen?					

Änderungsbereitschaft:	1	2	3	4	5
Besteht die Bereitschaft zu Veränderungen innerhalb der Organisation?					

Budget:	1	2	3	4	5
Steht für das Vorhaben ein ausreichendes Budget zur Verfügung?					

Know-how:	1	2	3	4	5
Ist ein breites ITIL- bzw. generelles Prozess-Know-how vorhanden? Handelt eine kritische Masse an Personen bereits nach Prozessen? Ist ein hoher ITIL-Zertifizierungsgrad vorhanden?					

Organisationsstruktur	1	2	3	4	5
Ist das Unternehmen bereits im Zuge einer Ablauforganisation organisiert (hohe Wertung) oder gibt es in dem Unternehmen eine schon jahrelang bestehende Linienorganisation mit stark hierarchischen Formen (niedrige Wertung)? Handelt es sich gar um eine Behörde (niedrige Wertung)? Besteht schon eine sich selbst optimierende Organisation, die bereits prozessorientiert arbeitet (hohe Wertung)?					

Strategie und Visionen:	1	2	3	4	5
Gibt es übergeordnete, klare Unternehmensvisionen und -strategien, die auf Serviceorientierung ausgerichtet sind?					

Unterstützende Werkzeuge/Technologien:	1	2	3	4	5
Sind unterstützende Werkzeuge und Tool-Technologien vorhanden? Gibt es beispielsweise schon eine CMDB?					

Druck für Regelbetrieb:	1	2	3	4	5
Besteht die Notwendigkeit, den jeweiligen Service oder Prozess in den Regelbetrieb zu übernehmen (hohe Wertung)? Oder befindet man sich mit manchen Bereichen des Regelbetriebes noch in einer Pilotphase (mittlere Wertung)? Wie hoch ist dieser Druck, den Service oder Prozess in den Regelbetrieb zu überführen (hoher Druck = hohe Wertung/wenig Druck = niedrige Wertung)?					

Umsetzungsrisiko:	1	2	3	4	5
Wie groß ist das zu schließende Loch zwischen Ist und Soll (großes Loch = niedrige Wertung)? Wie wichtig ist der betroffene Bereich für die Leistungserbringung (wichtig = hohe Wertung)? Sind Qualitätsverluste mit Pönalen behaftet (Pönalen = hohe Wertung)?					

Prozessreifegrad:	1	2	3	4	5
Welchen Reifegrad (s. Glossar) haben die Prozesse bereits erreicht (kleiner Reifegrad = niedrige Wertung)?					

Tabelle 1: Einflussfaktoren für die Vorgehensweise

Sie können maximal eine Punktzahl von 55 Punkten erreichen; die minimal zu erreichende Punktzahl beträgt 11 Punkte. Das Ergebnis ist wie folgt zu interpretieren:

- All Processes Approach zu empfehlen bei einer Punktzahl zwischen 45 und 55 Punkten
- Multi Process Approach zu empfehlen bei einer Punktzahl zwischen 30 und 45 Punkten
- Single Process Approach zu empfehlen bei einer Punktzahl zwischen 11 und 30 Punkten

Leider ist die Welt nicht so digital wie oben dargestellt. Es mag durchaus sinnvoll sein, bei der Verfügbarkeit eines entsprechend großen Budgets, dem vollem Commitment des Managements und der Verfügbarkeit der entsprechenden Ressourcen (nur drei von elf Kriterien sind voll erfüllt) den Big Bang Approach zu wählen. Hier sind wesentliche Grundvoraussetzungen geschaffen, um diesen Ansatz „durchzudrücken". Ebenso ist es im genau umgekehrten Sinne: Wenn alle Rahmenparameter bis auf die genannten drei erfüllt sind, ist ein Prozessprojekt grundsätzlich in Frage gestellt, da ohne diese Rahmenparameter ein Projekterfolg mit hohen Risiken belastet ist. Anhand der im nächsten Abschnitt folgenden Beispiele aus der Praxis möchten wir Ihnen aufzeigen, welche Implementierungsmethodik aus welchen Gründen gewählt wurde.

Fallbeispiele zur Wahl der Vorgehensweise

Ein großes deutsches Logistikunternehmen mit internationaler Ausrichtung

Ausgangssituation

Wesentliche Bestandteile der eigenen IT-Abteilung waren an einen externen Dienstleister ausgelagert worden. Diese Ausgliederung wurde im Rahmen eines Kooperationsvertrages über Informations- und Kommunikationstechnologie, Logistik und Druckleistungen in sehr geringer Zeit realisiert. Die Verträge wurden dabei auf Basis des aktuellen Zustandes abgeschlossen, jedoch ohne Bedarfsanalyse und Optimierungsansatz und ohne Berücksichtigung der individuellen Anforderungen der einzelnen Konzernbereiche. Die Vorlaufzeit zur notwendigen Neuausrichtung der verbleibenden Organisation des „IT Service Managements" war kurz. Der verbleibende Teil der IT wurde anschließend damit beauftragt, den Dienstleister zu steuern. Dadurch ergaben sich folgende Problemstellungen:

- Die Festschreibung der Serviceerbringung zum Zeitpunkt der Erstellung/Unterzeichnung (Ist-Leistung zu Ist-Kosten) beinhaltet keine Service Level Agreements auf Basis der

Geschäftsanforderungen.

- Die Leistungserbringung ist intransparent.
- Technisch geprägte Mitarbeiter müssen den IT Service managen.
- Die Mitarbeiter haben kein Verständnis für ihre neuen Rollen.
- Service-Management-Prozesse fehlen.
- Die Einflussnahme und Steuerung der Outsourcing-Organisation gestaltet sich schwierig.

Bewertung der Einflussfaktoren

Senior Management Commitment	**1**	2	3	4	5
Stabiles Umfeld	1	**2**	3	4	5
Änderungsbereitschaft	1	**2**	3	4	5
Budget	1	2	**3**	4	5
Know-how	**1**	2	3	4	5
Organisationsstruktur	**1**	2	3	4	5
Strategie und Visionen	1	**2**	3	4	5
Unterstützende Werkzeuge/Technologien	1	**2**	3	4	5
Druck für Regelbetrieb	1	2	3	4	**5**
Umsetzungsrisiko	**1**	2	3	4	5
Prozessreifegrad	**1**	2	3	4	5
Gesamtpunktzahl: 21					

Tabelle 2: Bewertung der Einflussfaktoren, Fallbeispiel 1

Wahl der Implementierungsmethode

Aufgrund der Problemstellungen hatte sich das Unternehmen dazu entschlossen, den Service-Level-Management-Prozess einzuführen und diesen pro internen Kunden (Konzernbereiche) anhand von benötigten Leistungen auszugestalten. Gewählt wurde also ein Single Process Approach sowohl mit Kunden- als auch Leistungsscheinorientierung. Dies hatte den Vorteil, dass die verbleibende IT-Abteilung optimal auf ihre neue Verantwortung vorbereitet werden konnte und die internen Kundenbedürfnisse individuell ausgestaltet wurden.

Lessons Learned

Die Vorgehensweise führte zu einem klaren Verständnis von Rollen und Pflichten und somit zu einer Steigerung der Dienstleistungsorientierung. Die Kontrolle der Zulieferer wurde möglich gemacht durch messbare Qualität und Quantität der Services. Die Konzentration auf die „Königsdisziplin" SLM war in diesem Fall die richtige Entscheidung.

Ein mittelständischer IT-Dienstleister

Ausgangssituation

Grundsätzlich war Prozess-Know-how in der Regelorganisation vorhanden. Es bestand eine starke Aufbau-/Linienorganisation; die Ablauforganisation war zwar definiert, es bestand jedoch keine Weisungsbefugnis. Die Heterogenität der Prozesse und deren Dokumentation war stark und historisch gewachsen. Es existierten viele vermeintliche Standards. Der ITIL-Zertifizierungsgrad war gering, das Management Commitment jedoch sehr hoch, ebenso die Budgetinvestitionsbereitschaft – nicht zuletzt, weil ein großer Handlungsdruck gegeben war: Eine BS-15000-Zertifizierung stand ebenso an wie die Einführung des adaptierten Prozessmodells der Konzernmutter. Dabei war die Beharrlichkeit der Organisation hoch und die Veränderungsbereitschaft gering.

Bewertung der Einflussfaktoren

	1	2	3	4	5
Senior Management Commitment	1	2	3	4	**5**
Stabiles Umfeld	1	2	3	**4**	5
Änderungsbereitschaft	1	**2**	3	4	5
Budget	1	2	3	4	**5**
Know-how	1	2	**3**	4	5
Organisationsstruktur	1	**2**	3	4	5
Strategie und Visionen	1	2	3	**4**	5
Unterstützende Werkzeuge/Technologien	1	2	3	**4**	5

Druck für Regelbetrieb	1	2	3	4	**5**
Umsetzungsrisiko	1	2	3	**4**	5
Prozessreifegrad	1	2	**3**	4	5
Gesamtpunktzahl: 44					

Tabelle 3: Bewertung der Einflussfaktoren, Fallbeispiel 2

Wahl der Implementierungsmethode

Bei diesem Kunden hat man sich für den Big Bang Approach in allen leistungserbringenden Einheiten unter Berücksichtigung und Priorisierung einer bestimmten Kundensituation entschieden.

Lessons Learned

Der Zeitrahmen für den Big Bang Approach war „sportlich" gesteckt. Die Rahmenbedingungen veränderten sich im Zuge des Projektverlaufs sehr stark. Um diesen Veränderungen gerecht zu werden, wurden einige Prozesse priorisiert behandelt, einige dagegen etwas zurückgenommen bzw. quickwinorientiert eingeführt.

Ein großer Automobilkonzern

Ausgangssituation

Aus einer dezentralen Betriebsweise mit einer Vielzahl eigenständig operierender heterogener Abteilungen sollte ein homogener Betrieb mit zentraler Auftragserfassung und -steuerung gebildet werden. Prozess-Know-how war in der Regelorganisation nur rudimentär vorhanden, es bestand eine starke Aufbau-/Linienorganisation. Aufgrund der sehr unterschiedlichen Vorgehensweisen und Prozesse war eine Optimierung der Services und der Organisation nicht möglich. Ein Kennzahlensystem war nicht definiert, aussagekräftige Reports konnten nicht erstellt werden. Insgesamt war der Handlungsdruck aufgrund der Rationalisierungsvorgaben des Gesamtkonzerns sehr hoch.

Bewertung der Einflussfaktoren

	1	2	3	4	5
Senior Management Commitment	1	2	3	4	**5**
Stabiles Umfeld	1	2	**3**	4	5
Änderungsbereitschaft	1	**2**	3	4	5
Budget	1	2	3	4	**5**
Know-how	1	**2**	3	4	5
Organisationsstruktur	1	**2**	3	4	5
Strategie und Visionen	1	2	3	4	**5**
Unterstützende Werkzeuge/Technologien	1	2	3	**4**	5
Druck für Regelbetrieb	1	2	3	4	**5**
Umsetzungsrisiko	1	2	3	**4**	5
Prozessreifegrad	**1**	2	3	4	5
Gesamtpunktzahl: 38					

Tabelle 4: Bewertung der Einflussfaktoren, Fallbeispiel 3

Wahl der Implementierungsmethode

Bei diesem Projekt wurde eine zweistufige Implementierungsmethodik gewählt. In der Analyse-Phase und in der Design-Phase wurden die wesentlichen Prozesse identifiziert und beschrieben. Die Abnahme der Prozessbeschreibungen erfolgte gemeinsam an einem Stichtag. Die eigentliche Implementierung erfolgte dann entsprechend einem Stufenkonzept nach dem Multi-Process-Approach, beginnend mit dem Incident Management und der Einführung eines zentralen Service Desks. Parallel wurde die neu definierte Prozessorganisation eingeführt. Die restlichen Prozesse wurden nach dem Single Process Approach eingeführt.

Lessons Learned

Das Vorgehen, erst alle Prozesse zu identifizieren und zu beschreiben und danach jedoch eine schrittweise Einführung zu wählen, hat sich als sehr vorteilhaft erwiesen. So waren die Zusammenhänge und die Schnittstellen der Prozesse zueinander sehr klar beschrieben. Ebenso konnte das Organisationsmodell bereits von Anfang an auf das Zielszenario ausgerichtet werden. Die Risiken und die Anforderungen bezüglich des Organisationswandels waren beherrschbar. Der Nachteil dieser Variante ist jedoch die lange Einführungszeit, die eines starken Management Commitments bedarf.

Fazit

Innerhalb der drei Vorgehensweisen Single Process Approach, Multi Process Approach und All Processes Approach gibt es die Ausprägungen kundenorientiert, branchenorientiert, abteilungsorientiert, serviceorientiert und vertragsorientiert. Übergeordnete Ausprägungen sind: quickwin-/ergebnisorientiert und pilotorientiert. Die Bewertung verschiedener Einflussfaktoren, u. a. Senior Management Commitment, Umfeld, Änderungsbereitschaft, Budget, Ressourcenverfügbarkeit, Know-how, Organisationsstruktur, Strategie und Visionen, Unterstützende Werkzeuge/Technologien sowie Druck für Regelbetrieb, bildet die Entscheidungsbasis für die Vorgehensweise und damit die Voraussetzung zur Ableitung der Implementierungsmethode.

Abschließend kann man sagen, dass die Bewertung der Erfolgsfaktoren ein Hilfsmittel ist, um etwaige Implementierungsmethoden abzuleiten. Wie die identifizierten Implementierungsmethoden nun im Rahmen einer Nutzwertanalyse einander gegenübergestellt werden, stellen wir im Kapitel Analyse-Phase (s. Kapitel 8) vor.

5. *Projektmanagement*

Wer in seinem Unternehmen IT-Abteilung und -Services gemäß ITIL neu organisieren und die Prozesse aus den Modulen Service Delivery und Service Support einführen will, sollte dies im Rahmen eines Projektes tun. Was es im Hinblick auf die Projektorganisation und das Projektmanagement im Speziellen zu beachten gilt, lesen Sie in diesem Kapitel. Wir beschreiben hier jedoch nicht das Projektmanagement in Gänze, sondern nur die Punkte, die aus Sicht eines Prozessprojekts besonders relevant sind.

Projekte, Prozesse und Prozessprojekte

Ein Projekt ist laut DIN 69901 ein „Vorhaben, das im Wesentlichen durch die Einmaligkeit der Bedingungen in ihrer Gesamtheit gekennzeichnet ist, wie z. B. Zielvorgabe, zeitliche, finanzielle, personelle und andere Begrenzungen; Abgrenzung gegenüber anderen Vorhaben; projektspezifische Organisation." Ein Projekt ist u. a. also zeitlich klar begrenzt, hat einen Start- und einen Endpunkt und kann gegenüber Routine-Tätigkeiten abgegrenzt werden. Das Project Management Body of Knowledge des amerikanischen Project Management Institute bringt es noch einmal anders auf den Punkt: „Eine vorübergehende Anstrengung zur Erzeugung eines einmaligen Produktes oder Dienstes."

Ein Prozess wiederum ist gemäß DIN 66021 als „die Umformung, die Speicherung und/oder der Transport von Materie, Energie und/oder Informationen" definiert. Es sind also u. a. Aktivitäten, die einen Input benutzen, um daraus durch bestimmte Aktivitäten einen Output zu generieren, der wiederum einen Wert für den Empfänger darstellt. Wenn wertschöpfende Aktivitäten funktionsübergreifend zusammengefasst werden, wird das als Geschäftsprozess bezeichnet.

Ein Prozessprojekt heißt für uns: Die Einführung oder Veränderung bzw. Anpassung eines oder mehrerer Prozesse wird als ein Projekt organisiert, in unserem Fall der IT-Service-Management-Prozesse nach ITIL.

Projektauftrag

In der Setup-Phase eines Projektes werden die Grundlagen geschaffen, auf deren Basis dann das Projekt durchgeführt wird. Dazu gehören u. a.:

- Projektdefinition: Hintergrund und Ziele des Projekts, Rollenbeschreibungen und deren Besetzung, Verantwortlichkeiten, Projektorganisation, grober Ablauf und Termine, geschätzter Aufwand, Risiken, kritische Erfolgsfaktoren, Projektabschlusskriterien, Abgrenzungen, Liefereinheiten und Liefereinheitenplan, Mitwirkungspflichten
- Projektmanager-Vereinbarung: Projektorganisation, Rahmenbedingungen, zugesicherte Ressourcen, Rechte und Pflichten, Erfolgsbeteiligung
- Aufstellung von Regeln für die Zusammenarbeit von Linie und Projekt: Projektmanager verantwortet den Erfolg, Linienorganisation stellt Projektmitarbeiter bereit, Projektmanager ist gegenüber den Mitarbeitern weisungsbefugt und kann ungeeignete Mitarbeiter ablehnen, bereitgestellte Mitarbeiter können nur nach Absprache mit Projektmanager wieder abgezogen werden.

Im Rahmen der Setup-Phase erfolgt dann der Projektauftrag. Am Ende der Setup-Phase ist das Projekt initiiert.

Bezüglich des Projektauftrags sind folgende Punkte essenziell: Es ist sehr wichtig, gemeinsam mit den Project Ownern die Abnahmekriterien für die Projektergebnisse bzw. die Ergebnisse der einzelnen Phasen so früh wie möglich festzulegen, also *vor* dem Start der Phasen. Die Project Owner erwarten oft ein ganz anderes Arbeitsergebnis, als das, was sie am Ende tatsächlich geliefert bekommen.

> **Sind im Projektauftrag die Liefereinheiten nicht eindeutig festgelegt und mit den Project Ownern abgestimmt, kann das erwartete Ergebnis vom tatsächlichen Ergebnis erheblich abweichen.**

Später in diesem Kapitel stellen wir Ihnen mit den Qualifizierten Meilensteinen eine Methode vor, mit der Sie von Beginn eines Projektes an die Liefereinheiten und die damit verbundenen Abnahmekriterien der einzelnen Projektphasen festlegen.

Projektorganisation

Ein Projekt benötigt eine effiziente Kommunikationsstruktur und die Einbindung unterschiedlicher Unternehmensbereiche. Eine eigene Projektorganisationsform mit den daraus resultierenden Verantwortlichkeiten, die für die Dauer des Projekts bestehen, ist darum unerlässlich. Dabei kann jedoch in den unterschiedlichen Phasen des Projekts jeweils eine andere Projektorganisationsform etabliert werden.

Die Fachliteratur unterscheidet fünf Formen der Projektorganisation:

- **Linienprojektorganisation:** Diese Organisationsform ist strenggenommen keine Projektorganisation, denn es werden keine Projektstellen eingerichtet, das Projekt wird vielmehr in die bestehende Aufbauorganisation integriert. Geeignet ist diese Organisationsform für kleine, simple Projekte.

- **Stablinienprojektorganisation:** Projektaufgaben werden von einem Projektteam übernommen, das jedoch gegenüber der Linie nicht weisungsbefugt ist. Wichtige Entscheidungen werden in der Linienorganisation getroffen. Die Stablinienprojektorganisation empfiehlt sich für kleine, abteilungsbezogene Projekte.

- **Matrix-Projektorganisation:** Die Kompetenzen werden zwischen Linienführungskräften und einem Projektleiter aufgeteilt. Die Mitarbeiter unterstehen dem mit entsprechenden Kompetenzen ausgestatteten Projektleiter inhaltlich. Personell und disziplinarisch unterstehen sie jedoch der Linienführungskraft. Der Projektleiter ist für Leistungsumfang, Kosten und Termine des Projekts zuständig, die Linienführungskraft für die personellen Ressourcen und die Qualität des Ergebnisses. Die Durchführung mittlerer Projekte lässt sich mit einer Matrix-Projektorganisation gut realisieren.

- **Reine oder klassische Projektorganisation:** Das Projekt wird in einer eigenständigen Organisation durchgeführt, der Projektleiter ist nicht nur inhaltlich, sondern auch disziplinarisch für sein Team verantwortlich, das aus ausschließlich für das Projekt arbeitenden Mitarbeitern besteht. Der Projektleiter wiederum ist dem Lenkungsausschuss, dem obersten beschlussfassenden Gremium, unterstellt. In ihm versammeln sich die Project Owner, der Projektleiter und möglicherweise die Geschäftsverantwortlichen. Diese Form der Projektorganisation empfiehlt sich für große und komplexe Projekte, die sich zudem über eine lange Zeitdauer erstrecken.

- **Projektgesellschaft:** Wenn eine Projektorganisation nicht nur organisatorisch eigenständig ist, sondern dazu auch noch rechtlich, spricht man von einer Projektgesellschaft. Sie ist ein eigenes Unternehmen, das exklusiv für das Projekt geschaffen wurde.

Zur Einführung des IT Service Managements gemäß ITIL empfehlen wir aufgrund der Größe und Dauer des Projekts die reine oder klassische Projektorganisation unter maßgeblicher Beteiligung der Regelorganisation unter Zusammenlegung von mehreren Prozessen zu Clustern.

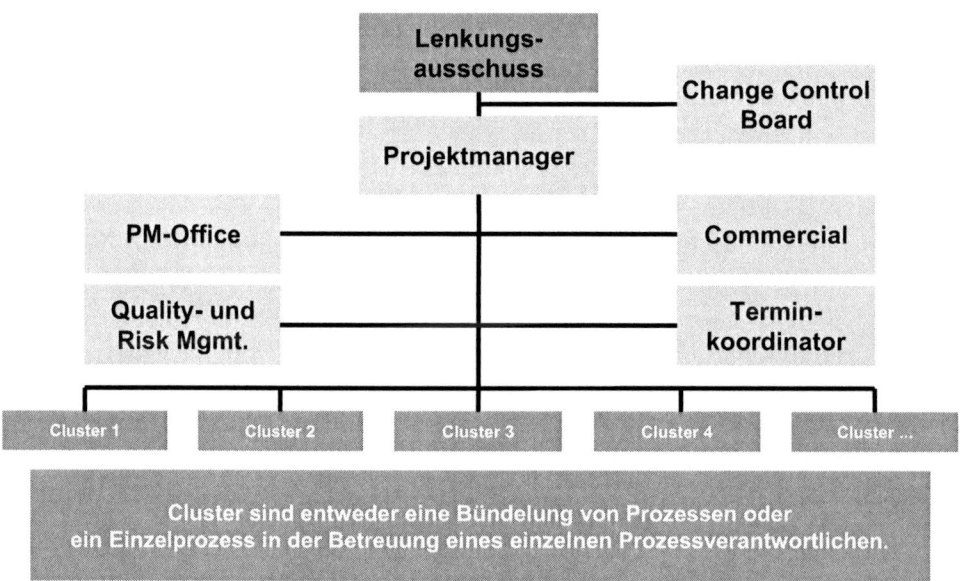

Abbildung 22: Exemplarische Projektorganisation

Clustern von Prozessen

Sollten Sie aufgrund Ihres Projekt-Scopes, u. a. abhängig von der Wahl der Implementierungsmethodik, mehrere Prozesse betrachten, so ist es sinnvoll, diese Prozesse zu einem oder mehreren Prozess-Clustern zusammenzuführen. Dies bedeutet, dass mehrere Prozesse durch einen Verantwortlichen im Projekt betreut werden, betroffene Rollen in gemeinsamen Workshops zusammenkommen und in der Analyse-Phase Prozesse gemeinsam untersucht werden. Dies ermöglicht eine schlankere Projektorganisation und Nutzung von Synergien. Nach folgenden Kriterien kann man solche Cluster bilden:

- organisatorischer Zusammenhang
- Prozesse mit erheblicher Interaktion zueinander

- Prozesse mit gemeinsamer Beteiligung an der Leistungserbringung
- starke Abhängigkeit der Prozesse voneinander
- Anzahl der in der Regelorganisation eingebundenen Mitarbeiter
- Prozesse mit einem hohen gemeinsamen Anteil planerischer Aktivitäten
- gleiche Kriterien entsprechend den Ergebnissen der Analyse-Phase (gleicher Reifegrad, Ausprägung der Prozessdokumentation)

Hierbei ist zu unterscheiden zwischen der Cluster-Bildung innerhalb des Projekts und des Regelbetriebs. Mögliche Varianten sind:

- Incident- und Problem Management, da sie sich thematisch mit Störungen beschäftigen
- Change- und Release Management, da sie sich thematisch mit Änderungen beschäftigen
- Availability-, Capacity- und Continuity Management, da sie sich thematisch mit der Absicherung der Verfügbarkeit beschäftigen
- Service Level- und Finance Management; stellen beide im planerischen Bereich die Schnittstellen zum Kunden dar
- Security- und Configuration Management sind aufgrund ihrer Komplexität unabhängig zu betrachten; hierbei ist dem Configuration Management besondere Aufmerksamkeit zu widmen, da alle Prozesse eine starke Abhängigkeit von dieser Disziplin aufweisen

Diese Clusterung kann auch für die Schlüsselrollen im Regelbetrieb gelten, zum Beispiel kann ein Process Manager durchaus mehrere Prozesse zusammengefasst in einem Prozess-Cluster verantworten. Achten Sie hierbei bitte auf Zielkonflikte zwischen den Prozessen.

Wenn wir eine Lupe auf den Cluster (Prozess-Cluster/Teilprojekt) richten, werden unterschiedliche beteiligte Rollen sichtbar, die für den Projekterfolg relevant sind. Neben den bereits angesprochenen Rollen im Prozess unter der Verantwortung eines speziell für diesen Prozess-Cluster benannten Verantwortlichen (Cluster-Verantwortlichen/Teilprojektleiter) werden Schlüsselpersonen aus dem Regelbetrieb in den einzelnen Projekt-Phasen (s. Kapitel 7–11) eingebunden. Horizontal über diese ausgeprägten Prozess-Cluster werden nun abhängig von der Implementierungsmethodik Verantwortliche für den Vertrag, den Bereich oder den Kunden eingebunden. Da davon auszugehen ist, dass viele abzustimmende Termine der Beteiligten untereinander stattfinden werden (s. Kapitel 7–11), werden diese Prozess-Cluster durch die Rolle eines Terminkoordinators unterstützt.

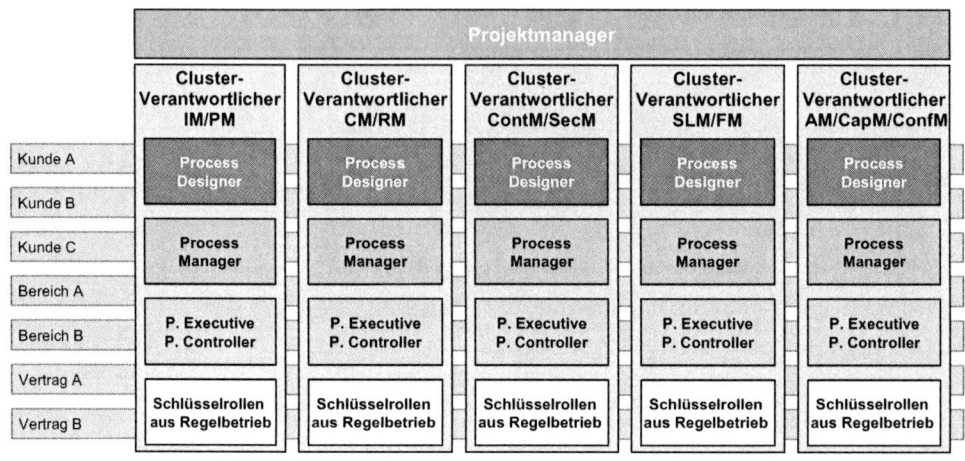

Abbildung 23: Einbindung der beteiligten Rollen in die Projektorganisation

Projektrollen

In Prozessprojekten gibt es eine Anzahl wichtiger Rollen, die zu besetzen sind:

Rollen zur Projektsteuerung:

- Lenkungsausschuss inkl. Change Control Board
- Projektleiter
- Commercial Manager
- Terminkoordinator
- PMO Project Management Office

Fachliche Projektrollen:

- Architektur Board
- Teilprojektleiter Prozesse (Cluster-Verantwortlicher)
- Prozess-Qualitätsmanagement
- Process Designer

Unterstützende Projektrollen aus der Linienorganisation:

- Process Manager
- Process Executive
- Prozessschlüsselrollen der Regelorganisation

Optionale Rollen auf Basis der gewählten Implementierungsmethodik:

- Verantwortliche für den Vertrag, den Bereich oder den Kunden

> **_Entscheidend ist, dass die Rollen mit den entsprechend qualifizierten und passenden Personen besetzt werden._**

Machen Sie hier keine Kompromisse und lassen Sie sich auch nicht unter Druck setzen. Nehmen Sie lieber etwas zeitlichen Verzug in Kauf, als dass Sie zu einem späteren Zeitpunkt Unruhe ins Team bringen, die aufgrund eines Personalwechsels entstehen würde.

In den beiden vorhergehenden Grafiken können Sie die wichtigen Rollen innerhalb des Projekts „Einführung eines IT Service Managements gemäß ITIL" identifizieren. Nachfolgend finden Sie weitere Informationen dazu.

Rollenbeschreibung Projektleiter

Ziel der Rolle: Der Projektmanager sorgt für die Einhaltung der Projektziele bezüglich Qualität, Kosten, Termine. Ein wesentlicher Aspekt seiner Tätigkeit ist die Kommunikation der Projektziele und Projektfortschritte.

Aufgaben der Rolle: Erstellung des Projektplans, Ressourcenplanung und -anforderung, Delegation der Arbeitspakete, Kontrolle von Leistungen, Terminen, Kosten, Führung und Motivation der Mitarbeiter, inhaltliche und zeitliche Koordination des Gesamtprojekts, Kommunikation, berichtet an den Lenkungsausschuss.

Kompetenzen und erforderliche Skills der Rolle: Der Projektleiter ist gegenüber allen anderen Projektmitarbeitern weisungsbefugt (abhängig von der Projektorganisation) und verantwortet das Projektbudget. Er braucht nicht unbedingt fachliche Kenntnisse im Hinblick auf die einzelnen Prozesse, sondern vielmehr Key General Management Skills, die sehr wichtig bei der Durchführung eines Prozessprojekts sind: Probleme lösen, verhandeln, führen, das Projekt nach außen vertreten. Hierfür ist eine stark ausgeprägte Kommunikationsfähigkeit erforderlich (Austausch von Informationen, intern und extern, formal und informell, horizontal und vertikal). Weiterhin muss der Projektleiter Fähigkeiten auf den Gebieten Finanz- und Rechnungswesen, Verkauf und Marketing mitbringen (s. auch Abschnitt zu „Disziplinen des Projektmanagements" in diesem Kapitel.)

> *Ohne einen geeigneten Projektleiter, der über stark ausgeprägte Kommunikationsfähigkeiten verfügt, ist die erfolgreiche (Durch)führung eines Projekts nur sehr schwer möglich.*

Rollenbeschreibung Teilprojektleiter/Cluster-Verantwortlicher

Ziel der Rolle: Der Teilprojektleiter ist für die Einhaltung der Leistungsziele, des Termin- und Kostenrahmens des jeweiligen Prozess-Clusters verantwortlich.

Aufgaben der Rolle: Die Aufgaben sind ähnlich wie die des Projektleiters und beziehen sich auf den jeweiligen Prozess-Cluster (Planung, Delegation der Arbeitspakete, Kontrolle von Leistungen, Terminen und Kosten, Führung und Motivation der Mitarbeiter, meldet Statusberichte und Entscheidungsbedarfe an den Projektleiter). Weiterhin gehören zu den Aufgaben: Abstimmung mit den anderen Prozess-Cluster-Veranwortlichen im Hinblick auf die Implementierung, Schulung der Mitarbeiter, Moderation der entsprechenden Workshops und Abstimmungstermine.

Kompetenzen und erforderliche Skills der Rolle: Der Teilprojektleiter/Cluster-Verantwortliche ist weisungsbefugt gegenüber den übrigen Mitarbeitern des Teilprojekts und verfügt über wesentliche ITIL-Kompetenzen (idealerweise ist er zertifizierter ITIL Service Manager) sowie praktische Implementierungserfahrung. Zudem hat er Erfahrung mit der Schulung von Mitarbeitern.

> *Wollen Sie bei der Einführung des IT Service Managements erfolgreich sein, dann sorgen Sie dafür, dass Sie ITIL-erfahrene Cluster-Verantwortliche einsetzen.*

Rollenbeschreibung PMO Project Management Office

Ziel der Rolle: Das Project Management Office erfüllt eine wichtige Schlüsselfunktion durch die Übernahme der kompletten Projektadministration, die im Rahmen des Projektes anfällt. Dies dient der Entlastung aller Projektmitarbeiter.

Aufgaben der Rolle: Pflege des Projektplans, Verwaltung der Arbeitsnachweise, Pflege der Einsatzplanung, Management der Projekt-Infrastruktur (Verwaltung von Räumen, Sachmitteln etc.), Terminabsprachen, Projektablage

Unserer Erfahrung nach neigen Auftraggeber leicht dazu, das Project Management Office als Streichposition anzusehen. Wer jedoch hohe Qualität will, muss dafür optimale Rahmenbedingungen schaffen. Ein professionelles Projekt Office mit der entsprechenden personellen Kapazität gehört unbedingt dazu. Im Rahmen der Prozesseinführung werden zum Beispiel Schulungen in erheblichem Umfang durchgeführt, für die Räume und Präsentationstechnik benötigt werden. Die Bereitstellung dieser Infrastruktur ist ebenfalls eine wichtige Aufgabe des Project Management Office und nicht der Projektmitarbeiter.[15] Ein anderer wichtiger Punkt ist eine gut strukturierte Projektablage. Gerade im Rahmen eines solchen Prozessprojektes werden viele Dokumentationen erstellt, die abgelegt werden müssen.

Rollenbeschreibung Process Designer

Je nach Größe und Komplexität des Projekts ist es möglich, dass der Teilprojektleiter diese Rolle für einige Prozesse zusätzlich übernimmt.

Ziel der Rolle: Der Process Designer verantwortet das Design einzelner Prozesse (je nach Projektumfang mehrere) und bildet die fachliche Schnittstelle zwischen den einzelnen Prozess-Clustern des Regelbetriebs und dem Process Manager.

Aufgaben der Rolle: Der Process Designer beschreibt gemeinsam mit dem Process Manager den Soll-Prozess und unterstützt fachlich bei der Einführung des Prozesses. Er ermittelt kundenspezifische Anforderungen und arbeitet diese in die Prozessbeschreibungen ein.

---

[15] Bei Projekten mit sehr großem Umfang ist unter Umständen die Einrichtung einer weiteren Rolle erforderlich: der des Terminkoordinators. Er ist u. a. für die Terminkoordination, die Buchung von Schulungsräumen, die Konzeption, Erstellung und Auswertung von Feedbackbögen zuständig (s. auch Kapitel 9, Abschnitt „Das „Schulungskonzept").

Kompetenzen und erforderliche Skills der Rolle: Der Process Designer verantwortet das Prozessdesign und die damit verbundenen fachlichen Schnittstellen. Er sollte sich kompetent im ITIL-Umfeld auskennen und entsprechende Erfahrung im Bereich Prozesseinführungen haben und braucht starke Dokumentations- und Moderationsfähigkeiten.

Rollenbeschreibung Verantwortlicher für einen Vertrag, Bereich oder Kunden

Diese Rolle ist notwendig, wenn die Implementierungsmethodik Verträge, Kunden oder Bereiche zu berücksichtigen hat, die voneinander abweichende Prozessausprägungen entwickelt haben. Dies ist auch dann häufig der Fall, wenn beispielsweise für unterschiedliche Kunden eigene leistungserbringende Einheiten etabliert worden sind.

Ziel der Rolle: Diese Rolle ist die Schnittstelle zwischen Projekt und projektrelevantem Vertrag, Bereich oder Kundensituation zur Identifikation und Beschreibung der speziellen, daraus resultierenden Prozessausprägungen.

Aufgaben der Rolle: Sie identifiziert und beschreibt Abweichungen vom Referenzprozess und unterstützt bei der entsprechenden Implementierung.

Kompetenzen und erforderliche Skills der Rolle: Diese Rolle hat keine Weisungsbefugnis, sie vertritt den Bereich, Vertrag oder Kundensituation bezüglich der Definition und Implementierung der Prozesse.

Rollenbeschreibung Prozess-Qualitätsmanagement

Die Rolle des Prozess-Qualitätsmanagements ist eine ganz wesentliche. Lesen Sie dazu weiter unten im Abschnitt „Disziplinen des Projektmanagements". Das Qualitätsmanagement greift vor allem in der Design-Phase, und da wiederum bei der Abnahme der Arbeitsergebnisse. Sie stellt die Qualität der Arbeitsergebnisse durchgängig und prozessübergreifend sicher, und diese Qualität wiederum ist wesentlich sowohl für die Design- als auch die Build-Phase (s. auch Kapitel 8 und 9).

Rollenbeschreibung Lenkungsausschuss

Der Lenkungsausschuss ist das oberste beschlussfassende Gremium eines Projekts. In ihm versammeln sich die Process Owner, der Projektleiter und möglicherweise die Geschäftsverantwortlichen. Er verantwortet den unternehmerischen Erfolg des Projekts. Die Linienverantwortlichen der betroffenen Bereiche sollten in ihm vertreten sein, da die Prozesse einen starken Einfluss auf ihre Abläufe haben werden.

An dieser Stelle sei darauf hingewiesen, dass ein Lenkungsausschuss kein reines Beschluss- und Informationsgremium ist. Der Lenkungsausschuss soll dem Projekt zum Erfolg verhelfen, indem er konstruktive Vorschläge unterbreitet und *aktiv* das Projekt unterstützt – auch zwischen den Sitzungen. Die Mitglieder sind also Teil des Projektes und mit für dessen Erfolg verantwortlich.

> *Wichtig ist, dass alle wesentlichen Führungskräfte der betroffenen Bereiche von Beginn des Projektes an in den Lenkungsausschuss mit eingebunden sind. Denn ohne deren Commitment ist die Voraussetzung für den Erfolg des Projekts nicht gegeben.*

Rollenbeschreibung Change Control Board

Das Change Control Board prüft und gibt Veränderungen frei, die Einfluss auf die Ziele des Projekts und somit auf die Termin- und Budgetplanungen haben. Die Mitglieder haben die entsprechenden Kompetenzen, um Entscheidungen im Hinblick auf Priorität und mögliche Finanzierung der Veränderungen zu treffen.

Rollenbeschreibung Architektur Board

Das Architektur Board stellt die Vollständigkeit, Plausibilität und Einheitlichkeit aller Informationen zur fachlichen Umsetzung der prozess- und systemseitigen Projektziele sicher. Dies geschieht anhand einer ganzheitlichen Vorgehensweise zur Informationsaufnahme/ -erzeugung sowie zum koordinierten Informationstransfer zwischen den Projekt- und Linienteams. Es gilt deshalb als die fachlich entscheidende qualitätssichernde Instanz im Projekt.[16]

---

[16] In der Praxis ist die Trennung zwischen der Prozessentwicklung und Systementwicklung eher unscharf, vor allem im Prozessentwurf. Prozessentwurfsprojekte sind in den allermeisten Fällen auch Systementwicklungsprojekte, da die Reorganisation eines Prozesses fast immer auch eine Veränderung in der Informationssystemunterstützung mit sich bringt. Unter diesem Aspekt ist zur Abbildung der Prozesslandschaft in die Informationssystemlandschaft eine vertikale Verantwortung erforderlich.

Wichtige Disziplinen des Projektmanagements

Die Norm DIN 69901 definiert das Projektmanagement als die „Gesamtheit von Führungs-
aufgaben, -organisation, -techniken und -mitteln für die Abwicklung eines Projektes". Der
weltweit größte PM-Verband Project Management Institute (PMI) findet für das Projektmanagement folgende Definition: „Project Management is the application of knowledge, skills,
tools and techniques to project activities to meet project requirements."

Das PMI beschreibt neun Managementdisziplinen innerhalb des Projektmanagements: Inte-
grationsmanagement (Integration Management), Umfangsmanagement (Scope Management), Terminmanagement (Time Management), Kostenmanagement (Cost Management),
Qualitätsmanagement (Quality Management), Personalmanagement (Human Resource Management), Kommunikationsmanagement (Communications Management), Risikomanagement (Risk Management) und Beschaffungsmanagement (Procurement Management). Im
Hinblick auf ein Prozessprojekt sind für uns folgende Disziplinen entscheidend: Scope-,
Time-, Cost-, Communications-, Quality- und Risk Management.

Scope Management

Das Scope Management stellt sicher, dass in einem Projekt genau die Arbeitsergebnisse und
Liefereinheiten erarbeitet werden, die zu dessen erfolgreichem Abschluss nötig sind. Es
beschäftigt sich in erster Linie mit der Festlegung und Kontrolle, was im Projektumfang
enthalten und was ausgeschlossen ist.

Am Anfang eines Projektes ist oft schwer greifbar, welche Ergebnisse und Liefereinheiten
am Ende erarbeitet sein müssen. Viele Stakeholder haben eine hohe Erwartung an die Ergebnisse (s. Kapitel 3). Diese Erwartungshaltung gilt es zu managen.

Ein wichtiger Punkt beim Scope Management ist beispielsweise die Kosten-Nutzen-
Darstellung. Nach einer bestimmten Laufzeit eines Projektes entsteht immer mehr Druck,
den Nutzen eines Projektes deutlich zu machen. Was bringt das Projekt überhaupt? In den
ersten Wochen und Monaten der Einführung von ITIL-Prozessen werden ausschließlich viele
Ordner mit Prozessbeschreibungen produziert. Das Projektteam wird solche oder ähnliche
Fragen zu hören bekommen: „Seit drei Monaten arbeiten Sie an der Einführung der Prozesse,
wir haben schon viel Geld dafür ausgegeben, und alles, was Sie vorweisen können, sind
1.000 Seiten Prozessdokumentation, die keiner kennt?" Wichtig ist es an diesem Punkt, die

Fortschritte zu kommunizieren. Die abgestimmte Prozessdokumentation ist die Grundlage für die Prozessimplementierung, in gewisser Weise die Absprungbasis dafür. Belegen Sie dies im Zuge Ihrer Kommunikation an konkreten Beispielen.

Das PMI definiert fünf Kernelemente des Scope Managements:

- **Initiierung** (Beauftragung eines Projekts oder einer Projektphase)
- **Planung** (Entwicklung eines Inhalts- und Umfangsplans, der die Basis für zukünftige Projektentscheidungen bildet)
- **Definition** (Unterteilung der zu liefernden Leistungen in kleinere, handhabbare Einheiten)
- **Verifikation** (Prüfung des ermittelten Inhalts und Umfangs auf Vollständigkeit, Korrektheit, Konsistenz etc.)
- **Change Control** (Prüfung, ob genehmigte Änderungen auch umgesetzt wurden)

Time Management

Das Time Management stellt sicher, dass der Zeitrahmen eines Projektes eingehalten wird und bindet alle beteiligten Zielgruppen mit ein. Arbeitsmittel ist der Projektplan. Das Time Management benutzt als wesentliche Grundlage eine vom Scope Management gelieferte Projektdefinition, die u. a. Projektziele, Arbeitsergebnisse und Liefereinheiten des Projekts dokumentiert. Um Zeitrahmen oder zeitliche Meilensteine definieren zu können, müssen Sie möglicherweise auf ein Expert Judgement zurückgreifen. Experten schätzen im Zuge dessen den zeitlichen Ablauf des Projekts auf Basis der zu erbringenden Liefereinheiten. Jede (Projekt-)Situation ist anders, und wenn Sie dabei nicht eine (projekt)erfahrene Person an Ihrer Seite haben, tappen Sie möglicherweise völlig im Dunkeln.

Wichtig ist auch, den einmal gesetzten Endpunkt eines Projektes einzuhalten. Man sollte im Zuge der Einführung der ITIL-Prozesse immer auf diesen Punkt hin arbeiten und nicht etwa auf die Einhaltung eines Budgets oder auf das Arbeitsergebnis. Sonst besteht die Gefahr, dass aus dem sowieso schon langen Projekt ein endloses Projekt wird, das irgendwann im Sande verläuft. Wenn die Einführung der Prozesse zum festgelegten Zeitpunkt tatsächlich noch nicht abgeschlossen sein sollte, ist es besser, die Prozesse mit einer Maßnahmenliste und den noch fehlenden Arbeitsergebnissen an die Regelorganisation – und damit in deren Verantwortung – zu übergeben.

Laut PMI gibt es fünf Kernelemente innerhalb des Time Managements:

- **Definition der Vorgänge** (die Vorgänge, die zur Erstellung der vereinbarten Liefereinheiten nötig sind, werden definiert)
- **Festlegung der Abfolge der Aktivitäten** (die Reihenfolge der Aktivitäten wird festgelegt, ebenso die Beziehungen und Abhängigkeiten der Aktivitäten untereinander)
- **Einschätzung der Dauer der jeweiligen Aktivität** (hier wird eine geschätzte Dauer je Aktivität festgelegt)
- **Entwicklung des Terminplans**
- **Steuerung des Terminplans** (Überwachung von Terminen und Meilensteinen innerhalb des Projekts)

Cost Management

Ziel des Cost Managements ist es, das vorgegebene Budget für das Projekt einzuhalten. Es umfasst alle kommerziellen Aspekte des Projektes.

Dadurch, dass man einen relativ hohen Anteil der Mitarbeiter eines Unternehmens in das Projekt mit einbindet (beispielsweise fünf Prozent), und zwar Vollzeit, wird die Kostensituation permanent hinterfragt. Mitunter bleibt es nicht nur bei der Hinterfragung der Kostensituation, sondern das komplette Projekt kommt auf den Prüfstand – denn die Projektmitarbeiter und die hinzugezogenen externen Experten produzieren ja zunächst keine sichtbaren Ergebnisse. Auch aus diesem Grund ist es extrem wichtig, dass der Kostenrahmen eingehalten wird, transparent dargestellt und kommuniziert werden kann.

Das PMI definiert folgende Kernelemente des Cost Managements:

- **Ressourcenplanung** (der Bedarf an Projektpersonal und anderen Ressourcen wird ermittelt)
- **Kostenschätzung** (Erstellung einer Kostenschätzung inkl. einer Aussage über deren Genauigkeit)
- **Kostenplanung** (Betrachtung der Kosten pro Vorgang)
- **Kostensteuerung** (Kontrolle und Berichterstattung der Kostenentwicklung und Kostenplananpassung)

Communications Management

Das Kommunikationsmanagement des Projektes stellt sicher, dass die jeweilige Zielgruppe zum richtigen Zeitpunkt die für sie relevanten, notwendigen und richtigen Informationen erhält. Das Kommunikationsmanagement ist eng mit dem Management von Organisationsveränderungen verknüpft. Diesen beiden Bereichen haben wir ein eigenes Kapitel gewidmet (s. nächstes Kapitel)

PMI definiert vier Kernelemente des Communications Management:

- **Kommunikationsplanung** (hier wird festgestellt, wer welche Informationen braucht)
- **Informationswesen** (rechtzeitige Zurverfügungstellung der benötigten Informationen)
- **Berichtswesen** (Informationsverteilung über die Projektleiter zur Projekt Performance; wie sind die Ressourcen eingesetzt, um die Projektziele zu erreichen?)
- **Administrativer Abschluss** (Erstellung einer Projektdokumentation mit den Projektergebnissen, zum formalen Abschluss bzw. zur Abnahme eines Projekts oder einer Projektphase)

Quality Management

Das Qualitätsmanagement als Projektmanagementdisziplin hat zwei Ziele: sowohl die Sicherung der Projektqualität (Verlässlichkeit der Abläufe im Projekt) als auch die Sicherung der Qualität der Liefereinheiten im Sinne von Projektergebnissen.

Ein wesentlich wichtiger Punkt im Hinblick auf Prozessprojekte ist in unseren Augen die Anwendung einer ganz bestimmten Methodik zur Qualitätssicherung: Qualifizierte Meilensteine. Lesen Sie dazu mehr im Abschnitt „Übergreifende Methoden" weiter unten in diesem Kapitel.

Das PMI definiert wiederum drei Hauptelemente innerhalb des Quality Managements:

- **Planung von Qualität** (Definition der anzulegenden Qualitätsstandards und Festlegung, wie diese erfüllt werden sollen)
- **Sicherung von Qualität** (Messung der Projektqualität)
- **Steuerung** (Überwachung von Projektergebnissen, Eliminierung von Gründen für unbefriedigende Performance)

Risk Management

Risk Management bezeichnet zunächst einmal den planvollen Umgang mit Risiken – und zwar den unternehmerischen, finanziellen und technischen Risiken. Es identifiziert, analysiert, überwacht und kontrolliert Risiken innerhalb eines Projekts.

Ein Prozessprojekt hat einen sehr starken Einfluss auf die gesamte Organisation, denn diese wird durch die Einführung der Prozesse starken Veränderungen unterzogen. Umso wichtiger ist es, die Risiken einer solchen Einführung zu identifizieren, um Maßnahmen einzuleiten, die den Eintritt des Risikos verhindern bzw. die Eintrittswahrscheinlichkeit verringern.

Ein Beispiel: Ein großes Risiko in einem Projekt ist die geringe Mitwirkung seitens des Linienpersonals. Da in der Regelorganisation das Tagesgeschäft weiterläuft, besteht die Gefahr, dass die im Projekt eingesetzten Mitarbeiter durch die Linie wieder abgezogen werden bzw. die Mitwirkungspflichten seitens des Regelbetriebs (Teilnahme an Schulungsmaßnahmen bzw. Mitwirkung bei der Definition der Prozesse etc.) nicht wahrgenommen werden. Solche Risiken gilt es zu identifizieren, um Maßnahmen einzuleiten, die dem entgegenwirken.

Das Risikomanagement wird in vielen Projekten und Prozessen etwas geringschätzig behandelt. Zu Beginn wird zwar oft eine Risiko-Analyse durchgeführt und dokumentiert, es werden jedoch keine Maßnahmen eingeleitet, um den Risiken entgegenzuwirken, bzw. die identifizierten Risiken werden nicht weiter betrachtet und somit nicht gemanagt.

Kernelemente innerhalb des Risk Managements sind (gemäß PMI):

- **Risiko Management Planung** (Entscheidung über Herangehensweise und Planung der Aktivitäten der folgenden Risiko-Prozesse)
- **Risikoidentifikation** (bestimmt, welche Risiken wahrscheinlich sind und dokumentiert deren Charakteristiken)
- **Qualitative Risikoanalyse** (die identifizierten Risiken werden bewertet hinsichtlich Wahrscheinlichkeit des Eintretens und der Auswirkungen auf den Projekterfolg)
- **Quantitative Risikoanalyse** (Risikowirkung und Gegenmaßnahmen werden quantitativ bewertet, also in geldwerten Größen)
- **Planung zur Risikobewältigung und Risikominimierung** (Ermittlung von Gegenmaßnahmen, um zum einen das Eintreten von Risiken zu minimieren oder zum anderen

die Auswirkungen des eingetretenen Risikos zu reduzieren)

- **Risikoüberwachung und -verfolgung** (Status der Risiken und der Gegenmaßnahmen wird kontinuierlich überwacht)

Übergreifende Methoden

An dieser Stelle wollen wir Ihnen noch drei übergreifende Methoden vorstellen, die bei der Durchführung eines großen Prozessprojekts sehr hilfreich sind: Qualifizierte Meilensteine, Lessons Learned und Projektzielerreichungsindikatoren.

Qualifizierte Meilensteine

Ein Qualifizierter Meilenstein bezeichnet den (Zeit-)Punkt in einem Projekt, zu dem Leistungen und (Zwischen-)Ergebnisse überprüft und abgenommen werden. Diese Qualifizierte Meilensteine sollte es in Prozessprojekten immer dann geben, wenn ein wesentliches Arbeitsergebnis erreicht ist. Wesentliche Arbeitsergebnisse sind beispielsweise der Maßnahmenkatalog und die Projektempfehlung am Ende der Analyse-Phase, denn aus deren Ergebnissen resultieren wiederum die wesentlichen Inhalte der Design-Phase. Aus diesem Grund ist am Ende der Analyse-Phase ein Qualifizierter Meilenstein angesetzt.

In der Design-Phase wiederum haben das Qualitätsmanagement und damit auch diese Qualifizierte-Meilensteine-Methodik eine zentrale Funktion.

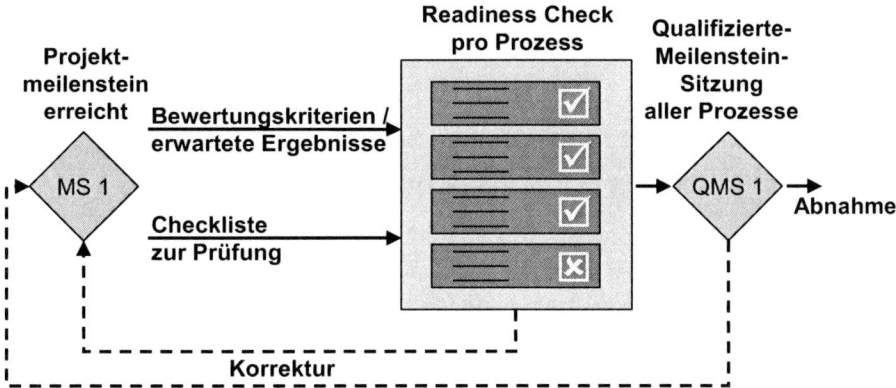

Abbildung 24: Qualifizierte Meilensteine zur Projektsteuerung

103

Die Qualifizierten Meilensteine sind also zwischen den einzelnen Projektphasen angesiedelt und entsprechen höchsten Anforderungen bezüglich Prozess und Inhalt. Vor jeder abzuschließenden Projektphase werden Leistungen und (Zwischen-)Ergebnisse überprüft und hinsichtlich Qualität und Vollständigkeit bewertet (Readiness Check). Basierend auf diesen Ergebnissen werden Entscheidungen für den weiteren Projektverlauf getroffen und die künftige Vorgehensweise ggf. angepasst. An besonders wichtigen Qualifizierten Meilensteinen findet außerdem eine entsprechende Entscheidungssitzung statt. Der Readiness Check ist die fachliche Verifizierung anhand einer Checkliste der zu erbringenden Liefereinheit und wird möglicherweise für jeden Prozess individuell angewandt. Der geschlossene Übergang in die nächste Phase geschieht dann unter Berücksichtigung aller Readiness Checks im Zuge einer Gesamtabnahme durch den Qualifizierten Meilenstein.

QM	Name	Beschreibung	Übergabe von	Übergabe an
PI	Project Initiation	Es wurde eine Entscheidungsvorlage erarbeitet, welche als Basis für den Projektstart und damit das Prozessdesign dient.	Lenkungsausschuss	Projektmanager
SE	Start Enabling	Es wurde eine abgenommene Prozessdokumentation erstellt, und mit der Umsetzung kann begonnen werden.	Cluster-Verantwortlicher aus Projekt	Process Executive im Betrieb
SI	Start Implementation	Die kundenspezifischen Abweichungen und Besonderheiten wurden dokumentiert.	Cluster-Verantwortlicher aus Projekt	Process Executive im Betrieb
SCP	Start Customer Pilot	Die Rollenträger sind auf ihre zukünftigen Aufgaben vorbereitet, und alle notwendigen Voraussetzungen wurden geschaffen.	Cluster-Verantwortlicher aus Projekt	Process Executive im Betrieb
EOP	End of Project	Die Pilotierung wurde abgeschlossen, und es stehen ausreichend qualifizierte Ressourcen zur Verfügung, um die Prozesse an den Betrieb zu übergeben.	Projektmanager	Auftraggeber

Abbildung 25: Qualifizierte Meilensteine

In dieser Grafik ist der wichtigste qualifizierte Meilenstein eines Projekts mit SE bezeichnet. Bezogen auf die ITIL-Einführung bedeutet das: An dieser Stelle ist die Prozessbeschreibung erstellt, qualitätsgesichert und abgenommen. Dort sind alle Rollen und alle Prozessschritte dokumentiert, dies ist das zentrale Prozessdokument, ohne das die nachfolgenden Phasen nicht gestartet werden können. An diesem Punkt erfolgt also die Abnahme der Arbeitsergebnisse, und zwar gemeinsam mit allen Beteiligten. Die Einführung des neuen bzw. angepassten Prozesses in die Regelorganisation kann beginnen.

Dieser Zeitpunkt ist auch deswegen so wichtig, weil bis dahin das Projekt innerhalb eines nahezu geschlossenen Personenkreises stattfindet. Bis hierher können Fehler und Rückholaktionen in einem kleinen Kreis gehalten werden. Passieren Fehler *nach* diesem Qualifizierten Meilenstein oder werden sie erst nach dem Readiness Check entdeckt, muss dies breit im Unternehmen kommuniziert werden. Imageschaden, hohe Budgetüberziehung und dergleichen sind die Folgen.

> **Der Qualifizierte Meilenstein „Start Enabling" markiert einen ganz zentralen Punkt im Projekt: Es ist eine Prozessdokumentation erstellt und abgenommen. Es kann mit der Implementierung der Prozesse begonnen werden.**

Qualifizierte Meilensteine sorgen ebenfalls dafür, dass am Ende des Projektes die Gesamtabnahme durch die Regelorganisation ohne große Überraschungen erfolgen kann. Durch die phasenbezogenen Teilabnahmen stellt man sicher, dass die Anzahl der offenen Punkte zur vollständigen Erfüllung der durch das Projekt verantworteten Arbeitsergebnisse und Liefereinheiten bei der Gesamtübergabe an die Regelorganisation so gering wie möglich ist. Somit ist das Risiko einer Nichtabnahme durch die Regelorganisation und eine Nichtentlastung der Projektverantwortlichen wesentlich geringer.

Planung und Durchführung von Qualifizierten Meilensteinen

Was genau beinhaltet nun ein Qualifizierter Meilenstein, wie läuft dessen Planung und Durchführung ab? Die Rolle Prozessqualitätsmanagement nimmt die Terminplanung der Qualifizierten Meilensteine vor. Für eine große Sitzung werden alle wesentlichen und für die Abnahme verantwortlichen Beteiligten eingeladen, sowohl aus der Regelorganisation als auch aus der Projektorganisation. Das sind im Wesentlichen folgende Rollen: Projektleiter, der Cluster-Verantwortliche, der Process Designer, der Process Manager, die Process Executives und optional Verantwortliche für Vertrag, Bereich oder Kunde.

Checkliste Qualifizierte Meilensteine

Projektname:	Process Owner:
Projekt Manager:	
Process Manager:	

Qualifizierter Meilenstein: Start Enabling (SE)

Qualifizierter Meilenstein Kategorie	Prüfkriterien	Status				Maßnahmen		
		vollst. erfüllt	teilw. erfüllt	nicht erfüllt	nicht relevant	erforder-lich: ja/nein	Nr.	Bemer-kungen
Incident Management	Prozesssteckbrief erstellt	X						
	Prozessbeschreibung Ebene 3 vorhanden	X						
	Anhang Ebene 3: Anforderungen an Technologie vorhan-den	X						
	Beschreibung Pro-zessschritte Ebene 4 vorhanden		X			ja	01	
	Delta-Dokument zu Ebene 3 vorhanden				X	nein		
	Betriebsmatrix gefüllt	X						
	Dokumentenmatrix vervollständigt		X			ja	02	
	Grafik-Dokumente (Powerpoint, Visio) erstellt und überge-ben	X						

Tabelle 5: Checkliste Qualifizierte Meilensteine

In einer solchen Sitzung wird dann die Qualitätsprüfung und -bewertung anhand einer spe-ziell für diesen Qualifizierten Meilenstein entwickelten Checkliste durchgegangen. Eine solche Checkliste fragt beispielsweise den Dokumentationsgrad und die -inhalte ab. Dann erfolgt die Entscheidung über die Abnahme der jeweiligen Arbeitsergebnisse oder Projektphase. Für Ergebnisse, die nicht oder nicht in der geforderten Qualität vorhanden sind, werden Maßnahmen vereinbart.

Prozess	Incident Management
Verantwortlicher	
Prozess-/Dokument-Titel	Siehe unten
Version	1.0
Datum	
Ersteller / Autor	
Protokollführer	

Eingangskriterien

☑ Folgende Dokumente vollständig erstellt
- ▫ Prozesssteckbrief
- ▫ Prozessbeschreibung Ebene 3 inkl. Anhang
- ▫ Prozessschritte Ebene 4
- ▫ Betriebsmatrix
- ▫ Dokumentenmatrix

☑ Namenskonvention eingehalten

☑ Freigabe für diesen Review durch Process Manager erteilt

☑ Anmeldung zum Review bei QM

Name Teilnehmer	Datum	„Ich bin mit dem vorgestellten Ergebnis einverstanden" Unterschrift
Verantwortlicher (Projekt) Name des Verantwortlichen		
Verantwortlicher (Betrieb) Name des Verantwortlichen		
Process Manager Name des Verantwortlichen		

Kriterien bei der Review-Durchführung

- ▫ Inhaltliche Korrektheit (nach ITIL)
- ▫ Abstimmung / Abgleich der Ebenen 3 und 4 mit allen anderen Prozessen via deren Schnittstellen
- ▫ erstellte Templates der Form nach einheitlich

Ergebnis des Reviews

☑ „Start Enabling (SE)" durch QM   (ohne Korrekturen)

☑ „Start Enabling (SE)" mit Vorbehalt durch QM (unwesentliche Korrekturen)

☑ Abgelehnt   (wesentliche Korrekturen)

Abbildung 26: Abnahmeprotokoll eines Qualifizierten Meilensteins

> *Um die Wichtigkeit dieser Qualifizierten Meilensteine zu betonen, sollten handschriftliche Unterschriften unter die Abnahmeprotokolle gesetzt werden. So bekommt dieses Dokument einen verbindlichen Charakter!*

Sind alle Unterschriften vorhanden, erfolgt das Setzen des Meilenstein-Status in einem speziellen Bericht. Ein Beispiel dafür sehen Sie hier.

Q. Meilensteine	PI		SE		SI		SCP		EOP	
Terminart	Readiness Check	Qualifiz. M.stein	Readiness Check	Qualifiz. M.Stein	Readiness Check	Qualifiz. M.stein	Readiness Check	Qualifiz. M.stein	Readiness Check	Qualifiz. M.stein
Incident Mgmt.	8. Mrz.✔	9. Mrz.✔	23. Mai✔	20. Jun✔	5. Dez.!	29. Nov✔	5. Dez.✔	5. Dez.✔	x	10. Jan.
Problem Mgmt.	9. Mrz.✔	9. Mrz.✔	6. Jun.✔	20. Jun✔	5. Dez.!	29. Nov✔	5. Dez.✔	5. Dez.✔	x	10. Jan.
Change Mgmt.	1. Mrz.✔	9. Mrz.✔	4. Mai.✔	20. Jun✔	9. Aug.✔	29. Nov✔	9. Aug.✔	5. Dez.✔	x	10. Jan.
Release Mgmt.	1. Mrz.✔	9. Mrz.✔	15. Jun✔	20. Jun✔	15. Aug✔	29. Nov✔	15. Nov✔	5. Dez.✔	x	10. Jan.
Configuration Mgmt.	8. Mrz.✔	9. Mrz.✔	29. Jun✔	20. Jun✔	17. Nov✔	29. Nov✔	10. Dez.!	5. Dez.✔	x	10. Jan.
Service Level Mgmt.	4. Mrz.✔	9. Mrz.✔	1. Jun.✔	20. Jun✔	21. Nov✔	29. Nov✔	3. Dez.✔	5. Dez.✔	x	10. Jan.
Financial Mgmt.	3. Mrz.✔	9. Mrz.✔	31. Mai✔	20. Jun✔	28. Nov✔	29. Nov✔	!	5. Dez.✍	x	10. Jan.
Availability Mgmt.	9. Mrz.✔	9. Mrz.✔	19. Jun✔	20. Jun✔	28. Nov✔	29. Nov✔	!	5. Dez.✍	x	10. Jan.
Capacity Mgmt.	8. Mrz.✔	9. Mrz.✔	19. Jun✔	20. Jun✔	20. Aug✔	29. Nov✔	15. Nov✔	5. Dez.✔	x	10. Jan.
Continuity Mgmt.	7. Mrz.✔	9. Mrz.✔	1. Jun.✔	20. Jun✔	21. Aug✔	29. Nov✔	30. Nov✔	5. Dez.✔	x	10. Jan.
Security Mgmt.	7. Mrz.✔	9. Mrz.✔	1. Jun.✔	20. Jun✔	21. Aug✔	29. Nov✔	30. Nov✔	5. Dez.✔	x	10. Jan.

Status: 15.12.

x = offen / ! = Terminüberschreitung / ✔ = termingerecht erledigt / ✍ = unter Vorbehalt

Abbildung 27: Statusüberblick Qualifizierte Meilensteine

Die konsequente Durchführung der Qualifizierten Meilensteine mag sich zunächst kompliziert und bürokratisch anhören. Sie bietet jedoch viele Vorteile:

- Die Projektmitarbeiter wissen durch die klaren und rechtzeitigen Vorgaben (in Form der Checklisten) genau, was von ihnen erwartet wird.

- Die Project Owner wissen genau, was sie bekommen und in welcher Qualität. Es gibt eine definierte und dokumentierte Basis für die nachfolgende Projektphase. Die Übergabe der Arbeitsergebnisse ist genau dokumentiert, ebenso die noch offenen Punkte.

- Die Qualifizierten Meilensteine sind ein hoch effektives Instrument zur Überprüfung der Projektqualität. Probleme werden rechtzeitig erkannt und behoben; das ist wirtschaftlicher als nachträgliche Schadensbegrenzung. Die Qualität der Arbeitsergebnisse wird sicht- und nachweisbar.
- Projekt- und Geschäftsverantwortliche sind zu einer engen Abstimmung verpflichtet.

Ein weiterer großer Vorteil der Qualifizierten Meilensteine:

> *Wenn auf die korrekte Abnahme der Qualifizierten Meilensteine geachtet wurde, nimmt die Gesamtprojektübergabe am Ende des Projektes nur noch wenig Zeit in Anspruch! Nachträgliche Diskussionen bereits abgenommener Arbeitsergebnisse und eine generelle Ablehnungshaltung werden weitgehend vermieden, da auch eine Vielzahl von Personen außerhalb des Projekts die Teilergebnisse mit abgenommen hat.*

Lessons Learned

Lessons Learned ist eine Debriefing-Methodik[17], die am Ende jeder Phase eines Projekts der Reflektion dient.

> *Lessons Learned findet parallel zur gesamten Projektlaufzeit statt, jeweils am Ende einer Projektphase.*

Das Zusammenspiel des Teams wird noch einmal hinterfragt und die Erfahrungen, die gemacht wurden, werden rekapituliert. Leitend sind dabei die Fragen: *Was lief gut?*, *Was fiel mir auf?*, *Was lief schlecht?*. Grundlegende Prinzipien der Lessons Learned sind: Lösungsorientierung sowie Offenheit und es wird nicht nach „Schuldigen", sondern nach Wegen gesucht, die Dinge besser zu machen. Lessons Learned können alle Bereiche des Projekts

---

[17] Debriefing bedeutet die gezielte Kodifizierung und Ablage von Mitarbeiterwissen mit dem Ziel der Wiederverwendung und Bewahrung von wertvollem Wissen und Kompetenz (Quelle: http://www.wissensmanager.de/def.htm).

betreffen und sich beispielsweise auf die Bereitstellung von Information und Kommunikation beziehen, auf Methoden und Vorgehensweisen, das Teamworking, das Rollenverständnis, die Infrastruktur, das Projektmanagement oder andere Rahmenbedingungen. Die Erkenntnisse aus Lessons Learned werden in der nächsten Projektphase entsprechend berücksichtigt.

Lessons Learned: Ablauf und Ergebnisse

Zu Beginn eines Debriefings werden die wesentlichen Erkenntnisse identifiziert, diskutiert und dokumentiert. Anschließend folgt die Strukturierung, Priorisierung und Dokumentation von Prinzipien und Vorgehensmodellen, die auch in vergleichbaren Projekten angewendet werden können. Am Ende des Debriefings steht die Erarbeitung von Lösungsvorschlägen für die wichtigsten Lessons Learned. Die Ergebnisse und Maßnahmen werden entsprechend dokumentiert.

Wichtig ist die vorherige Festlegung von Feedback-Regeln. Sie dienen dem respektvollen und wertschätzenden Umgang der Teilnehmer miteinander. Wer Feedback gibt, sollte positive Dinge zuerst benennen, eine Person nicht mit deren Verhalten gleichsetzen, das Verhalten möglichst konkret ansprechen und benennen, was dieses Verhalten bei ihm auslöst. Wer Feedback bekommt, sollte zuhören, Verständnisfragen stellen, prüfen, was er davon annehmen will, und dieses Feedback als Chance zur persönlichen Weiterentwicklung betrachten.

Projektzielerreichungsindikatoren

Welche Indikatoren zeigen an, wie weit ein Projekt auf dem Weg zur Erreichung der im Zuge des Projektauftrags festgelegten Prozessziele schon vorangeschritten ist? Es sind im Wesentlichen diese vier:[18]

- objektive Projektzielerreichung
- Reifegrad nach SPICE
- Enabling-Faktor
- PSK (Prozessstabilitätskennzahl)

---

[18] Die Projektzielerreichungsindikatoren spielen eine wichtige Rolle in der Design- und in der Build-Phase. Denn dann ist das Stadium der Analyse durchlaufen und die Prozesse werden erst zum Leben erweckt – wo kein Prozess ist, können auch keine Indikatoren gemessen werden.

Projektzielerreichung: Hier wird erfasst, inwieweit die Prozessdokumentationen erstellt sind, wie viele Mitarbeiter schon die Schulungen absolviert haben und bis zu welchem Grad die Zuordnung der Mitarbeiter den Prozessrollen bereits erfolgt ist. Die zu ermittelnden Werte sind absolut und messbar. Sie sollten den Projektauftrag widerspiegeln und können den Project Ownern gegenüber als Nachweis verwendet werden.

Reifegrad der Prozesse nach SPICE: Der Reifegrad eines Prozesses beschreibt dessen Qualität und Leistungsfähigkeit anhand bestimmter Kriterien (ein Prozess auf Level 0 oder 0,5 ist unvollständig, ein Prozess auf Level 5 ist optimierend, dazwischen liegen die Abstufungen durchgeführt, gesteuert, definiert und vorhersagbar). Mehr dazu lesen Sie im Kapitel 8. Der Reifegrad wird erstmals anhand eines Fragebogens in der Analyse-Phase eruiert. In der Design-Phase – nach der vollständigen Beschreibung des Prozesses und der Erstellung des Prozesssteckbriefes – dürfte der Reifegrad höher liegen. Nach der Implementierung des Prozesses steigt der Reifegrad weiter. Er ist also auch eine Methode – jenseits irgendwelcher Kennzahlen –, den Projektfortschritt zu dokumentieren. Man kann sogar so weit gehen, dass man als Projektauftrag, als ein Projektziel definiert: die Steigerung des Reifegrads bzw. die Erreichung eines bestimmten, vorher festgelegten Reifegrads.

> *Projektziele können in Bezug auf den Prozessreifegrad festgelegt werden.*

Enabling-Faktor: Dieser Faktor berücksichtigt die Selbstbeurteilung der in den Prozessen involvierten Mitarbeiter, die bei den bisher betrachteten Zielerreichungsindikatoren noch keine sehr große Rolle gespielt haben (der Prozessreifegrad kann ohne sie ermittelt werden, und die Erstellung einer Prozessdokumentation sowie die Durchführung von Schulungen gewährleistet noch lange nicht, dass diese Informationen auch bei den Mitarbeitern angekommen sind bzw. sie auch dazu befähigt haben, die neu erworbenen Kenntnisse in die Tat umzusetzen). Für die Ermittlung des Enabling-Faktors werden die Mitarbeiter gefragt, wie sehr sie sich in die Lage versetzt fühlen, den ihnen zugedachten Aufgaben nachzukommen. Dies gibt eine gute Einschätzung, wie sicher sich die Mitarbeiter bezüglich ihrer zukünftigen Aufgaben sind. Man muss sich aber bewusst sein, dass die Selbsteinschätzung der Mitarbeiter aus Sicherheitsdenken meistens unter dem tatsächlichen Wert liegt. Ist es z. B. Ziel, einen Reifegrad 3 zu erreichen, so wird der maximale, von den Mitarbeitern angegebene Wert wahrscheinlich 80 Prozent davon betragen.

PSK Prozessstabilitätskennzahl: Die durch die Prozessstabilitätskennzahl ausgedrückte Prozessüberlebensfähigkeit ist gegeben, wenn ein Prozess ohne weitere Unterstützung durch das Projekt oder andere externe Ressourcen innerhalb der Regelorganisation gestützt durch Dokumentation, Werkzeuge und Mitarbeiter lauffähig ist und die definierten Prozessergebnisse langfristig erreicht werden können. Aus den drei beschriebenen Faktoren – Projektzielerreichung, Reifegrad und Enabling-Faktor – ergibt sich die Überlebensfähigkeit und damit die Stabilität eines Prozesses.

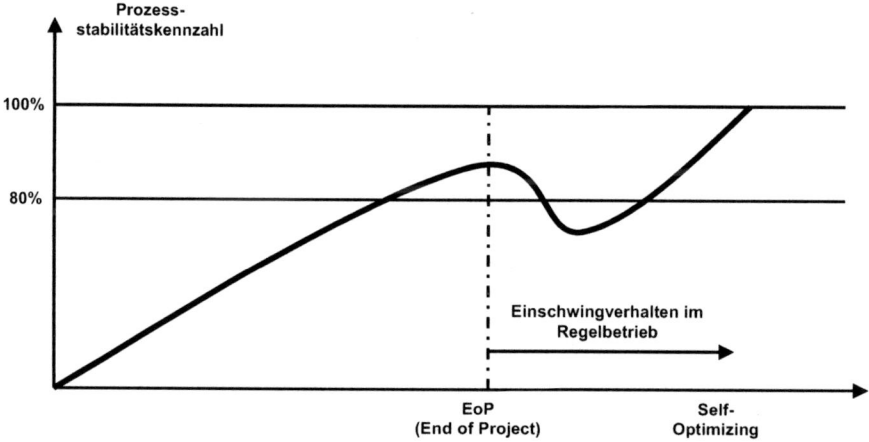

Abbildung 28: Einschwingverhalten der Prozessstabilität

Über die oben beschriebenen Projektzielerreichungsindikatoren werden also Werte gemessen bzw. berechnet, die es ermöglichen, im Zuge der Projektlaufzeit die Projektfortschritte zu ermitteln und das Projekt nachhaltig nach außen zu vertreten – und zwar anhand objektiver Zahlen wie auch anhand subjektiver Eindrücke der Mitarbeiter. Die Vorteile der Projektzielerreichungsindikatoren reichen jedoch noch weiter: Man erfährt ebenso, welche Prozesse noch nachhaltige Unterstützung benötigen.

Fazit

Die Einführung der Prozesse aus den ITIL-Modulen Service Delivery und Service Support sollte im Rahmen eines Projekts – also eines Prozessprojekts – erfolgen. Dabei gilt es im Hinblick auf die Projektorganisation und das Projektmanagement besonders relevante Punkte zu beachten:

- In der Setup-Phase eines Projektes werden die Grundlagen geschaffen, auf deren Basis dann das Projekt durchgeführt wird. Dazu gehören u. a.: Projektdefinition, Projektmanager-Vereinbarung, Aufstellung von Regeln für die Zusammenarbeit von Linie und Projekt.

- Da ein Projekt eine effiziente Kommunikationsstruktur und die Einbindung unterschiedlicher Unternehmensbereiche benötigt, ist eine eigene Projektorganisationsform unerlässlich. Wir empfehlen die reine oder klassische Projektorganisation unter maßgeblicher Beteiligung der Regelorganisation.

- Bei der Besetzung der Rollen ist entscheidend, dass entsprechend qualifizierte und passende Personen dafür ausgewählt werden.

- Die für ITIL wichtige Disziplinen des Projektmanagements sind: Scope-, Time-, Cost-, Communications-, Quality- und Risk- Management.

- Die drei übergreifenden Elemente – Qualifizierte Meilensteine, Lessons Learned und Projektzielerreichungsindikatoren – sind zur Durchführung eines großen Prozessprojekts unerlässlich.

6. Organisation im Wandel

In diesem Kapitel geht es zunächst um die unterschiedlichen Organisationsformen (Aufbau-, Ablauf-, Matrix- und Prozessorientierte Organisation) und daraus resultierend um die Herausforderungen, die sich durch die Einführungen von Prozessen in Unternehmen ergeben. Diese bringen vor allem Veränderungen mit sich: Um das Management und die Kommunikation dieser Veränderungen dreht sich der zweite Teil des Kapitels.

Organisationsformen

Aufbauorganisation

Die Aufbauorganisation stellt das hierarchische Gefüge einer Organisation dar. Sie sagt aus, wer die Organisation führt, wer wem gegenüber Weisungsbefugnis hat und wer für welche Bereiche verantwortlich ist. Der Blick auf die Unternehmung ist also hierarchisch-vertikal. Aufgabe der Aufbauorganisation ist es, organisatorische Potenziale zu bilden, also die Strukturierung eines Unternehmens oder einer Behörde in organisatorische Einheiten – Stellen, Abteilungen – vorzunehmen, deren Leitungssystem und Koordination sicherzustellen und die Gesamtaufgaben in Teilaufgaben aufzuspalten. Ziel der Einrichtung von Abteilungen ist die Herstellung in sich geschlossener Aufgabenbereiche.

Ablauforganisation

Wo die Aufbauorganisation die Gesamtaufgaben einer Unternehmung gliedert, ist es Aufgabe der Ablauforganisation, Arbeitsprozesse zu ermitteln und zu definieren, diese mit den nötigen materiellen und immateriellen Gütern auszustatten – Personal, Zeit, Raum, Sachmittel, Informationen – und die Arbeitsprozesse dann durch die in der Aufbauorganisation fixierten Strukturen zu steuern.

115

Aufbau- und die Ablauforganisation befinden sich also in einem Abhängigkeitsverhältnis; ihre spezifischen Belange sind oft schwer voneinander zu trennen.

Reine Prozessorganisation

Die Prozessorganisation richtet den Fokus auf die Ablauforganisation und damit auf durchgehende, funktionsübergreifende Prozesse, die wiederum aus zusammenhängenden Tätigkeiten in übersichtlichen Einheiten bestehen. Der Prozess wird von einer Führungskraft gesteuert, die auch für die Koordination des Prozesses mit den übrigen Prozessen zuständig ist. Die Führung des Unternehmens liegt so vollständig in der Hand dieser Führungsebene, die die vollständige disziplinarische und ökonomische Verantwortung hat. Durch die Prozessorientierung können Wertschöpfungsketten besser erkannt und restrukturiert werden. Die Perspektiven der Kunden und Lieferanten sind mit einbezogen, die Gestaltung der Prozesse ist somit optimal auf den Leistungsempfänger ausgerichtet.

Matrixorganisation

Die Matrixorganisation ist eine Kombination aus zwei Organisationsformen der Aufbauorganisation: der funktionalen und der divisionalen Organisation. Die funktionale Organisation nimmt eine Gliederung nach dem Verrichtungsprinzip vor, fasst also möglichst gleichartige Tätigkeiten zusammen (beispielsweise zu Einkauf, Produktion, Vertrieb, Rechnungswesen). Die divisionale (auch: objektorientierte) Organisation bündelt möglichst gleichartige Objekte in einer Einheit, beispielsweise in Bezug auf Produkte, Märkte oder Kunden. Die Matrixorganisation nun ist ein Mehrliniensystem[19], das gleichzeitig nach Verrichtungen und Objekten gegliedert ist. Die Linieninstanz, die vertikale Gliederung also, bilden dabei die Funktionsbereiche, während die horizontale Gliederung von den Objekten gebildet wird. Das entstehende Gitter ist dann die Matrix.

Herausforderungen bei der Prozesseinführung

Wenn nun in einer Unternehmung Prozesse eingeführt werden – wir beziehen uns dabei immer auf die Einführung eines IT Service Managements gemäß ITIL –, bedeutet dies in der Regel einschneidende Veränderungen in der gesamten Organisation, auf die beteiligten Per-

---

[19] Im Gegensatz zum Einliniensystem, bei dem jede Stelle im Unternehmen nur einen weisungsbefugten Vorgesetzten hat, haben die Stellen/Mitarbeiter im Mehrliniensystem mehrere Vorgesetzte, die untereinander gleichrangig sind.

sonen, auf Verträge, auf die Leistungsabwicklung gegenüber den Kunden und auf die Schnittstellen zu ihnen – besonders dann, wenn die Organisation sehr aufbauorganisations-lastig und weniger prozessorientiert war/ist: Die reine Prozessorganisation kollidiert mit der Aufbauorganisation, in der es wegen des Verantwortungsübergangs an Bereichsgrenzen keine durchgängige Steuerungsmöglichkeit gibt.

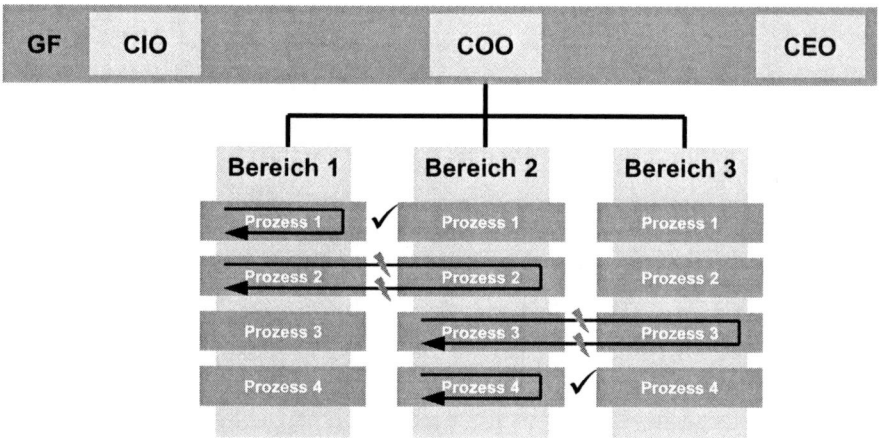

Abbildung 29: Konflikte an Bereichsgrenzen im Prozessablauf

Bevor wir Ihnen aber eine geeignete Organisationsform vorstellen, möchten wir noch etwas ausführlicher auf die Vorteile und Herausforderungen eingehen, die Prozesseinführungen haben können.

Die Vorteile sind:

- durchgängige Kundenorientierung durch die Ausrichtung auf die wertschaffenden Aktivitäten

- Verschlankung der Administration und Hierarchien durch die Bündelung von Prozessen zu überschaubaren Einheiten; dies führt zu einer geringen Anzahl von Schnittstellen, es besteht wenig Abstimmungs- und Koordinierungsaufwand

- stärkere Motivation der Mitarbeiter, da sie funktions- und bereichsübergreifend und eigenverantwortlich arbeiten

- Prozessorientierte Unternehmen können auf die sich mitunter rasch verändernden Marktbedingungen schneller und flexibler reagieren.

117

Die Herausforderungen stellen sich wie folgt dar:

- Kompetenzkonflikte bzw. aufwendige Regelung der Kompetenzen, Mehrfachunterstellung der Mitarbeiter und daraus resultierende Unsicherheit
- lange Phasen der Entscheidungsfindung und hoher Kommunikationsaufwand
- Der Wechsel der Blickrichtung (von horizontal zu vertikal) auf das Unternehmen erfordert ein Umdenken aller Beteiligten. Unter Umständen fallen Kosten für Trainings- und Teambildungsmaßnahmen an.
- Gerade Führungskräfte müssen Autoritätsverluste hinnehmen, was ihnen nicht immer leichtfällt. Unter Umständen agieren sie gegen die neue Organisation.
- Die Identifikation und Analyse der Prozesse kann zunächst zeitaufwendig und teuer sein; deren permanente Ablaufoptimierung kann zu hohem Koordinationsaufwand führen.

Empfohlener Organisationsaufbau

Eine Aufbauorganisation mit prozessorientierter Steuerfunktion verbindet eine vorhandene Aufbauorganisation mit den Vorteilen der Prozessorientierung – zu einer „gemäßigten" Variante einer Matrixorganisation, die nicht erfordert, dass die gesamte Organisation neu ausgerichtet wird.

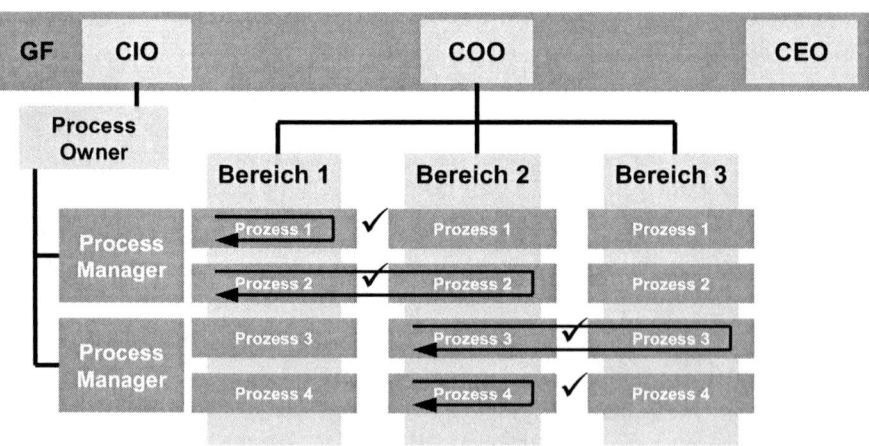

Abbildung 30: „Gemäßigte" Matrixorganisation, Variante 1

Wesentliche Merkmale der Variante 1 sind:

- Die segment- bzw. bereichsübergreifende Weisungs- und Steuerungsbefugnis zur Durchführung der Prozesse liegt beim Process Manager.
- Die disziplinarische Verantwortung liegt nach wie vor bei den Linienvorgesetzten in den Segmenten des Regelbetriebs.

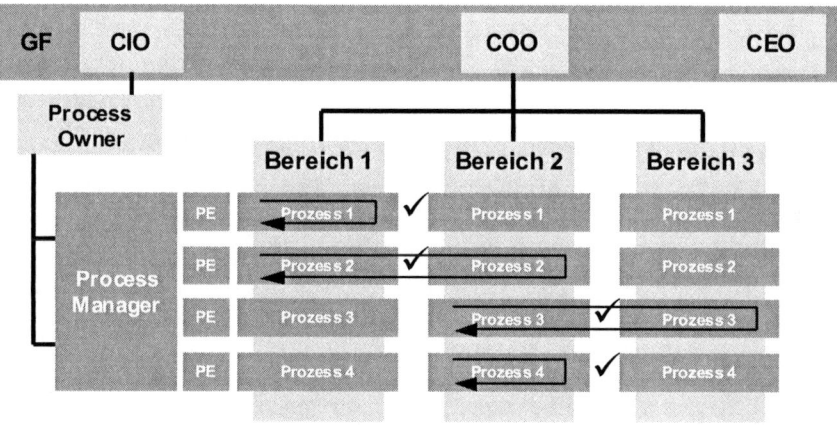

Abbildung 31: „Gemäßigte" Matrixorganisation, Variante 2

Die obige Grafik stellt eine weitere „gemäßigte" Variante einer Matrixorganisation dar: Sie ist dann zu empfehlen, wenn die Process Manager nicht genügend Know-how auf der operativen Ebene mitbringen und demzufolge die Verantwortung der Process Executives (PE) – die im Normalfall aus dem Regelbetrieb kommen – um die Weisungsbefugnis für den Prozess erweitert werden soll.

Veränderungsmanagement und Kommunikation

Allgemeines Veränderungsmanagement (Organisational Change) beschäftigt sich mit der Planung, Initiierung, Realisierung, Reflektion und Stabilisierung von Veränderungsprozessen auf Unternehmensebene. Es beinhaltet immer die Kommunikation des zu Verändernden.

Der springende Punkt bei der Durchführung von Prozessprojekten ist: Sie scheitern oft, weil der Aspekt des Wandels der Kultur, der Organisation unzureichend beachtet und der Widerstand der Menschen gegen Veränderungen zu wenig einbezogen wird.

> *Jedes Prozessthema (Einführung, Optimierung) hat definitiv zur Folge, dass die beteiligten Personen sich anders verhalten müssen als zuvor und auf die Veränderungen unterschiedlich reagieren.*

Widerstand ist normal

Widerstand kann verschiedene Ursachen haben und sich unterschiedlich äußern. Möglicherweise haben die Betroffenen die Hintergründe oder Ziele einer anstehenden Veränderung nicht verstanden, sie zweifeln an ihren eigenen Fähigkeiten, die zur Umsetzung dieser Veränderung nötig sind, oder sie sehen für sich selbst keine positiven Konsequenzen aus der Veränderung. Der Widerstand äußert sich in aktiver, direkter Form (in Widerspruch, Vorwürfen, Gegenargumentationen, was als Aufregung, Unruhe, Streit, Intrige in die Bereiche getragen wird) oder in passiver, indirekter Form (Schweigen, Bagatellisieren, Ausweichen, Aussitzen, Beharren, was letztlich in Lustlosigkeit, Fernbleiben, Krankheit münden kann).

Wichtig ist jedoch die Erkenntnis: Widerstand ist normal. Es kommt darauf an, dessen Ressourcen zu nutzen, denn: Widerstand zeigt an, dass ein System in Bewegung gerät. Und Bewegung bedeutet Energie. Essentiell ist auch die Einsicht, dass das problemhafte Verhalten der Mitarbeiter – durch das sich ihr Widerstand ausdrückt – aus deren Sicht gar nicht so problemhaft ist, sondern ihnen nützt: Es dient der Stabilisierung ihres Systems, innerhalb dessen sie agieren, und sollte deshalb positiv gewürdigt und ernst genommen werden. Wird der Widerstand nicht beachtet, führt das zu Blockaden, die wiederum ein hohes Risiko für den Projekterfolg darstellen. Beim Organisational Change geht es also immer auch darum, die Energie des Widerstands in die Veränderungsmaßnahmen einzubinden, Skeptiker und Gegner zu gewinnen.

Wird nun der Fokus von der reinen Aufbauorganisation auf die ablauf- und prozessorientierte Organisation gerichtet, werden eine neue Unternehmenskultur, veränderte Führungsstile und die Zurückstellung der eigenen Interessen aller Beteiligten zugunsten einer kooperativen, bereichs- und funktionsübergreifenden Zusammenarbeit zu wichtigen Erfolgsfaktoren. Mitarbeiter werden mit allgemeinem Prozesswissen ausgestattet, bekommen mehr Verantwortung und Eigenständigkeit: Das sind Chancen zu einer Entwicklung, die in eine höhere Qualifikation der Mitarbeiter mündet – ein positiver Aspekt der Veränderung. Dass Veränderung mit einer Kompetenzsteigerung einhergeht, illustriert die folgende Grafik:

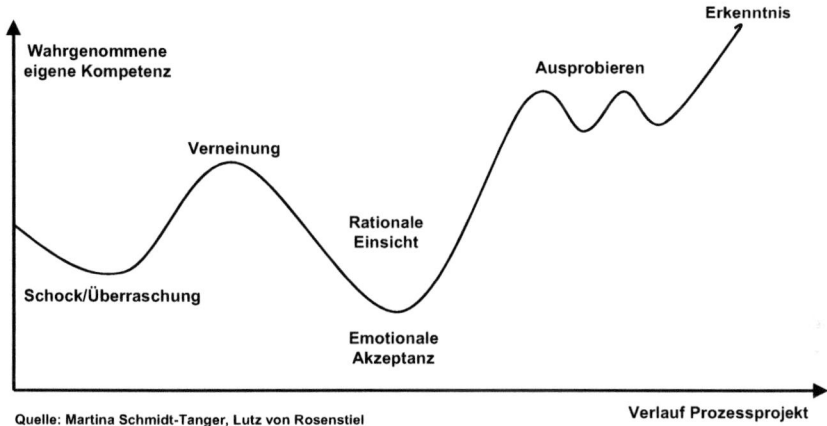

Quelle: Martina Schmidt-Tanger, Lutz von Rosenstiel

Abbildung 32: Modell zum Verständnis von Veränderungen

Diese Kurve zeigt den Umgang mit und die Annahme von Veränderung sowie die Steigerung der eigenen Kompetenz. Der zeitliche Ablauf dieser Phasen ist jedoch nicht immer gleich, sondern kann je nach Prozess, Situation und Kunde sehr unterschiedlich verlaufen.

Anhand der folgenden Checklisten können Sie die Veränderungsbereitschaft bzw. -fähigkeit der Organisation ermitteln und sie entsprechend in die Auswahl der Implementierungsmethode einfließen lassen. Ebenso zeigen Ihnen die Ergebnisse Handlungsfelder auf, denen Sie während des Projekts besondere Beachtung schenken sollten, denn sie stellen für den Projekterfolg ein erhebliches Risiko dar.

Unternehmenskultur	nein	eher nicht	teilweise	meistens	ja
Probleme werden schnell benannt und eine Lösung angegangen.					
Das Management erfährt frühzeitig von ernsten Schwierigkeiten an der Basis.					
Mitarbeiter haben in der Regel Lösungsvorschläge für anstehende Probleme.					
Selbstdarstellung der Mitarbeiter ist nicht verbreitet.					
Sitzungen und Arbeitstreffen sind strukturiert und produktiv.					
Termine und Vereinbarungen werden eingehalten.					
Die Mitarbeiter kennen ihre Rolle im Unternehmen und ihre Entwicklungsmöglichkeiten.					
Verbesserungsvorschläge und Ideen werden ernst genommen.					
Kollegen unterstützen sich, der Austausch von Erfahrung wird positiv bewertet.					

Tabelle 6: Bewertung Unternehmenskultur

Kommunikationskultur	nein	eher nicht	teilweise	meistens	ja
Dominante Mitarbeiter, die andere ausschließen, sind die Ausnahme					
Die Beziehung der Mitarbeiter zueinander ist konfliktfrei und geklärt.					
Meinungen und Beiträge einzelner sind gewünscht und werden gewürdigt.					
Meinungen und Beiträge einzelner werden verstanden, Missverständnisse sind die Ausnahme.					
Unterschiedliche Meinungen werden akzeptiert und ein Konsens gesucht.					
Plattformen zum regelmäßigen Meinungs- und Informationsaustausch sind etabliert.					
Durch offene Kommunikation entstehen keine Gerüchte; Gedankenlesen und Vermutungen kommen nicht auf.					

Tabelle 7: Bewertung Kommunikationskultur

Kommunikation von Veränderungen

Wie kann man nun die Bedürfnisse der Mitarbeiter und auch den Widerstand gegen die Veränderung entsprechend würdigen und mit einbeziehen? Durch Kommunikation! Wir wollen an dieser Stelle nicht das gängige Instrumentarium der Kommunikationstechniken abbilden, sondern einige – für Prozessprojekte – wesentliche Punkte kurz anreißen:

- Wesentliche Änderungen, die die Prozessorganisation, die -führung, die -rollen, das -modell betreffen, dürfen nicht durch das Projekt, sondern müssen durch die Linienführungskräfte kommuniziert werden. Sachlich/fachliche Dinge können dagegen über das Projekt im Ansatz kommuniziert werden, danach sind auch hier die Führungspersonen der zweiten und dritten Ebene gefragt.
- Alle Führungskräfte des Unternehmens müssen dabei zwingend sicherstellen, dass die kommunizierten Inhalte auch tatsächlich bei den Empfängern ankommen.

123

- Wichtig sind von Führungskräften der betroffenen Bereiche und der jeweils ersten, zweiten und dritten Ebene durchgeführte Kick-off- und Informationsveranstaltungen am Beginn und Ende jeder Projektphase.

- Sehr wichtig ist eine zeitnahe, regelmäßige Kommunikation über eine bestehende Kommunikationsstruktur und verschiedene Medien: Intranet, Blog, Jour Fixe, Telefonkonferenzen etc. Wenn eigens für das Projekt eine separate Kommunikationsstruktur aufgebaut, etabliert und akzeptiert werden muss, zieht sich dieser Prozess zu lange hin!

- Hier doch noch ein kleiner Tipp in Bezug auf Kommunikationstechniken: Jedes Projekt braucht ein Symbol! Es kann ein Logo sein, eine Flagge oder eine Figur, etwas, mit dem das Projekt identifiziert wird. Es dient als Anker und Leitbild, das auch nach Projektende noch mit der Idee verknüpft wird. Idealerweise steht auf den Schreibtischen der Mitarbeiter noch lange ein optisch sichtbares Zeichen, das an die Inhalte und Veränderungen erinnert.

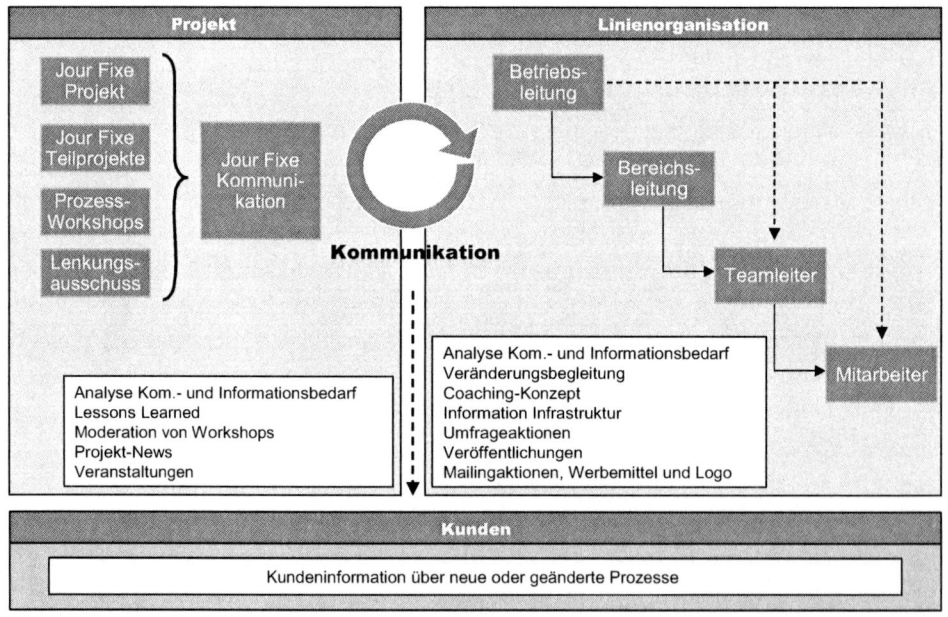

Abbildung 33: Modell für Kommunikation zwischen Projekt- und Linienorganisation

Management Commitment

Einen Aspekt möchten wir noch einmal gesondert aufgreifen: das Management Commitment. Es wird zwar immer erwähnt, doch selten konsequent gegeben und ist kaum hoch genug einzuschätzen. Ohne Management Commitment, ohne das Engagement des Managements, lässt sich kein Projekt durchführen, erst recht kein Prozessprojekt. Und wenn das Management die Veränderungen, die ein Prozessprojekt mit sich bringt bzw. bedingt, nicht mitträgt, vorlebt und kommuniziert, ist das Vorhaben nicht zu einem erfolgreichen Ende zu bringen. Es geht hier nicht nur um ein Lippenbekenntnis zum Projektstart, sondern um eine in der Organisation sichtbar gelebte Unterstützung der Veränderung durch die Führungsebene.

> *Ohne Management Commitment und aktive nachhaltige Unterstützung ist ein Prozessprojekt zum Scheitern verurteilt.*

Fazit

Die Einführung von Prozessen zieht große Veränderungen in einer Organisation nach sich. Die Organisationsform – wir empfehlen eine „gemäßigte" Variante einer Matrixorganisation – muss entsprechend angepasst werden, und so ist das Umdenken aller Beteiligten gefordert. Konsequente Kundenorientierung, eine schlanke Administration und wenig Hierarchien, geringer Abstimmungsaufwand und starke Motivation der Mitarbeiter aufgrund der Möglichkeit zum eigenverantwortlichen Handeln sind in unseren Augen jedoch die unbestreitbaren Vorteile, die aus einer solchen Umgestaltung erwachsen. Oft wird in den Unternehmen der Aspekt des Wandels der Kultur, der Organisation zu wenig beachtet. Widerstand gegen die Veränderung ist normal, birgt aber gleichzeitig auch Chancen, wenn er durch effektive Kommunikation aufgebrochen bzw. ins Positive gekehrt wird. Wichtige Voraussetzung dafür ist das Commitment des Managements: Nur wenn das Management den Wandel aktiv unterstützt, wird er glücken.

7. *Einführungsframework*

Wer in seinem Unternehmen Serviceprozesse einführen will, sollte das im Rahmen eines Projektes tun. Die Prozesse aus der Regelorganisation heraus einzuführen, wird in diesem Fall nicht funktionieren, denn die Auswirkungen auf die Organisation sind zu groß (s. Kapitel 5).

Für die Aufteilung eines Projekts in Phasen gibt es unterschiedliche Modelle, die je nach Projekt (unternehmens-)individuell erstellt werden. Ein Projekt läuft in mehreren Phasen ab, und jede Phase muss definierte Arbeitsergebnisse haben. Ein allgemeines Phasenmodell enthält beispielsweise die Phasen Analyse (Analyse der Ist-Situation), Design (Definition des Soll-Zustandes), Build (Umsetzung der Aktivitäten zur Erreichung des Soll-Zustandes), Operate (Übernehmen und Aufrechterhalten des Soll-Zustandes) und Maintain (kontinuierliche Verbesserung).

Unser Phasenmodell für das Prozessprojekt „Einführung von Prozessen gemäß ITIL" sieht angelehnt an dieses allgemeine Phasenmodell wie folgt aus:

- Analyse-Phase: Analyse der Ist-Situation
- Design-Phase: Beschreibung der Prozesse und Rollen sowie der Schnittstellen zu den anderen Prozessen
- Build-Phase: Einführung der Prozesse in die Regelorganisation, Zertifizierungen und Schulungen, Übergang in den Regelbetrieb
- Swing-Phase: Coaching, KPI-Report, Prozess-Governance
- Optimizing-/Self-Optimizing-Phase: KVP-Methodik, Deming-Cycle

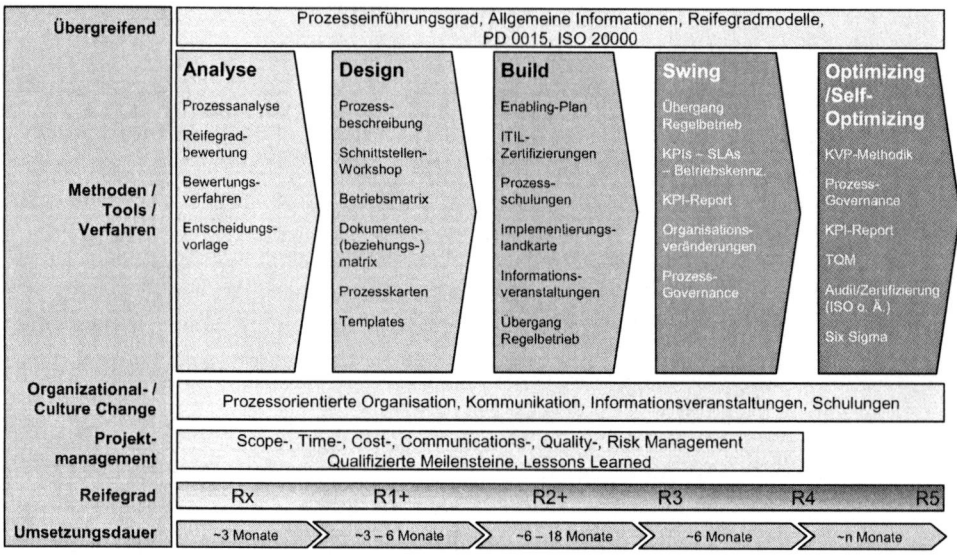

Abbildung 34: Einführungsframework

---

*Die Einführung der Prozesse erfolgt idealerweise anhand der Phasen
Analyse, Design, Build, Swing, Optimizing/Self-Optimizing.*

In den einzelnen Phasen eines Prozessprojekts entstehen unterschiedliche Aufwände bzw. Größen oder Werte hinsichtlich Dauer, Kosten/Prozessfehlkosten, Reifegrad/Prozessqualität; diese sind in der folgenden Grafik erfasst.

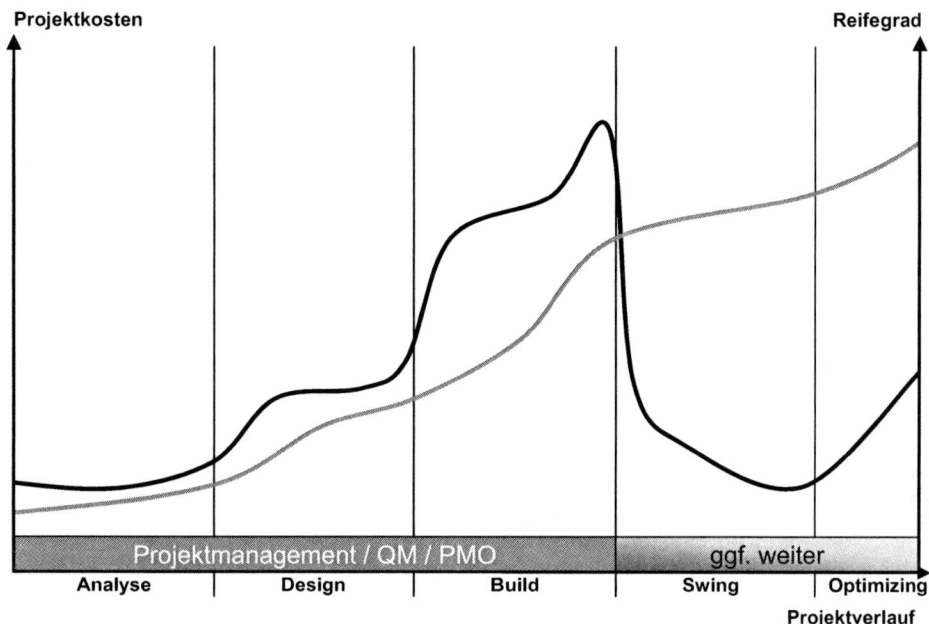

Abbildung 35: Projektkosten und Reifegradentwicklung im Verlauf der Phasen

Aus diesem Grund wird ein Prozessprojekt im Übrigen normalerweise in zwei Teilen beauftragt. Der erste Teil besteht aus der Analyse-Phase; zunächst wird eine Ist-Analyse vorgenommen, die größten Handlungsbedarfe eruiert und Empfehlungen bezüglich des Vorgehensmodells ausgesprochen. Daraus leitet sich eine Entscheidungsvorlage, eine Empfehlung für die Design- und Build-Phase ab, die dann gemeinsam in einem zweiten Teil beauftragt werden. Es kommt selten vor, dass Analyse, Design und Build gemeinsam beauftragt werden.

In den nachfolgenden Kapiteln werden die Phasen des Einführungsframeworks detailliert beschrieben. Wir geben Ihnen Methoden, Verfahren und Hilfsmittel an die Hand, um einen erfolgreichen Abschluss der Phasen und damit des Gesamtprojektes sicherzustellen.

8. Analyse-Phase

In diesem Kapitel erfahren Sie, was genau in der Analyse-Phase eines Projekts zur Einführung eines IT Service Managements geschieht, welche Methoden und Hilfsmittel dazu eingesetzt werden und welche Ergebnisse daraus hervorgehen. Die Auswertungen ermöglichen u. a. eine Einstufung der Qualität der Prozesse, und zwar in Form des Reifegrades nach SPICE. Die Art und Weise, wie an diese Analyse herangegangen wird – ob mit Fokus auf die Prozesse, auf die Kunden etc. – hängt von der jeweiligen Organisation ab und ist individuell zu gestalten.

Steckbrief Analyse-Phase

Ziele der Analyse-Phase:

- Kenntnis und Verständnis im Zuge einer Analyse der bestehenden IT-Service-Organisation und -kultur
- Vergleich der bestehenden Prozesse mit dem Best-Practice-Modell ITIL auf Basis des Reifegradmodells SPICE
- Identifizierung von Verbesserungsmöglichkeiten und Risiken der bestehenden Service-Prozesse; Ermittlung von Maßnahmen
- genaue Definition eines Projektes zur Veränderung mit genauem Umfang, Aufwand, Vorgehensweise

Input:

- Prozessbeschreibungen
- Arbeitsanweisungen
- Schnittstellenbeschreibungen (für alle Punkte gilt: soweit vorhanden)

Aktivitäten:

- Scoping der Analyse-Phase
- Erstellung und Anpassung der Analyse-Werkzeuge
- Festlegung des Ziels im Reifegradmodell
- Planung, Durchführung und Dokumentation von Analyse-Workshops
- Sichtung und Bewertung der Ergebnisse der Analyse-Workshops sowie der zur Verfügung gestellten Prozessdokumentation
- Identifizierung von Optimierungspotenzial und Erstellung eines Maßnahmenkatalogs
- Erstellung eines Ergebnisberichts
- Erstellung einer Projektdefintion für die Design-Phase und optional der Build-Phase je nach Beauftragungserwartung bzw. -erfordernis
- Präsentation einer Entscheidungsvorlage zur weiteren Vorgehensweise

Output:

- Ergebnisse der Analyse
- Maßnahmenkatalog
- Projektdefinition für folgende Phasen
- Entscheidungsvorlage

Beteiligte:

- Projektmitarbeiter
- wesentliche Schlüsselpersonen der analysierten Bereiche

Methoden, Verfahren, Hilfsmittel:

- Reifegradmodell
- Fragenkatalog PD 0015 auf Basis der BS-15000-Zertifizierung
- Nutzwertanalyse

Mögliche Quickwins:

- Vorbereitung auf ISO 20000
- klares Bild auf die Organisation und die Prozesse im Sinne einer Bestandsaufnahme

Kritische Erfolgsfaktoren:

- Verfügbarkeit der Know-how-Träger der derzeitigen Prozessorganisation
- Verfügbarkeit von Dokumentation
- Management Commitment
- klarer Projektauftrag für die Analyse-Phase
- klare Definition der Handlungsbegründung

Zusammenfassung: Auf Basis eines auf die jeweilige Unternehmenssituation angepassten Eigen- oder Fremd-Assessments werden Service-Organisation, -kultur sowie Veränderungsbereitschaft eines Unternehmens ermittelt, darüber hinaus die Reifegrade bereits bestehender Prozesse, Verbesserungsmöglichkeiten und entsprechende Maßnahmen. Am Ende steht die Sicht auf den aktuellen Ist-Zustand der Prozesslandschaft in der Organisation im betrachteten Umfeld: Wie weit ist die Prozessimplementierung im Unternehmen vorangeschritten? Wo sind die Schwachstellen? Welche Maßnahmen müssen ergriffen werden? Zentrales Ergebnis der Analyse-Phase ist jedoch die Entscheidungsvorlage zum Umsetzungsprojekt. Ein wesentlicher Bestandteil ist hier die Empfehlung zur Implementierungsmethode.

Vorgehensweise in der Analyse-Phase

Die Analyse-Phase besteht genau genommen aus zwei Teilen: Aus der eigentlichen Analyse – der Identifizierung und der Entscheidung für eine bestimmte Fragemethodik, Anpassung der Methodik, der Ermittlung der Daten und Informationen – und in einem zweiten Teil aus der Erarbeitung der Ergebnisse, deren Auswirkungen und Bewertungen sowie deren Präsentation, der Entstehung der Handlungsbegründung und Empfehlungen für die Design-Phase.

Die Vorgehensweise für die Analyse-Phase Teil I (Datenerfassung) sieht wie folgt aus:

- Kick-off
- Anpassung/Erstellung Assessment-Tools und der Fragebögen
- Durchführung von Analyse-Workshops
- Sichtung und Bewertung der bereitgestellten Prozessdokumentation und weiterer prozessrelevanter Dokumentationen
- Erste Auswertungen/Rückfragen

Daran schließt sich die Vorgehensweise für die Analyse-Phase Teil II (Erstellung des Management Summarys und der Projektempfehlung) an:

- Erstellen der Ergebnisdokumente
- Beschreibung des Ist-Zustands inkl. Reifegradbestimmung nach SPICE
- Entwickeln und Beschreiben von Szenarien/Lösungsvarianten
- Erstellen der Management-Entscheidungsvorlage und des Projektvorschlags zur Erreichung der definierten Projektziele

Kick-off

Führen Sie am Beginn dieser Phase eine Kick-off-Veranstaltung mit allen identifizierten Beteiligten durch. Der Projektleiter stellt die Handlungsbegründung und die daraus abgeleiteten Anforderungen an das Projekt inklusive aller zu erbringenden Liefereinheiten und Arbeitsergebnisse vor. Er zeigt die Projektplanung auf, die beteiligten Rollen und die generelle Vorgehensweise. Er stellt die Stakeholder und Project Owner vor. Administrative Vorgaben und Richtlinien werden ebenso eine Rolle spielen wie Kommunikations- und Eskalationswege.

Dieser Kick-off spielt eine wichtige Rolle im Hinblick auf die Teambildung; daher ist die persönliche Anwesenheit der eingebundenen Personen unerlässlich und sollte zur Pflicht erhoben werden.

Assessment-Tools

Am Beginn der Analyse-Phase I steht weiterhin die Auswahl, Anpassung bzw. Erstellung von Tools für ein Assessment. Wir empfehlen dafür den Fragenkatalog PD 0015[20] auf Basis der BS 15000/ISO 20000[21]. (So kann im Übrigen eine eventuell später erfolgende ISO-20000-Zertifizierung leichter erlangt werden.)

---

[20] PD 0015 ist ein Dokument aus dem BS 15000 „IT Service Management Self-Assessment Workbook", mit dessen Hilfe eine Selbstbewertung der bestehenden Prozesse vorgenommen werden kann.
[21] ein in Großbritannien entwickelter Standard, in dem die Anforderungen für ein professionelles IT Service Management dokumentiert sind

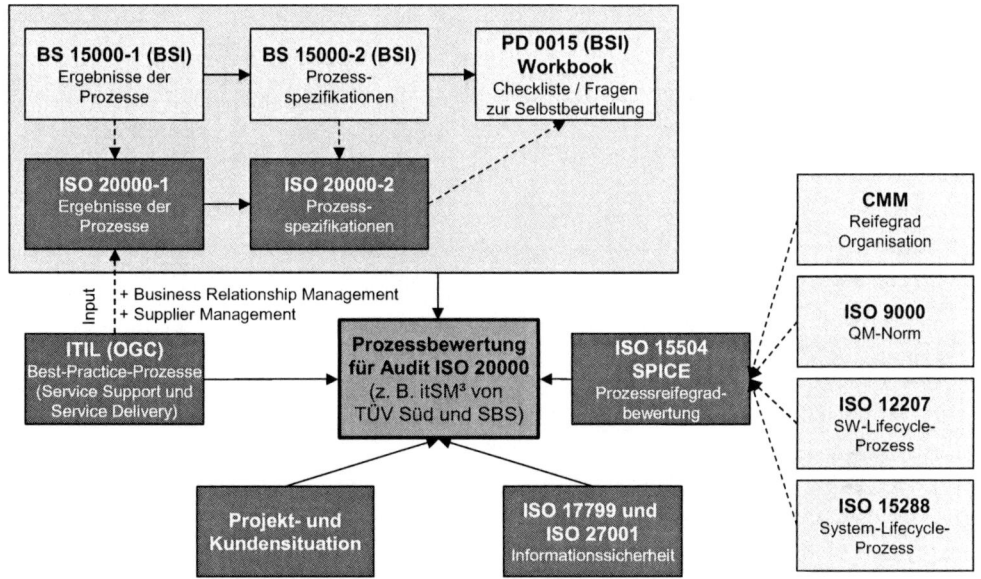

Abbildung 36: Einfluss von Normen auf die Prozessbewertung im Rahmen der ISO 20000

Wichtig für das Assessment bereits bestehender Prozesse ist der Standard ISO 15504 (SPICE – Software Process Improvement and Capability Determination), der 1998 als Technischer Report (TR) verabschiedet wurde. Dieser TR stellte die Vorstufe zum Internationalen Standard (IS) aus fünf Teilen dar, der seit März 2006 in Gänze veröffentlicht ist.[22] SPICE ist ein Modell für das Assessment von Unternehmensprozessen. Dieser Standard ermöglicht eine Bewertung von Prozessen nach einem klar definierten Modell. Die Leistungsfähigkeit der Prozesse wird in sechs verschiedenen Reifegradstufen festgestellt: unvollständig, durchgeführt, gesteuert, definiert, vorhersagbar, optimierend.

---

[22] Quelle: http://www.wikipedia.de

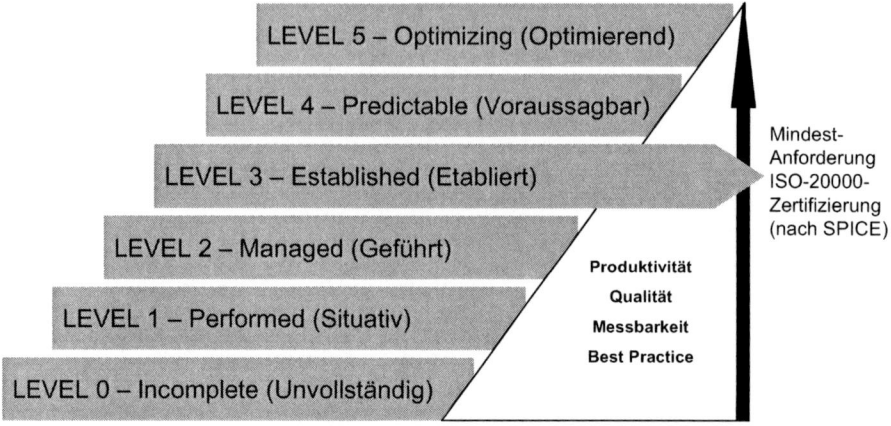

Abbildung 37: Reifegradmodell nach SPICE

Der Reifegrad wird für jeden Prozess einzeln festgestellt. Werden dann alle untersuchten Prozesse insgesamt betrachtet, erhält man ein Stärken-Schwächen-Profil, das gleichzeitig aufzeigt, wo die Verbesserungspotenziale liegen.

Hier sehen Sie ein Beispiel:

Level 2 Status (Managed)	
Leistungsbeschreibungen (SLAs) sind aus eigener Sicht definiert und dokumentiert.	90 %
Die definierten Leistungen werden eingehalten (technisch bzw. fachlich, z. B. Zeit, SLA).	85 %
Es existiert ein Änderungsverfahren für die Leistungsbeschreibung.	90 %
Die Leistungen werden in festgelegten Intervallen getrackt und gemonitort.	100 %
OLAs sind teilweise vorhanden, werden aber nicht kontrolliert.	100 %
Die Arbeitsergebnisse sind reproduzierbar, die gelebten Rollen sind definiert und besetzt; d. h. falls ein Mitarbeiter ausfällt, würde ein anderer Mitarbeiter die Ergebnisse erreichen.	90 %
Es existiert eine Berichterstattung über die erbrachten Leistungen, aus denen Maßnahmen zur Verbesserung abgeleitet werden.	100 %

Es ist ein Verantwortlicher für die Erreichung der Arbeitsergebnisse benannt.	100 %
Die Gruppe weiß, welches Know-how sie braucht.	100 %
Die Zusammenarbeit zwischen Funktionsgruppen (Abteilungen) ist informell geregelt.	85 %
Prozent erreicht	**94 %**
Reifegrad technisch erreicht (kumuliert)	**1,9**

Tabelle 8: Beispiel Reifegradbewertung

Wir empfehlen im Übrigen, als Zielwert für die Erreichung des Reifegrades die Ausprägung Reifegrad 3 festzulegen. Dieser Reifegrad 3 ist auch die Voraussetzung für die Erlangung der ISO-20000-Zertifizierung.

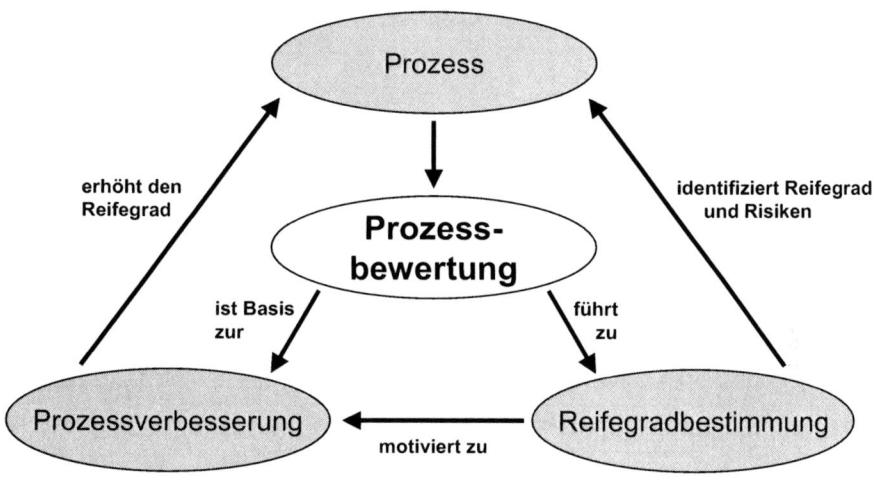

Abbildung 38: Kontinuierliche Verbesserung durch Prozessbewertung

Mit Hilfe des Reifegradmodells begibt man sich also in einen Kreislauf der kontinuierlichen Verbesserung: Die Bewertung eines Prozesses anhand der Reifegradbestimmung setzt eine Prozessverbesserung in Gang, die wiederum den Reifegrad des Prozesses erhöht.

Analyse-Workshops

Anhand der Fragebögen und Assessment-Tools werden dann Analyse-Workshops durchgeführt, in denen die Teilnehmer strukturiert durch den Fragenkatalog geführt werden. Die ITIL-Kompetenz des Interviewers ist hier gefragt, da die WS-Teilnehmer oftmals mit den ITIL-Begrifflichkeiten nichts anfangen können und somit die Fragen entsprechend „übersetzt" werden müssen.

Zu empfehlen sind einzelne Analyse-Workshops für die jeweiligen Prozesse. Bei einer größeren Anzahl zu betrachtender Bereiche und bei gleichzeitig hoher Differenzierung in der Leistungserbringung empfiehlt es sich, diese Bereiche einzeln zu beleuchten. Teilnehmen sollten die Schlüsselpersonen des Regelbetriebs, die nach derzeitiger Einschätzung die tiefste Kenntnis in der heutigen Prozessabwicklung haben. Idealerweise sind sie selbst auch im Prozess beteiligt. Ansonsten sollten zusätzliche Personen dazugeladen werden. Wichtig ist, dass nicht nur prozessuale Kenntnisse, sondern auch Verfahrens- und Applikationskenntnisse abgedeckt werden. Dabei sein müssen soweit benannt die Verantwortlichen einer existierenden Prozessorganisation, beispielsweise der Process Manager.

Im Rahmen des Analyse-Workshops werden alle ausgewählten Fragen der Checkliste beantwortet, dokumentiert und mit Belegen versehen (Dokumente, Screenshots, Links). Gerade die Nachweise sind für die Design- und Build-Phase sowie eine zukünftige Auditierung wichtig. Die Fragen können dabei nicht nur mit Ja oder Nein, sondern auch mit einem Prozentwert der Erfüllung beantwortet werden, wenn die Anforderung teilweise erfüllt wird. Das macht die Auswertung nicht einfacher, entspricht aber mehr der Realität. Gegebenenfalls ist eine Frage aus dem Katalog auch nicht relevant. Ein solcher Workshop wird erfahrungsgemäß etwa zwei bis vier Stunden pro Prozess in Anspruch nehmen.

Beispielfragen für den Analyse-Workshop

In der nachfolgenden Liste sehen Sie übersetzte Beispielfragen aus der offiziellen PD 0015 zum Prozess Change Management:

Allgemein

- Wird über formale Verfahren sichergestellt, dass alle Änderungen genehmigt, geprüft und in kontrollierter Weise eingeführt werden?

Fragen zur Prozesszielsetzung

- Werden alle Änderungen an Konfigurationselementen (CI) aufgezeichnet?
- Wird die Einführung neuer oder geänderter Services, inkl. Einstellen/Schließen eines Services, durch das Änderungsmanagement geplant und geprüft?
- Befasst sich die Planung neuer oder geänderter Services mit:
  - allen relevanten Rollen und Zuständigkeiten?
  - Änderungen am existierenden Service-Management-Rahmenwerk und an den Services?
  - der Kommunikation mit relevanten Stellen?
  - konsequenten Vereinbarungen/Verträgen ausgerichtet an den neu geänderten Geschäftsnotwendigkeiten?
  - Personal- und Einstellungsanforderungen?
  - Kompetenz- und Schulungsanforderungen?
  - Prozessen, Kennzahlen, Methoden und Tools, die im neuen oder geänderten Service verwendet werden sollen?
  - Budgets und Zeitplänen?
  - Abnahmebedingungen für die Services?
  - erwartete Ergebnisse, ausgedrückt in messbaren Bedingungen?
- Umfasst das Änderungsmanagement alle Infrastruktur-Elemente?

Fragen zu Prozessaktivitäten

- Haben Service- und Infrastrukturänderungen einen klar definierten und dokumentierten Umfang?
- Werden alle Änderungsanträge aufgezeichnet und klassifiziert?
- Gibt es ein geeignetes Formular zur Stellung von Änderungsanträgen?
- Gibt es angemessene Genehmigungs- und Einführungsverfahren für jede Änderungskategorie?
- Gibt es geeignete Stellen innerhalb und außerhalb der Organisation, die für die Untersuchung der Auswirkung, der Dringlichkeit und der Konsequenz jeder einzelnen Änderung beauftragt sind?
- Werden die Änderungsanträge bewertet auf:
  - Risiken, Geschäftsnutzen und Auswirkung?
  - Kosten und Dringlichkeit?

- o Auswirkung auf Verfügbarkeit und Servicekontinuitätspläne?
- o finanzielle Auswirkung?
- o Auswirkung auf Sicherheitskontrollen?
- o Auswirkung auf Freigabe-Pläne?
- o Auswirkung auf den Kapazitätsplan?
- o Auswirkung auf den Vorfallsmanagement-Prozess, z. B. Service-Desk-Auslastung?

- Werden formale Genehmigungen auf angemessener Ebene durchgeführt, bevor größere Änderungen vonstattengehen?
- Sind Änderungspläne unter Berücksichtigung aller relevanten Faktoren, inkl. geplanter Einführungstermine, publiziert und allen dazugehörigen Stellen zugänglich?
- Wird ein Freigabe-/Einführungsplan für alle außer den einfachsten Änderungen benötigt?
- Werden Back-out-Pläne stets erstellt und auf Praktikabilität überprüft?
- Werden angemessene Prüfungen geplant und durchgeführt, ggf. inkl. notwendiger formeller Kundenabnahmen?
- Werden alle Änderungen überprüft, Ergebnisse den relevanten Stellen berichtet und Maßnahmen nach der Einführung getroffen?
- Gibt es ein formell dokumentiertes und wohlverstandenes Änderungsverfahren für Notfälle?
- Werden geeignete Werkzeuge verwendet zur Unterstützung des Änderungs-Workflows, für die dazugehörige Dokumentation und die Verknüpfungen zu Konfigurationselementen?

Fragen zur Prozesssteuerung (Kontrolle, Reporting und Auditierung)

- Werden Änderungsaufzeichnungen regelmäßig analysiert, um ansteigendes Änderungsniveau, regelmäßig wiederkehrende Arten, entstehende Trends und andere relevante Information aufzudecken?
- Werden alle signifikanten Arbeitsgänge einer Änderung innerhalb der CMDB aufgezeichnet?
- Werden Berichte über den Fortschritt und den Status der Änderungen erstellt und verteilt?
- Wird der Anteil der als dringlich vorangetriebenen Änderungen überwacht und werden geeignete Maßnahmen ergriffen?

- Werden Änderungsaufzeichnungen auditiert und verifiziert?
- Bewahren Auditberichte Übereinstimmung mit regulatorischen, vertraglichen und geschäftlichen Anforderungen?

Erste Auswertung und Rückfragen

Nach der Durchführung der Workshops sollten die Ergebnisse mit den Teilnehmern besprochen werden. Ziel ist es, die Ergebnisse konstruktiv zu diskutieren und zu verifizieren und auch das Commitment aller Beteiligten zu erhalten, d. h die Ergebnisse, die Auswirkungen und die Optimierungspotenziale entsprechen einer gemeinsamen abgestimmten Sicht. So erhält man ein realistisches Bild und nicht eine beschönigte Variante für die weiteren Phasen bzw. ein Audit. Deshalb sollten gerade an dieser Stelle auch kritische Stimmen sorgsam beachtet werden.

Erstellung der Ergebnisdokumente

Nach der finalen Abnahme der Ergebnisse durch die Workshop-Teilnehmer werden alle Daten in einem Ergebnisdokument zusammengefasst. Dieses Dokument enthält neben der Beschreibung der Ausgangssituation und Zielsetzung der Analyse-Phase die Zusammenfassung und Anmerkung zu allen betrachteten Bereichen. Die detaillierten Auswertungen (Zielsetzung, Aufgaben und Aktivitäten, Analyseergebnis, Reifegradbestimmung, Empfehlungen sowie eine Priorisierung) für die einzelnen Prozesse sind in den Ergebnisdokumenten zu finden.

Die Beschreibung der Gesamtauswertung erfolgt unter Nutzung verschiedener managementgerechter Darstellungshilfsmittel, beispielsweise der Ergebnisspinne (grafische Darstellung des Reifegrades der Prozesse in einem Spinnendiagramm) und der detaillierten Reifegradbestimmung (die auch die erreichten Reifegrade der jeweiligen Teilprozesse erfasst und notwendige Maßnahmen beschreibt, die zur Erreichung des festgelegten Zielreifegrads jeweils nötig sind).

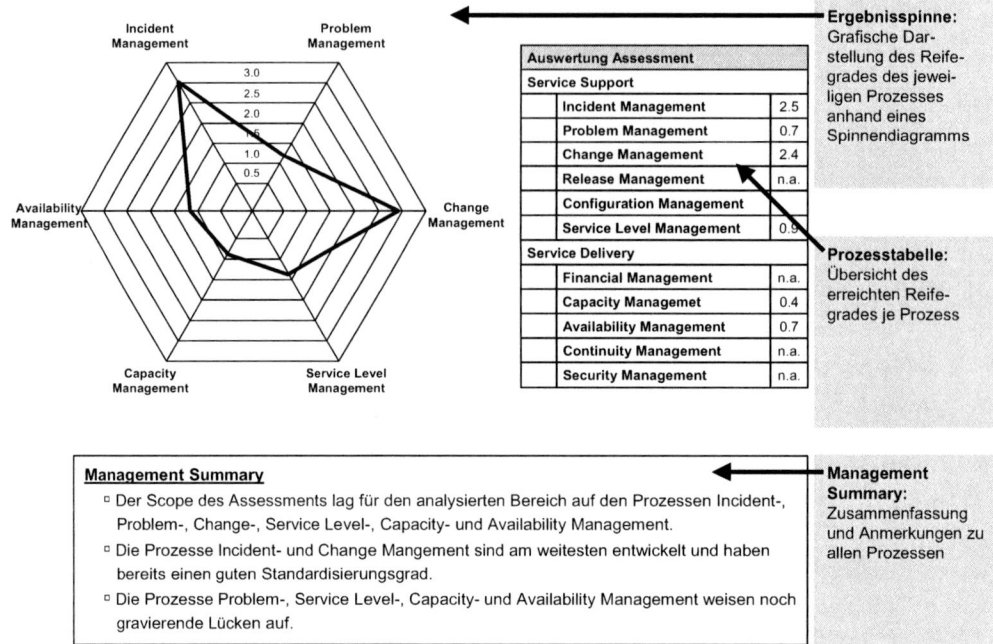

Abbildung 39: Exemplarische Auswertung der Reifegradanalyse

Ein wesentliches Ergebnis der Analyse ist das sogenannte Spannungsdreieck, das auf einem sehr hohen Level die Analyseresultate widerspiegelt: die Diskrepanz zwischen Dokumentationsgrad, Zielzustand und aktuellem Zustand eines Prozesses.

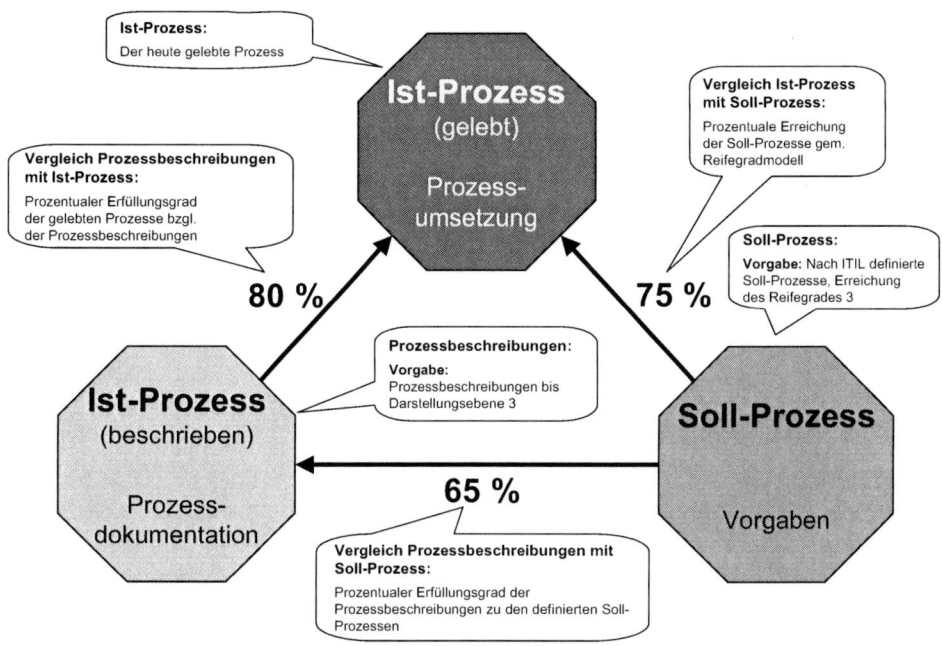

Abbildung 40: Spannungsdreieck der Prozessabweichung

Dieses Spannungsdreieck zeigt auf, wie weit der Ist-Prozess, die aktuelle Prozessbeschreibung und der definierte Soll-Prozess voneinander abweichen. Der Ist-Prozess bezeichnet den zum Zeitpunkt der Analyse gelebten Prozess. Die Prozessbeschreibung sollte bis zur Darstellungsebene 3 (s. Kapitel 9) erfolgen. Der Soll-Prozess spiegelt den angestrebten Reifegrad der jeweiligen Prozesse wider.

Aus dem Vergleich des Ist-Prozesses mit der Prozessbeschreibung ergibt sich, inwieweit die gelebte Prozessbeschreibung von der dokumentierten Grundlage (Prozessbeschreibung) abweicht. Es ist durchaus möglich, dass Prozesse zwar sehr gut beschrieben, aber schlecht implementiert sind. D. h.: Die dokumentierten Vorgaben werden in der täglichen Praxis nicht umgesetzt oder der Prozess hat sich im Regelbetrieb weiterentwickelt, die Prozessdokumentation wurde jedoch nicht aktualisiert.

Aus dem Vergleich der Prozessbeschreibung mit dem Soll-Prozess wiederum ergibt sich, inwieweit die heutige Prozessdokumentationsbasis von der Zielerreichung abweicht bzw.

143

wie groß oder klein die Diskrepanz zwischen den Prozessbeschreibungen und den Merkmalen des Reifegrads 3 des jeweiligen Prozesses ist.

Der Vergleich des Ist-Prozesses mit dem Soll-Prozess offenbart, inwieweit der Soll-Prozess vom aktuell gelebten Prozess abweicht.

Zusammenfassend ergibt sich aus den einzelnen Elementen des Ergebnisdokuments eine Matrix, die aufzeigt, in welchen analysierten Bereichen Prozesse gut dokumentiert oder gut implementiert sind bzw. gelebt werden. Daraus lassen sich für die Design- und Build-Phase Synergien ableiten, indem man ausgereifte Prozessdokumentationen bzw. Prozesserfahrungen aus dem einen Bereich in den anderen Bereich überführt bzw. als Absprungbasis für weitere Veränderungen einsetzt.

	Bereich 1	Bereich 2	Bereich 3	Bereich 4	Bereich 5
Service Support					
Incident Management	2.5	1.7	2.2	0.6	n.a.
Problem Management	n.a.	n.a.	1.9	2.3	n.a.
Change Management	2.2	2.3	2.2	2.4	2.2
Release Management	1.9	1.8	2.4	1.9	1.7
Configuration Management	0.8	0.9	1.3	0.7	0.9
Service Level Management	n.a.	n.a.	n.a.	n.a.	n.a.
Service Delivery					
Financial Management	n.a.	n.a.	n.a	n.a	n.a.
Capacity Managemet	n.a.	n.a.	n.a.	2.4	n.a.
Availability Management	n.a.	n.a.	n.a.	2.3	0.9
Continuity Management	2.4	1.6	n.a.	n.a.	n.a.
Security Management	2.3	1.5	n.a.	n.a.	n.a.

Prozessmatrix:
Tabellarische Übersicht aller Bereiche und Prozesse mit Angabe des erreichten Reifegrades

Farbliche Darstellung nach folgendem Schema denkbar:

Reifegrad	Füllfarbe
Not applicable	weiß
0.0 – 1.2	rot
1.3 – 1.7	orange
1.8 – 2.3	gelb
2.4 – 3.0	grün

Hier:
Es sind die Prozesse grau gekennzeichnet, die über alle Bereiche hinweg am stärksten ausgeprägt sind und den höchsten Reifegrad erreicht haben.

Abbildung 41: Gesamtsicht Reifegradbewertung über alle betrachteten Bereiche

Wie die Übersicht über die Ergebnisse der Analyse aussehen kann, ist in der folgenden Grafik dargestellt. Hier haben auch die empfohlenen Maßnahmen ihren Platz.

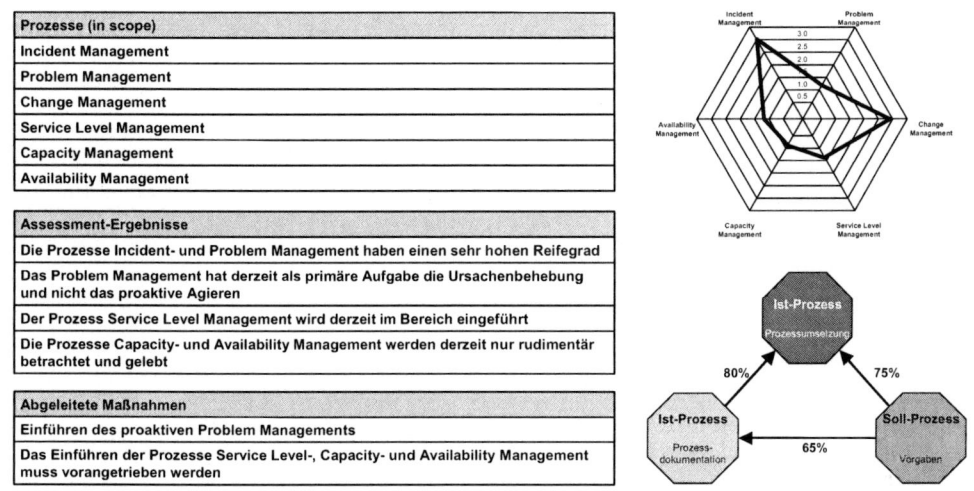

Abbildung 42: Gesamtsicht auf alle Analyse-Ergebnisse

Szenarien und Lösungsvarianten

Anhand der Analyseergebnisse können verschiedene Lösungsvarianten und Szenarien ausgearbeitet werden. Dafür werden zunächst kritische Erfolgsfaktoren definiert, die für die Zielerreichung eines möglichen Nachfolgeprojekts relevant sind. Anhand dieser kritischen Erfolgsfaktoren und deren Gewichtung werden die Lösungsvarianten und die damit verbundene Implementierungsmethodik bewertet.

Kritische Erfolgsfaktoren für die Nutzwertanalyse der Implementierungsmethodik sind z. B.:

- **Hohe Effizienz und Qualität der Prozesse**
  Standards und Vorgaben müssen umgesetzt werden, beispielsweise unternehmensinterne Qualitätsrichtlinien, BS 15000/ISO 20000 etc.
- **Erfüllung der Serviceanforderungen des Kunden**
  Vorrangiges Ziel ist die Erfüllung der mit dem jeweiligen Kunden abgeschlossenen Verträge (SLAs etc.)
- **Ausrichtung des Unternehmens als ITIL Service Company**
  Auch hier gilt: Die Standards und Vorgaben der ITIL müssen umgesetzt werden.

- **Management Commitment**
  Für die Umsetzung ist die gelebte Unterstützung durch die Geschäftsleitung und das Management sowie die betroffenen Projekte unabdingbar. Deren Commitment zeigt sich nicht durch Lippenbekenntnisse, sondern durch aktive Mitarbeit.

- **Akzeptanz bei den Mitarbeitern**
  Die Akzeptanz innerhalb der Belegschaft ist ein wichtiger Erfolgsfaktor. Nur auf Basis dieser Akzeptanz kann das Projekt erfolgreich durchgeführt und abgeschlossen werden.

- **Schneller Start der Umsetzung und kurze Entscheidungswege im Projekt**
  Um die Projektlaufzeit in einem überschaubaren Rahmen zu halten, sind kurze Entscheidungswege nötig. Dazu gehört vor allem die zeitnahe Freigabe des Starts von Design- und Build-Phase des Projekts.

- **Hohe Wirtschaftlichkeit**
  Dieser Erfolgsfaktor kann zunächst nur anhand grober Schätzungen bewertet werden, da die Ausgangsbewertung der aktuellen Situation auf Basis konkreter und vergleichbarer Daten nur sehr eingeschränkt möglich ist. Ein Vergleich der Ausgangsdaten mit zukünftig vorliegenden Werten muss darum zu einem späteren Zeitpunkt gezogen werden.

- **Verfügbarkeit des Regelbetriebs**
  Sollte der Regelbetrieb durch aktuelle Kundenprojekte stark ausgelastet sein, wird ein Prozessprojekt unzureichende Ressourcen zur Verfügung gestellt bekommen. Das Kundengeschäft geht hier vor.

Unter Bezug auf die kritischen Erfolgsfaktoren werden nun die verschiedenen Szenarien zur Implementierung der Prozesse gegenübergestellt und bewertet. Die unterschiedlichen Implementierungsmethoden mit ihren Ausprägungen haben wir Ihnen schon in Kapitel 4 vorgestellt (Single Process Approach, Multi Process Approach, All Processes Approach).

Szenarioentscheid

Im Zuge einer Nutzwertanalyse werden nun die ausgearbeiteten Szenarien anhand der beschriebenen kritischen Erfolgsfaktoren bewertet, somit vergleichbar gemacht und die daraus resultierende präferierte Variante herausgearbeitet. Am Ende steht die Empfehlung einer Variante.

Eine Nutzwertanalyse ist eine Methode, mit der Handlungsalternativen entsprechend den festgelegten Präferenzen geordnet werden können, und zwar innerhalb eines multidimensionalen Zielsystems, wie es beispielsweise die kritischen Erfolgsfaktoren darstellen. Die

Nutzwertanalyse wird als ein Instrument zur Entscheidungsfindung bzw. zur Ermittlung der nutzenreichsten Variante dann eingesetzt, wenn andere Methoden wie zum Beispiel die Kosten-Nutzen-Analyse nicht geeignet oder nicht realisierbar sind. In Prozessprojekten gestaltet sich dies erfahrungsgemäß schwierig, da die Bewertung der Prozesse anhand von Kennzahlen nicht vorgenommen wird bzw. nicht möglich ist. Daher ist eine Optimierung der Prozesse und eine damit verbundene Verbesserung des Kosten-Nutzen-Verhältnisses und somit der Vergleich zwischen dem heutigen und einem zukünftigen Zustand kaum messbar.

Die Nutzwertanalyse bietet den Vorteil, dass sie sehr anpassungsfähig an unterschiedliche Zielsysteme und spezielle Erfordernisse ist. Zudem gewährleistet sie eine direkte Vergleichbarkeit der einzelnen Varianten.

	Nutzwertanalyse (9 = hoch)		Implementierungsmethode 1		Implementierungsmethode 2		Implementierungsmethode 3	
	Kriterien	Ge-wich-tung	Bewer tung 3, 6, 9	Sum-me	Bewer tung 3, 6, 9	Sum-me	Bewer tung 3, 6, 9	Sum-me
1	Hohe Effizienz und Qualität der Prozesse	6	9	54	6	36	9	54
2	Erfüllung der Serviceanforderungen des Kunden	9	9	81	6	54	9	81
3	Ausrichtung des Unternehmens als ITIL Service Company	9	9	81	9	81	3	27
4	Management Commitment	6	6	36	9	54	3	18
5	Akzeptanz bei den Mitarbeitern	6	9	54	6	36	6	36
6	Schneller Start der Umsetzung	9	9	81	6	54	6	54
7	Hohe Wirtschaftlichkeit	9	9	81	3	27	6	54
8	Verfügbarkeit des Regelbetriebs	6	3	18	6	36	3	18
	Summe			486		378		342
	Wert in % – relativ zur Methodik mit höchster Punktzahl			100 %		78 %		70 %

Tabelle 9: Nutzwertanalyse zur Auswahl der Implementierungsmethode

Entscheidungsvorlage

In der Entscheidungsvorlage werden nun die Ergebnisse der Analyse und die nachfolgenden Aktivitäten samt Empfehlung für ein Szenario dokumentiert. Diese Entscheidungsvorlage dient gleichzeitig als „Absprungbasis" für die Design-Phase.

Management Commitment

Auch an dieser Stelle wollen wir noch einmal betonen, wie wichtig das Commitment des Managements ist. Am Ende der Analyse-Phase ist dieser Punkt von essenzieller Bedeutung: Für alle eruierten Empfehlungen muss das Commitment des Managements eingeholt werden. Commitment wird oft mit reiner Zustimmung des Managements verwechselt. Es ist jedoch viel mehr als das: aktive Mitarbeit und Gestaltung des Projekts und damit einhergehend des Veränderungsprozesses. Man kann nicht von einer Organisation erwarten, dass sie sich bewegt und verändert, wenn man als Führungskraft nicht als leuchtendes Beispiel vorangeht. So hat der Lenkungsausschuss beispielsweise die Aufgabe, mit einer Kommunikationsveranstaltung am Ende der Analyse-Phase alle Mitarbeiter über Beteiligte, Planung, Inhalt und Konsequenzen des anstehenden Projekts zu informieren und sie zur aktiven Unterstützung durch z. B. Teilnahme an Schulungen oder Workshops aufzufordern. (Dies gilt im Übrigen nicht nur für das Ende der Analyse-Phase, sondern genauso für deren Beginn wie auch Beginn und Ende aller nachfolgenden Phasen.)

Fazit

Die Analyse-Phase kann in zwei Teile gegliedert werden: In einem ersten Teil wird anhand der beschriebenen Methoden und Hilfsmittel der Ist-Zustand der Prozesslandschaft eines Unternehmens ermittelt. Auf dieser Basis werden mögliche Szenarien für die Einführung der ausgewählten Prozesse aus den ITIL-Modulen Service Support und Service Delivery entwickelt, die dann wiederum im Rahmen einer Nutzwertanalyse priorisiert werden. Das zentrale Ergebnis dieser Phase ist eine Empfehlung zum Prozessdesign bzw. -implementierung, über die ein Lenkungsausschuss dann entscheidet.

9. Design-Phase

In diesem Kapitel lesen Sie, nach welchen Regeln Prozesse zu gestalten sind, was eine Prozessmodellierung ist und nach welchen Modelltypen sie erfolgen kann. Außerdem stellen wir Ihnen ein Modell und die entsprechende Dokumentenstruktur für eine Prozessdokumentation detailliert vor und darüber hinaus unsere Vorgehensweise für die Planung und Durchführung der Design-Phase. Am Ende dieser Phase stehen als Arbeitsergebnisse die vollständige Dokumentation aller zu implementierenden Prozesse, die dazugehörige weiterführende Dokumentation sowie eine Betriebsmatrix.

Steckbrief Design-Phase

Ziele/Nutzen der Design-Phase:

- Konzeption der zukünftigen Prozessorganisation (Prozesse, Rollen, Aufgaben, Kompetenzen)
- Identifikation der Anforderungen an die prozessunterstützenden Tools und Werkzeuge
- Schaffung von Bewusstsein und Engagement der Mitarbeiter für die nachfolgenden Phasen
- Review und Abnahme der Arbeitsergebnisse durch den Auftraggeber der Design-Phase bzw. die zukünftigen Prozessverantwortlichen (beispielsweise Process Manager)
- Planung und Abstimmung der weiteren Vorgehensweise für die Build-Phase

Input:

- Auftrag aus der Analyse-Phase für Design-Phase
- Ergebnisse aus Analyse-Phase
- verabschiedetes Szenario der Vorgehensweise
- klar definierte Projektziele für Design-Phase
- Reifegradbewertung der Prozesse

149

- Vorgaben aus dem Qualitätsmanagement des Unternehmens (beispielsweise im Hinblick auf Dateinamenskonventionen und Dokumentationsform)
- Managementvorgaben bzw. Unternehmensstrategie und Auditvorgaben (z. B. ISO 20000)

Aktivitäten:

- Identifikation und Abstimmung der Prozessanforderungen (Analyse-Phase, Kundensituationen, Auditanforderungen, Managementvorgaben)
- Design der Soll-Prozesse (Input-/Output-Parameter, Prozessschritte, beteiligte Rollen, benötigte Ressourcen)
- Definition der Rollen (Aufgaben, Kompetenzen, Verantwortung)
- Definition der Prozessschnittstellen
- Erstellung der vollständigen Prozessdokumentation
- Erstellung der Betriebsmatrix zur Zuordnung der Rollenträger (Beschreibung generischer Prozessmodelle)
- Erstellung von Kommunikationskonzept, Migrations-/Implementierungskonzept und Pilotierungskonzept
- Abnahme und Kommunikation/Veröffentlichung der Ergebnisse

Output:

- Abgenommene und veröffentlichte Prozessdokumentation
- Entwurf der Betriebsmatrix (Rollenmodell bezogen auf die Zielorganisation, Rollenbezeichnungen und -beschreibungen)

Beteiligte:

- Projektteam
- Auftraggeber/Process Owner
- Process Manager
- Process Executives
- Schlüsselpersonen des Regelbetriebs
- optional Kundenvertreter (wenn Schnittstellen zum Kunden betroffen sind)

Methoden, Verfahren, Hilfsmittel:

- Templates aller zu erstellenden Prozessdokumente
- Prozessmodellierungstools (z. B. Aris, jPASS, AENEIS, BONAPART, Microsoft Office und Vision für Design etc.)
- Kommunikationsplattform wie z. B. Intranet

Mögliche Quickwins:

- Prozessdokumentation an sich (der Reifegrad einer Organisation steigt schon allein durch die Prozessbeschreibung, denn dadurch liegt ein klarer Orientierungsrahmen vor; schon in dieser Phase kann das Standardprozessmodell für Ausschreibungen u. Ä. verwendet werden oder es dient im Rahmen eines Audits als Nachweis)
- Sensibilisierung der Organisation auf die Prozesse und die damit einhergehenden Veränderungen

Kritische Erfolgsfaktoren:

- Auswahl und Verfügbarkeit der einzubindenden Mitarbeiter
- Mitwirkung der Regelorganisation bei der Prozessdokumentation

Zusammenfassung: In dieser Phase werden – bis auf die Schulungsunterlagen – nicht nur die gesamte Prozessdokumentation, sondern auch die gesamten Vorgaben für die Umsetzungsphase, die Build-Phase, sowie die Betriebsmatrix erstellt.

Vorgehensweise in der Design-Phase

Unsere Vorgehensweise in der Design-Phase sieht wie folgt aus:

- Planung und Setup (Vorgaben festlegen: Prozessmodell, Beschreibungstiefe, Dokumentenvorlagen, Modellierungstool)
- Kick-off
- Auswahl des Projektteams
- Prozess-Workshops je Prozess (Anforderungen analysieren, Prozessablauf festlegen, Input-/Outputanforderungen definieren, Rollen beschreiben, Rollen den Prozessschritten zuweisen, vorhandene Dokumentationen analysieren, Betriebsmatrix vorbereiten)

- Mastermodell der Prozessdokumentation
- Schnittstellen-Workshop
- Abstimmung/Freigabe Prozesse (s. Qualifizierte Meilensteine, Readiness Check)
- Abstimmung/Freigabe Gesamtergebnis (s. Qualifizierte Meilensteine, Sitzung)
- Veröffentlichung der Ergebnisse

Planung und Setup der Design-Phase

Bevor wir Ihnen weitere Punkte nennen, die in der Planung der Design-Phase eine Rolle spielen, ein Hinweis vorweg: Halten Sie die Design-Phase so kurz wie möglich! In dieser Phase können relativ wenig Projektergebnisse nach außen kommuniziert werden. Die Projektmitarbeiter arbeiten zurückgezogen und in einem kleinen Kreis an der Erstellung der Prozessbeschreibungen. Im Unternehmen mag das durchaus so wirken, als ob nicht viel passierte. (Auch hier noch einmal unser Tipp: Wählen Sie den Grad der Dokumentationstiefe so, dass die Dokumentation in einem vernünftigen Zeitrahmen abgeschlossen werden kann.)

Und noch etwas:

> *Regeln Sie alle Dinge, die nur im Entferntesten etwas mit Administration zu tun haben – also: Dokumentenlenkung, Abnahmekriterien, Dokumentenvorlagen etc. – im Vorfeld.*

Die Planung und das Setup dienen der Vorbereitung der eigentlichen Prozessbeschreibung. Wichtige Bestandteile sind neben der weiter unten dargestellten Prozessmodellierung, der Auswahl der Modellierungstools und der Festlegung von Dokumentationsstandards folgende Punkte:

Kick-off

Führen Sie am Beginn dieser Phase eine Kick-off-Veranstaltung mit allen identifizierten Beteiligten durch. Der Projektleiter präsentiert die Ergebnisse aus der Analyse-Phase und stellt die Rollen bzw. Rollenträger des Projektes sowie die Liefereinheiten gemäß des Projektplans und deren Qualitätsanforderungen vor. Außerdem kann das eingesetzte Modellierungstool präsentiert werden. Die Besprechung der nächsten Schritte und Administratives (Projektablage, Berichtswesen, Abwesenheitsplanung etc.) werden ebenso eine Rolle spielen.

Projektteam und Projektplan

Die Vorgaben der Design-Phase sind quasi die Ergebnisse der Analyse-Phase. Das Ziel ist definiert, es wurde außerdem festgelegt, welche Prozesse mit Priorität zu behandeln sind. Der Aufwand, um die Prozesse vollständig in der festgelegten Struktur und Ausprägung zu beschreiben, kann stark voneinander abweichen.

Im Rahmen der Planung der Design-Phase ist ein Team aus Mitarbeitern zusammenzustellen, das die Prozessdokumentationen erstellt. Hierzu bedarf es nicht nur grundsätzlichen Prozess-Know-hows. Ebenfalls wichtig sind die Personen, die den Inhalt beitragen. ITIL beschreibt zwar, WAS in den einzelnen Prozessen zu tun ist, bleibt aber mit dieser Beschreibung sehr an der Oberfläche (s. Kapitel 3). WIE die konkrete Ausführung auszusehen hat, so ist es in der ITIL zu lesen, sei kundenindividuell zu beschreiben. Die Erfahrung zeigt, dass eine Integration des Regelbetriebs – also der Leistungserbringer, die später mit den Dokumenten arbeiten müssen – in das Projekt unabdingbar ist. Das sichert die Qualität der Prozessbeschreibungen und erhöht deren Akzeptanz. Von der Planung her ist das insofern schwierig, als diese Personengruppen Aufgaben in den verschiedensten Prozessen und weiterhin im Regelbetrieb zu erfüllen haben.

> *In die Erstellung der Prozessbeschreibung sind neben den jeweiligen späteren Rollenträgern (Process Manager, Process Executive, Process Controller) die Know-how-Träger aus dem Regelbetrieb miteinzubinden.*

Wegen dieser exponierten Stellung ist die Integration dieser Mitarbeiter von der zeitlichen Verfügbarkeit her durchaus als kritisch einzustufen. Rechnen Sie damit, dass Zusagen bezüglich der Verfügbarkeit der Mitarbeiter nicht eingehalten werden (s. Kapitel 5, Abschnitt „Risk Management"). Bei der Ausgestaltung des Projektplans und der Auswahl der verantwortlichen Mitarbeiter muss also neben der Reihenfolge der zu beschreibenden Prozesse berücksichtigt werden, dass die Einbindung der jeweiligen Mitarbeiter so geschieht, dass der Zeitplan erfüllt werden kann. Dies kann bedeuten, dass die Modellierung der Prozesse parallel oder sequenziell erfolgen muss.

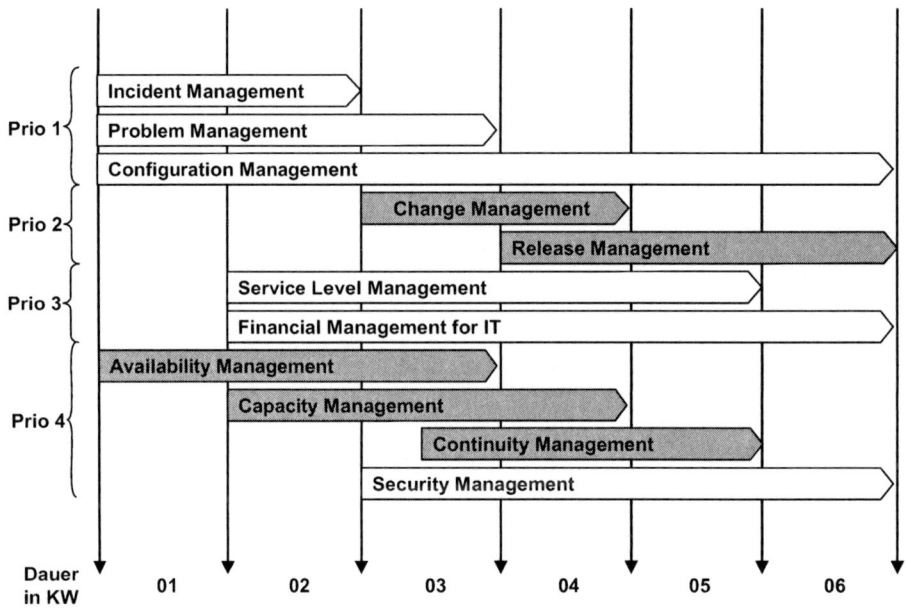

Abbildung 43: Beispiel einer Roadmap für die Design-Phase

Prozess-Workshops

Die Prozess-Workshops finden für jeden einzelnen Prozess extra statt, und zwar in einer jeweils festzulegenden und an den Bedarf anzupassenden Häufigkeit. Hier werden die zentralen Elemente der Prozesse bearbeitet und festgelegt:

- Anforderungen analysieren
- Prozessablauf festlegen
- Input-/Outputanforderungen definieren
- Rollen beschreiben
- Rollen den Prozessschritten zuweisen
- vorhandene Dokumentationen analysieren
- Betriebsmatrix vorbereiten

Bevor wir zum nächsten Punkt in der Vorgehensweise kommen (Dokumentation der Prozesse) wollen wir Ihnen einige theoretische Grundlagen zu Prozessen allgemein und zur Prozessmodellierung – die die Vorstufe zur Prozessdokumentation darstellt – liefern.

Exkurs I: Kleine Prozesskunde

Laut DIN 66021 ist ein Prozess „die Umformung, die Speicherung und/oder der Transport von Materie, Energie und/oder Informationen": Aktivitäten also, die einen Input benutzen, um daraus einen Output zu generieren, der wiederum einen Wert für den Kunden darstellt. Wenn solche wertschöpfenden Aktivitäten funktionsübergreifend zusammengefasst werden, wird das als Geschäftsprozess bezeichnet. Wichtig für die Transparenz und das Verständnis der Prozesse – und zwar für alle Beteiligten: Mitarbeiter, Kunden, Management etc. – ist eine zielgruppengerechte, detaillierte Beschreibung der Prozesse. Sie stellt sicher, dass Aktivitäten, Ziele, Ergebnisse sowie die Messung bzw. Überprüfung der Prozessergebnisse jederzeit im Blickfeld sind und dass alle Beteiligten wissen, was sie tun und warum sie es tun.

Von zentraler Bedeutung ist, dass die Qualität der Prozessergebnisse gemessen werden kann. Input und Output werden deswegen mit bestimmten Qualitätsanforderungen (im Hinblick auf Kosten, Verfügbarkeit, Leistungsvermögen, Stabilität etc.) belegt, die während des Prozesses permanent überprüft werden. So ist sichergestellt, dass das Ergebnis die aufgestellten Normen erfüllt und der Prozess effektiv ist. Wenn alle Prozesse einer Prozesskette effektiv arbeiten, werden auch die Unternehmensziele erreicht. Die Kontrolle der Prozessqualität im ITIL-Umfeld ist Kernaufgabe des Process Managers und basiert auf den definierten und gemessenen KPIs.

10 Regeln zur Prozessgestaltung

- Prozesse sind auf den Kunden (intern oder extern) und dessen Bedürfnisse ausgerichtet.
- Prozesse sind einfach, transparent, effektiv und effizient.
- Prozessschritte werden nur einmal ausgeführt und wenn möglich gebündelt.
- Prozesse sind an jeder Stelle von eindeutigen Verantwortlichkeiten geprägt.
- Prozesskettenwechsel finden nur an wenigen definierten Stellen statt.
- Prozessmethoden, -verfahren, -tools werden durchgängig und einheitlich eingesetzt.
- Prozesse werden laufend auf die Qualität der Ergebnisse hin überprüft.
- Prozesse werden permanent überprüft und verbessert.
- Prozessveränderungen werden zeitnah dokumentiert und kommuniziert.
- Prozesse werden von denjenigen Personen modelliert und beschrieben, die auch später im gelebten Prozess die Rollenträger sind.

Exkurs II: Die Prozessmodellierung

Bevor mit der eigentlichen Dokumentation der Prozesse begonnen werden kann, muss eine geeignete Modellierungstechnik und Darstellungsform für den Prozess gewählt werden, anhand derer die einzelnen Funktionen und deren zeitliche Abfolge erfasst werden. Die konkrete Ausgestaltung bzw. die Darstellung des Prozesses mit dieser Modellierungstechnik wird als Prozessmodellierung bezeichnet. Sie erfolgt auf unterschiedlichen Ebenen bzw. Beschreibungstiefen: beispielsweise von Ebene 1 (Unternehmen), Ebene 2 (Geschäftsprozesse), Ebene 3 (Prozesse und Teilprozesse) über Ebene 4 (Prozessschritte) bis hin zur Ebene 5 (untergeordnete Prozessschritte bzw. Arbeitsschritte und somit Arbeitsanweisungsebene).[23]

Bevor man sich aber an die Modellierung der Prozesse macht, muss man die Anforderungen kennen, die zu berücksichtigen sind: Möglicherweise existieren im Unternehmen bestimmte Vorgaben, die festlegen, wie die Modellierung auszusehen hat; wenn nicht, sollte am Markt und in der Fachliteratur recherchiert werden, welche Möglichkeiten es dafür gibt (s. nächster Abschnitt).

> **Idealerweise wählt man eine Prozessdarstellungsform aus, die bereits im Unternehmen etabliert und bekannt ist. Man spart dadurch nicht nur Zeit, sondern erhöht auch die Akzeptanz.**

Dabei ist natürlich im Zuge der Analyse-Phase zu überprüfen, inwiefern diese vorhandenen Vorgaben überhaupt akzeptiert werden; vielleicht ergibt sich dadurch die Chance, eine nicht akzeptierte Darstellungsform zu ersetzen.

Generisches ITIL-Prozessmodell

Für ITIL wurde ein eigenes generisches Prozessmodell entwickelt. Es liegt den Beschreibungen der IT-Service-Management-Prozesse zugrunde und kann an die Bedürfnisse des jeweiligen Unternehmens angepasst werden. Es beschränkt sich im Wesentlichen auf die Erkenntnis, dass ein Prozess aus Eingabe, Verarbeitung und Ausgabe besteht, von Prozesszielen

---

[23] ITIL bleibt im Übrigen mit seinen „Anweisungen" auf einer der oberen Ebenen (etwa Ebene 3); deswegen ist die konkrete Gestaltung der Prozesse von jedem Unternehmen selbst zu entwerfen, und genau darin liegt auch die Schwierigkeit (s. Kapitel 3).

geleitet, von einem Prozess Owner gesteuert und durch Prozess-Ressourcen (Menschen und Technologie) ausgeführt wird.

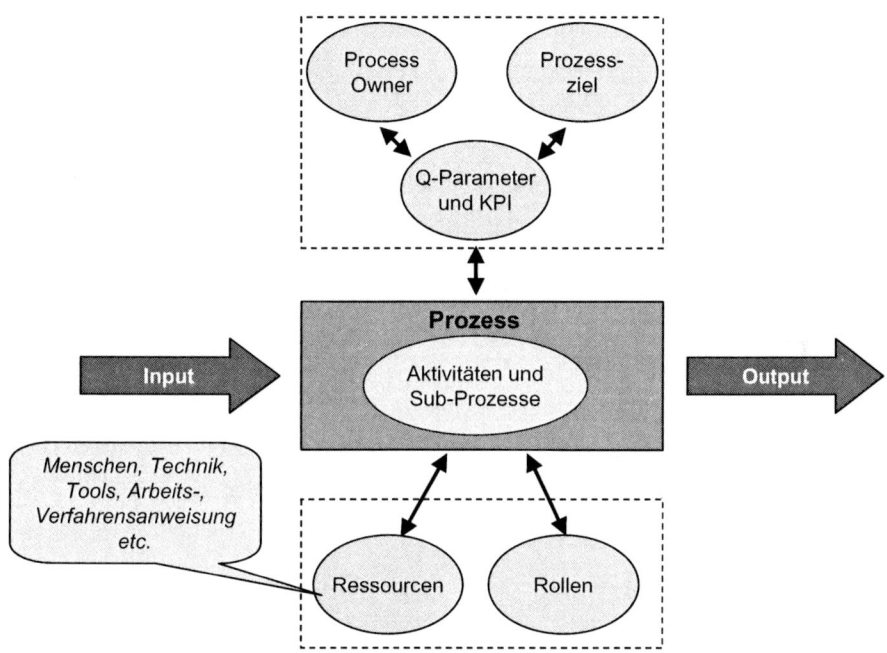

Abbildung 44: Generisches Prozessmodell von ITIL

ITIL verzichtet ganz bewusst auf die Vorgabe von Verfahrensabläufen für den operationalen Betrieb. Der Vorteil daran ist, dass dieses Modell universell eingesetzt werden kann. Der Nachteil ist jedoch (s. Kapitel 3), dass gerade das Design der Prozesse (Modellierung) die höchsten Anforderungen an diejenigen stellt, die die ITIL-Prozesse einführen, und gewisse Vorgaben hilfreich wären.

Die im ITIL-Prozessmodell geforderten Elemente sind in der Prozessdarstellung und -beschreibung vollständig zu berücksichtigen. Grundlage der Prozessbeschreibung sind verschiedene Darstellungsformen, die wir jetzt hier vorstellen möchten.

Prozessdarstellungsarten

Wie können Prozesse überhaupt beschrieben werden, welche vereinfachten, systematischen Darstellungsweisen gibt es dafür? Wir zeigen Ihnen drei davon.

- Wertschöpfungskettendiagramm: Mit dieser Darstellungsform lassen sich gut die groben Zusammenhänge eines Prozesses darstellen, allerdings auf einem sehr hohen Abstraktionsniveau. Wertschöpfungskettendiagramme (WKD) sind meist der Einstieg in noch detailliertere Darstellungen. Die Funktionen sind in ihrer zeitlichen Abfolge und mit ihren hierarchischen Beziehungen dargestellt.

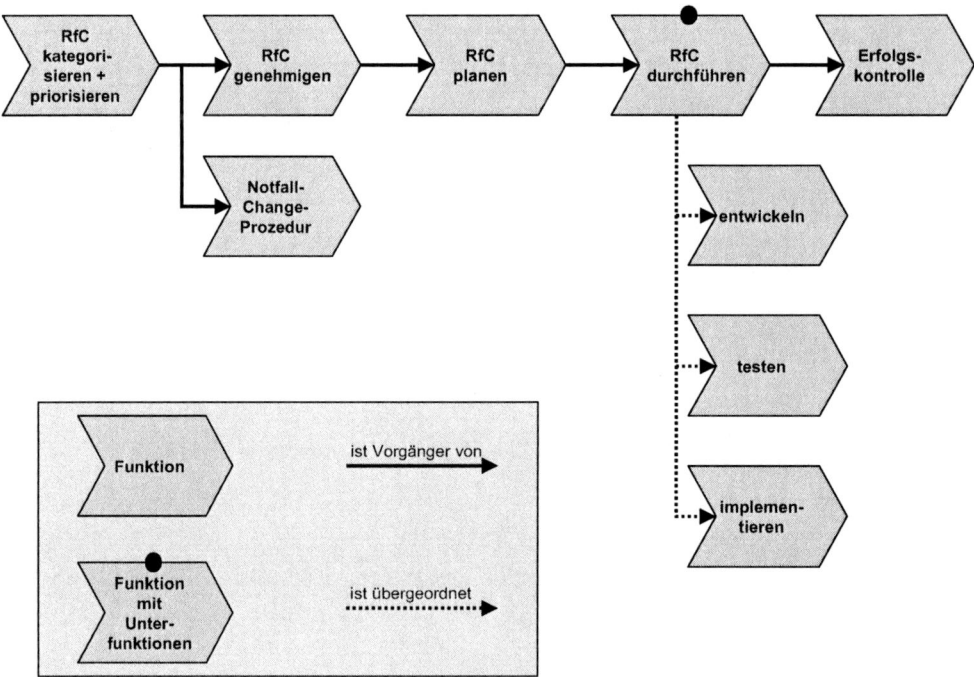

Abbildung 45: Wertschöpfungskettendiagramm

- Ereignisgesteuerte Prozesskette: Für die detaillierte Betrachtung eines Prozesses ist die ereignisgesteuerte Prozesskette (EPK) gut geeignet. Sie baut quasi auf dem WKD auf und besteht aus Funktionen (Aktivitäten, Vorgänge oder Tätigkeiten), Ereignissen (neues Prozessobjekt, finaler Status eines bestehenden Prozessobjekts, Änderung eines Prozessobjekts oder das Eintreten eines bestimmten Zeitpunkts) und Verknüpfungsoperatoren. Die Ereignisse (beispielsweise „Rechnung erstellt", „Auftrag storniert", „Datensatz angelegt", „Anruf des Kunden", „Zahlungsziel nicht eingehalten") steuern den Verlauf des Prozesses. Die EPK können je nach Bedarf um eine Vielzahl weiterer Informationsobjekte ergänzt werden (Organisationseinheiten, Daten). Da sich aus einer Funktion mehrere Ereignisse ergeben können und umgekehrt, werden Verknüpfungsoperatoren eingesetzt: exklusives ODER, inklusives ODER, logisches UND.

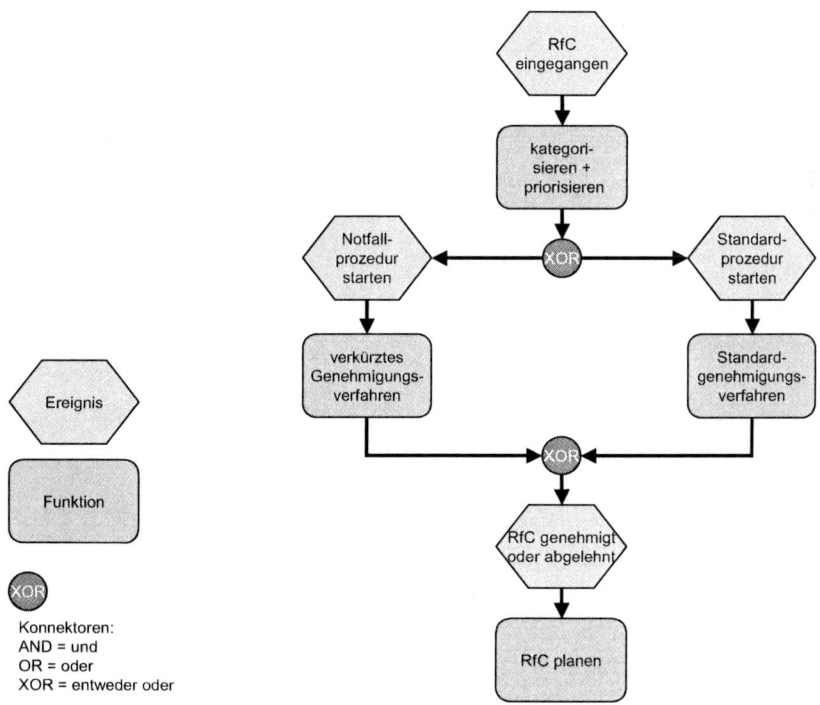

Abbildung 46: Ereignisgesteuerte Prozesskette

- Ereignisgesteuerte Prozesskette in Spaltenform: In dieser Darstellungsform werden die Symbole einzelnen Spalten zugeordnet. Dies dient der Übersichtlichkeit. Als Spalten kommen u. a. in Frage: Organisationseinheiten, Input/Output, Anwendungssysteme.[24]

---

[24] Quelle: Becker, Jörg u. a.: Prozessmanagement. Berlin Heidelberg New York, 2005, S. 69

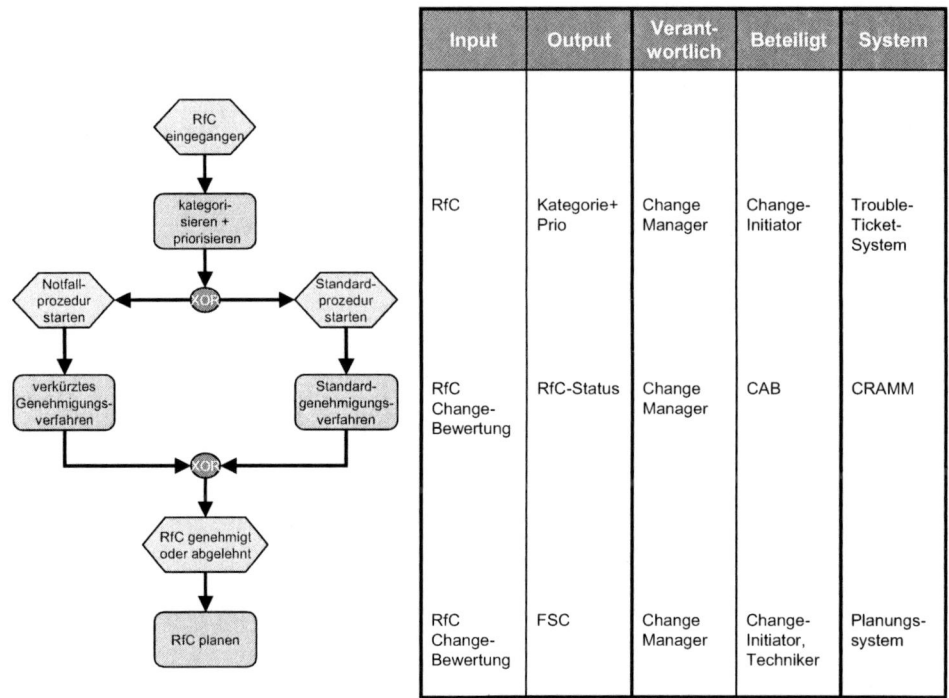

		Input	Output	Verant-wortlich	Beteiligt	System
		RfC	Kategorie+ Prio	Change Manager	Change-Initiator	Trouble-Ticket-System
		RfC Change-Bewertung	RfC-Status	Change Manager	CAB	CRAMM
		RfC Change-Bewertung	FSC	Change Manager	Change-Initiator, Techniker	Planungs-system

Abbildung 47: Ereignisgesteuerte Prozesskette in Spaltenform

Modellierungstools

Für die Prozessmodellierung stehen diverse Softwaretools zur Verfügung (beispielsweise jPASS, ARIS, Bonaparte, Aeneis, CaseWise). Auch hier muss vor der Auswahl geprüft werden, ob die Anforderungen an die Prozessdarstellung und -modellierung ausreichend unterstützt werden. Wie einfach oder kompliziert ist die Software in der Handhabung? Entsteht daraus Schulungsbedarf? Ist sie im Netzwerk einsetzbar? Können Applikationen oder Dokumente aus anderen Anwendungen im- und exportiert werden? Wie hoch sind die Kosten? In vielen Fällen ist es ausreichend, die gängigen Officeprodukte, wie z. B. Visio oder Powerpoint zu verwenden, da diese bereits in den bestehenden Dokumentationen verwendet wurden und somit bekannt sind. Ein Transfer der bestehenden Dokumentation wird somit erleichtert.

Der Einsatz der Modellierungstools bietet folgende Vorteile:

- Konsistenzprüfung automatisiert statt Selbstprüfung
- Simulation
- automatisierte Visualisierung (man muss nicht selbst zeichnen)
- unterschiedliche Ausgabeformate
- ggf. direkter Import in Service-Management-Verfahren
- Versionskontrolle und Archivierung

Wenn Sie sich für den Einsatz eines Modellierungstools entscheiden, ist eine hohe Disziplin für die konsequente Nutzung zwingend erforderlich. Ansonsten wird trotz des hohen Invests eine „Schattendokumentation" entstehen bzw. der im Tool modellierte Prozess nicht weiter dokumentiert und der gelebte Prozess divergiert vom dokumentierten Stand.

Weitere Konventionen

Nach der Festlegung, welche Darstellungsform und welche Tools für die Modellierung eingesetzt werden sollen, müssen noch weitere Konventionen definiert werden, u. a.:

- Beschreibungstiefe: Wie viele Ebenen soll die Prozessbeschreibung umfassen, sind vier Ebenen ausreichend (bis auf den Level der Prozessschritte) oder müssen es fünf sein (untergeordnete Prozessschritte, die auf der untersten Arbeitsebene platziert sind)? Die Antwort auf diese Frage ist auch abhängig von der Reifegraddefinition, die als Ziel für die Design- und Build-Phase gewählt wurde.
- Dokumentenstruktur: Für eine Darstellungsform der Prozesse gibt es verschiedene, sehr anpassungsfähige Möglichkeiten, von einem 10-seitigen Dokument für ein kleines Unternehmen bis hin zu einem komplexen Dokumentations-Set (mehr dazu im nächsten Abschnitt).
- Dateinamenkonventionen: In der Design-Phase entstehen viele Dokumente, die gut identifizierbar sein müssen, deswegen sind einheitliche Dateinamen von hoher Bedeutung. Nur mit einheitlichen Namen sind die Dokumente eindeutig zuzuordnen; alle Beteiligten müssen nachvollziehen können, welche Dokumente wann und von wem bearbeitet wurden und in welchem Status sie sich befinden. In großen Unternehmen gibt es im Regelfall schon Vorgaben zu den Dateinamenkonventionen. Werden sie nicht berücksichtigt, sind Probleme beim späteren Übergang der Dokumente in den Regelbetrieb programmiert.

Mastermodell der Prozessdokumentation

Vor allem der Punkt Dokumentenstruktur, in den die Themen „Beschreibungstiefe" und „Dateinamenkonventionen" mehr oder weniger mit einfließen, ist in der Design-Phase von zentraler Bedeutung. Deswegen widmen wir ihm nun diesen Abschnitt dieses Kapitels und zeigen Ihnen, wie ein „Mastermodell" einer Prozessdokumentation aussehen kann.

Besonders wichtig ist es zu überlegen, wie und wo die Dokumente zu einem späteren Zeitpunkt veröffentlicht werden sollen – als Print-Version oder im Intranet beispielsweise. Gibt es unternehmensinterne Darstellungsformen, an die man gebunden ist? Alle diese Punkte beeinflussen die Gestaltung der Dokumente.

Dokumentenstruktur

In der folgenden Grafik sehen Sie exemplarisch die Dokumentenstruktur eines Prozesses; hier ist dargestellt, aus welchen Dokumenten die Prozessbeschreibung besteht.

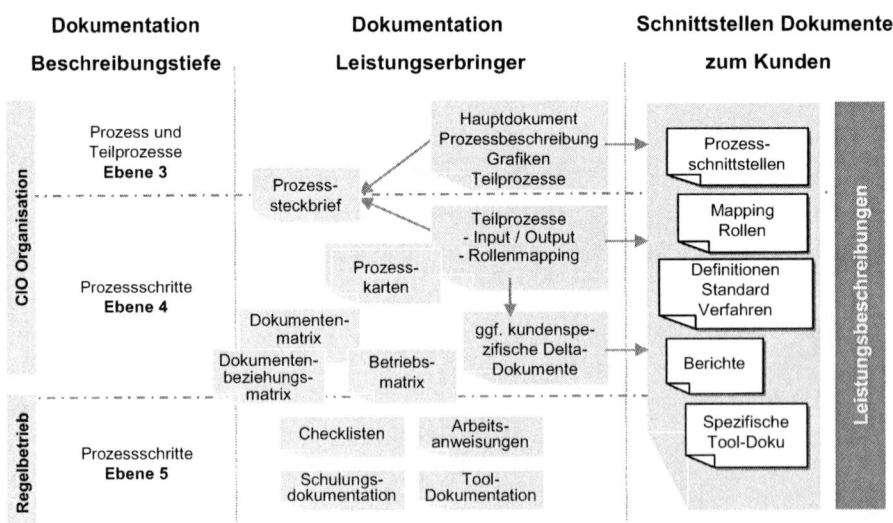

Abbildung 48: Mastermodell der Prozessdokumentation

Die Prozessbeschreibung ist in mehrere Ebenen unterteilt; auf Ebene 3 sind grundsätzliche Dinge beschrieben wie: Aktivitäten, Rollen, Input, Output, Verantwortlichkeiten, grobe Teilprozessschritte; auf Ebene 5 ist dann letztlich fixiert, wie die einzelnen Arbeitsschritte aussehen. Die Fortschrittsgeschwindigkeit der Dokumentationserstellung wird bei zunehmender Tiefe immer langsamer, es dauert alles länger, es wird zäher. Darum:

> **Versuchen Sie nicht, Prozesse bis ins Letzte zu beschreiben.**
> **Das nimmt zu viel Zeit in Anspruch.**

Wichtig ist vielmehr, dass Sie eine Beschreibungstiefe wählen, mit der die schon jetzt ins Projekt eingebundenen Rollenträger (s. Kapitel 9, „10 Regeln zur Prozessgestaltung") einverstanden sind. Deren Zustimmung ist die Voraussetzung dafür, dass Sie in einer Pilotierung einen Prozess mit der bis dahin entstandenen Dokumentation starten können.

In diesem Zusammenhang ist auch wichtig, dass an die Stakeholder des Projektes Folgendes kommuniziert wird: Am Ende der Design-Phase und vor Beginn der Build-Phase wird die Prozessdokumentation nicht zu hundert Prozent fertiggestellt sein. Sie wird jedoch einen Fertigstellungsgrad haben (mindestens bis Ebene 3 oder 4), der den Prozessstart ermöglicht. Dies liegt u. a. auch daran, dass die Arbeitsanweisungen auf Ebene 5 nur von den Betroffenen, den Beteiligten selbst, erstellt werden können, und dies wiederum geschieht erst während der Pilotierung oder der Einführung der Prozesse. In vielen Fällen liegen die Arbeitsanweisungen bereits vor und müssen nur noch den modellierten Prozessschritten zugeordnet werden.

Exemplarisch für eine Dokumentenstruktur sehen Sie hier, wie die Dokumentation eines Prozesses aussehen kann.

Prozesssteckbriefe	abgenommene Prozesssteckbriefe
Prozessdokumentation Ebene 3	abgenommene Prozessdokumentation Ebene 3
Prozessdokumentation Ebene 4	abgenommene Prozessdokumentation Ebene 4 (jeweils kundenspezifisch)
Prozessdokumentation Ebene 5	abgenommene Prozessdokumentation Ebene 5 (jeweils kundenspezifisch)

Betriebsmatrix	Darstellung der Zuständigkeiten im Prozess (Rolle – Rollenträger)
Dokumentenmatrix	Liste, in der die komplette Prozessdokumentation hinterlegt ist
Dokumentenbeziehungsmatrix	Mapping der Prozessdokumentation auf die Prozessschritte
Schulungsunterlagen	Unterlagen, um Prozessschulungen durchzuführen

Tabelle 10: Ebenen der Prozessdokumentation

Die Dokumentation der Ebene 3 (Prozessbeschreibung) umfasst folgende Punkte:

- Steckbrief: Prozessname, Process Owner, Process Manager, Process Executives, Reifegrad (gemäß Analyse), Prozesszweck, Anfangsaktivität, Endaktivität, kritische Erfolgsfaktoren, Teilprozesse, Prozessinput, Prozessoutput, Metriken, Methode/Verfahren, Informationen zur Versionierung und Dokumentenmanagement
- Einleitung und generelle Anforderung
- Ziel des Prozessmanagements
- Verantwortung für die Pflege dieser Dokumentation
- Struktur der Prozessbeschreibung
- Definition des Prozessmanagements im Gesamtunternehmen
- Der Hauptprozess
  - o   Sinn und Zweck des Prozessmanagements
  - o   Gliederung des Hauptprozesses
- Die Teilprozesse
  - o   Controlling
  - o   Kontinuierlicher Verbesserungsprozess (KVP)
  - o   Operative Überwachung und Steuerung
  - o   Key Performance Indikatoren
- Schnittstellen zu anderen IT Service Management Prozessen
- Rollen
  - o   Rollen am Prozess
  - o   Rollen im Prozess
- Prozessbeschreibung im Zusammenspiel mit dem Kunden
  - o   Teilprozess
  - o   Grafische Prozessdarstellung

o   Beschreibung der Kundenschnittstellen

- Design der Teilprozesse
- Anhang

o   Abbildung des Prozesses in der Organisation

Nachfolgend sehen Sie ein Element der Dokumentation Ebene 4: die Prozesskarte. Die Gesamtheit der Prozesskarten ergibt die Prozessbeschreibung der Ebene 4.

Schrittnummer	**Change initiieren**				Mandatory
Ziel	Einreichung des RfCs				Methode Verfahren
Tätigkeit					
Beschreibung					
Input Dokumente/Daten			Output Dokumente/Daten		
RfC-Meldung					
RfC „Definition Standard-Change"			RfC		
RfC aus Maßnahmenliste					
Prozess initiierende Ereignisse			Prozess auslösende Ereignisse		
RfC-Meldung wird eingereicht					
RfC-Meldung aus PIR-Review			RfC-Formular wurde eingereicht		
RfC aus Maßnahmenliste wird gestellt					
Rollen					Metriken
Ausführen	Mitwirken	Beraten	Freigeben	Informiert	
Change Initiator					
Vorlagen/Unterlagen (Templates)					SOA-Relevanz
Arbeitsanweisung RfC-Erfassung					

Tabelle 11: Prozesskarte

Beschreibungen der Ebene 5 (Arbeitsanweisungen) sind individuell auszugestalten; deswegen verzichten wir hier auf die Abbildung von Templates.

Auf die weiterführende Prozessdokumentation wie Betriebsmatrix, Dokumentenmatrix, Dokumentenbeziehungsmatrix und Schulungsunterlagen gehen wir in den folgenden Abschnitten bzw. Kapiteln noch ausführlicher ein.

Dokumenten- und Dokumentenbeziehungsmatrix

Dokumentenmatrix und Dokumentenbeziehungsmatrix sind Hilfsmittel, die den Gesamtkontext der zur Verfügung stehenden Dokumente mit den Prozessen in Zusammenhang bringen. So kann man die beschriebenen und freigegebenen Dokumente identifizieren und dem Soll-Prozess zuordnen.

Nr.	Art	Bezeichnung	Dateiname	Revisionsstand	Erstelldatum	Ersteller	Standort
001	Handbuch	Hauptdokument komplett	Changemanagement.doc	1.10.2010	1.10.2010	<Name>	Intranet
002		Anlage 1, Priorisierung und Kategorisierung	Priorisierung.doc	1.10.2010	1.10.2010	<Name>	Intranet
003		Anlage 2, Standard-Change	Standardchange.xls	1.10.2010	1.10.2010	<Name>	Intranet
004		Approver-Matrix		1.10.2010	1.10.2010	<Name>	Intranet
005		Erfassung RfC		1.10.2010	1.10.2010	<Name>	Intranet

Tabelle 12: Dokumentenmatrix

Die Dokumentenbeziehungsmatrix wiederum ordnet den einzelnen Prozessschritten die jeweils relevanten Dokumente zu.

Nr.	Bereich	Prozessschritt	Unter-prozess-schritt	Nr. Pro-zess-schritt	001 Haupt-dokument	002 Anlage 1 Prio	223 Anlage 2 Standard
1		Initiierung eines Changes		1.1.05	x	x	x
2		Registrierung		1.1.10		x	x
3		Priorisierung		1.1.15	x		
4	Bewertung/Autorisierung	Kategorisierung	Weitergabe an Experten zur Bewertung (Aufwand, Risiken usw.)	1.2.05			
5		Kategorisierung	Abschließende Festlegung Priorität und Kategorie durch Controller	1.2.05	x		
6		CAB vorbereiten		1.2.10			
etc.		etc.	etc.	etc.	etc.	etc.	etc.

Tabelle 13: Dokumentenbeziehungsmatrix

Sie zeigt auf, wie genau der Zusammenhang zwischen Prozessdokumenten und Prozessschritten aussieht. Hier sind alle Dokumente aufgelistet, außerdem die Prozessbeschreibungen, die Rollen, die Prozessschritte, und zwar den Rollenträgern zugeordnet. Und so hat beispielsweise ein Change Controller jederzeit die Möglichkeit, herauszufinden, welches Dokument ihm – bei Fragen, die sich in Bezug auf seine Rolle ergeben – schnell hilft. Dieser Zusammenhang Prozessdokumente und Prozessschritte ist beispielsweise für den Aufbau kontextbezogener Hilfedokumente wichtig, denn er stellt quasi eine „Bedienungsanleitung" für Prozessrollenträger dar.

Betriebsmatrix

Rolle im Change Management	Zuständigkeitsbereich (typisch)	Ausprägung	Name der Rollenträger (Kunde)	Name der Rollenträger (Dienstleister)
Process Owner	GL	Unternehmensweit	n/a	1 Person
Process Manager	CIO	Unternehmensweit		1 Person
Process Executive	Regelbetrieb	Segment/Gruppe		1 Person
		Segment/Gruppe		1 Person
Change Initiator	Regelbetrieb, Fachbereiche	Technologie/Service X	1–n Personen	1–n Personen
		Technologie/Service X	1–n Personen	1–n Personen
Change Controller	Regelbetrieb, Fachbereiche	Technologie/Service X	n/a	1 Person
		Technologie/Service X		1 Person
Change Approver	Betriebsleitung, Financial Mgmt., Fachabteilung	Technologie/Service X	1–n Personen	1–n Personen
		Technologie/Service X	1–n Personen	1–n Personen
Change Implementer	Regelbetrieb	Technologie/Service X	n/a	1–n Personen
		Technologie/Service X		1–n Personen

Tabelle 14: Betriebsmatrix

- Die Zuordnung der Kundenrollen wird in den Schnittstellendokumenten zum Kunden geregelt.
- Bei Mehrfachnennungen von Personen (1–n) wird die konkrete Zuständigkeit über Arbeitsanweisungen geregelt. Dies sind z. B. Vertreterregelungen und Gruppenkonzepte.
- Die Anzahl der Ausprägungen und die Anzahl von Personen pro Ausprägung sollte so gering wie möglich gehalten werden.

Die Betriebsmatrix ist eines der wesentlichen Arbeitsergebnisse – nicht nur der Design-Phase, sondern auch des Gesamtprojektes. Nachdem Prozesse, Rollen, Aufgaben und Kompetenzen schon in den Dokumenten der Ebene 3 beschrieben wurden, ist in der Betriebsmatrix nun dokumentiert, welche Person konkret welche Rolle ausfüllt.

> **Die Betriebsmatrix ist eines der wesentlichen Arbeitsergebnisse der Prozess-gestaltung überhaupt und Voraussetzung, um mit der Build-Phase starten zu können.**

Unserer Erfahrung nach gibt es kaum ein Unternehmen, das über eine solche Betriebsmatrix verfügt. Es gibt zwar Dokumente, aus denen hervorgeht, welcher Mitarbeiter welche Stelle innehat bzw. wie dessen Position benannt ist. Eine Betriebsmatrix reicht jedoch viel weiter. Warum ist sie so wichtig? Im Regelfall ist es so, dass bei Prozessen, deren Reifegrad kleiner als 2 ist, alle Probleme und Schwierigkeiten gegeben sind, die Prozesse mit sich bringen können: Doppelarbeit, unklare Zuständigkeiten und Kompetenzen, Überschneidungen etc. Diese Probleme können durch eine Betriebsmatrix zwar nicht sofort gelöst werden, aber durch die eindeutige und vollständige Zuordnung von Personen zu Rollen geht man den ersten Schritt in Richtung Lösung. Damit können sich die Menschen (Rollenträger), die den Prozess leben, abgrenzen. Denn: Eine Rolle hat eine Aufgabe, zu deren Erfüllung bestimmte Voraussetzungen nötig sind. Sind diese Voraussetzungen nicht gegeben, kann der jeweilige Rollenträger vom Management die Schaffung dieser Voraussetzungen einfordern. Unsere Empfehlung zur Betriebsmatrix lautet:

> **Erstellen Sie die Betriebsmatrix professionell und toolunterstützt und veröf-fentlichen Sie sie mit den zugehörigen Rollenbeschreibungen an zentraler Stelle im Unternehmen (Intranet), und das so früh wie möglich.**

Nach der Design-Phase steht in der Regel eine Version der Betriebsmatrix zur Verfügung, die noch nicht ganz komplett sein wird. Sie muss jedoch spätestens fertiggestellt sein, sobald die Build-Phase startet, und zwar noch vor Beginn der Schulungen. Schließlich müssen die Mitarbeiter in der Schulung erfahren, was genau ihre Aufgaben in den neuen Prozessen sein werden. Die Pflegeverantwortung der Betriebsmatrix liegt idealerweise prozessbezogen bei den jeweiligen Process Managern.

Anforderung an Technologie

Bereits in der Design-Phase muss ein Systemarchitekt dem entsprechenden Projektteam, das die Prozesse beschreibt, zugeordnet werden. Nur so ist sichergestellt, dass die Prozessanforderungen bei der Toolauswahl und -anpassung berücksichtigt werden. Bestandteile eines Anforderungskatalogs können u. a. sein:

- Prozess (Input, Output, Prozessschritte, Schnittstellen)
- Organisation (Schulung, Nutzer, Rollen und Berechtigungskonzept)
- Application (Support, Produkterneuerung, Schnittstellen, Monitoring/Reporting, Lizenzierung/Kosten, Anpassung)
- Daten (Dokumentation, Workflow)
- Technology (Plattform, Webunterstützung, systemtechnische Anforderungen)

Weil wir in diesem Buch den Schwerpunkt auf die Prozesseinführung und deren Optimierung gelegt haben und die detaillierte Beschreibung des Themenbereichs „Auswahl, Customizing und Implementierung von methodenunterstützenden Verfahren" zu weit reichen würde, verzichten wir an dieser Stelle darauf. Maßgeblich für die Auswahl eines geeigneten Tools sind u. a. die individuelle Größe der Organisation, die Schnittstelle zum Kunden, die Gestaltung der CMDB (Integration externe Datenquellen), abzuwickelnde Volumina (Anzahl Assets, Calls im Service Desk, Changes), übergeordnete Vorgaben (aus SOX, BaFin etc.) und viele weitere Aspekte. Die Design-Kriterien des Prozesses und die daraus abgeleiteten Anforderungen (s. o.) geben die Kriterien für die Auswahl der Verfahrenslandschaft vor.

Verantwortung für die Pflege der Dokumente

In der Design-Phase werden viele Dokumente erstellt, wird viel geschrieben, aber auch viel geändert, und zwar von vielen Personen. Deswegen muss zu diesem Zeitpunkt schon festgelegt werden, wie mit diesen Änderungen der Dokumente umgegangen werden soll. Idealerweise nehmen bereits schon zu diesem Zeitpunkt die Personen die Verantwortung für die Pflege der Dokumente wahr, die das später im Regelbetrieb auch tun werden. Die folgende Tabelle zeigt, wie eine Pflegeverantwortung dokumentiert werden kann.

Dokumentation je Prozess	Verantwortliche Rolle/Bereich	Unterstützende Rolle/Bereich	Ablagehinweise
Prozessbeschreibungen bis Ebene 4, Prozesssteckbrief	Process Manager/ CIO	Process Executive/ Regelbetrieb	Intranet
Standardvorlagen, z. B. Change Request Form	Process Manager/ CIO	Process Executive/ Regelbetrieb	Intranet
Steuerungsdokumente Dokumentenmatrix, Dokumentenbeziehungsmatrix, Betriebsmatrix	Process Manager/ CIO	Process Executive/ Regelbetrieb	Zentrale Ablage auf File Server
Arbeitsanweisungen	Process Executive/ Regelbetrieb	Process Manager/ CIO	Zentrale Ablage auf File Server
Steuerungsunterlagen, z. B. Forward Schedule of Change, Request for Change, Protokolle	Rollen im Prozess, z. B. Change Controller/Regelbetrieb	Process Executive/ Regelbetrieb	Zentrale Ablage auf File Server
Technische Beschreibungen, z. B. Serverkonfiguration			Zentrale Ablage auf File Server
Procedures Manual (kundenspezifisch)	Process Manager/ CIO	Process Executive/ Regelbetrieb	Intranet

Tabelle 15: Pflegeverantwortung für Prozessdokumentation

Prozessschnittstellen

Schnittstellen der Prozesse zum Kunden

Um noch einmal auf die Grafik der Dokumentenstruktur (Abb. 48) zurückzukommen: Im rechten Teil dieser Grafik sehen Sie alle Dokumente, die gebraucht werden, um mit dem Kunden, dem Leistungsempfänger, die Schnittstellen zu vereinbaren. Hier wird festgelegt: wann gibt es einen Übergang im Prozess (auslösendes Ereignis), wie sehen die Übergabeparameter aus, welche Rollen sind beteiligt? Durch die stark fragmentierte Struktur ist es möglich, den mittleren Bereich (interne Dokumentation) sehr anpassungsfähig zu halten und damit individuell auf Kunden und Services auszurichten.

Schnittstellen zwischen den Prozessen

In der Design-Phase ist ein Schnittstellen-Workshop durchzuführen. Er hat das Ziel, die Inputs und Outputs der Prozesse untereinander zu synchronisieren. Die fehlende Synchronisierung ist eine der Schwächen von ITIL und macht die Umsetzung so schwierig (s. Kapitel 3). Er findet deshalb idealerweise gegen Ende der Design-Phase statt, wenn die Prozesse bereits im Groben beschrieben und die Ein- und Ausgabeanforderungen jedes Prozesses bekannt sind. Die Verantwortlichen des Projektes für die Prozesse stimmen in diesem Workshop Anzahl, Art und Formulierung ihrer Ein- und Ausgaben aufeinander ab. So unterhält sich der Verantwortliche des Prozesses Availability Management mit dem Verantwortlichen des Prozesses Change Management darüber, was aus dem einen Prozess in den anderen übergeben wird. Sind die Schnittstellen abgestimmt, wird dies in einer Schnittstellenmatrix dokumentiert. Sind alle Prozesse bereits sorgfältig vorbereitet, wird der Workshop nicht mehr als einen Tag in Anspruch nehmen. Der Mehrwert abgestimmter Prozesse ist nicht hoch genug zu einzustufen.

	Input Change Management	Output Change Management
Incident Management	Stellen eines RfCs	Geplanter Change Rückmeldung RfC
Problem Management	Stellen eines RfCs	Rückmeldung erledigter RfCs Geplanter Change
Change Management		
Release Management	Release Build Notification Bereitstellung Release-Masterplan	Auftrag Release Build
Configuration Management	Response to Request for Information (RfI) CI Change Notification	RfI CI Change
Service Level Management	Response to RfI CI Change Notification	RfI CI Change
Financial Management	Budget für Changes	Informationen sowie Reports
Availability Management	Stellen eines RfCs	Informationen sowie Reports
Capacity Management	Stellen eines RfCs	Informationen sowie Reports
Continuity Management	Stellen eines RfCs	Informationen sowie Reports
Security Management	Stellen eines RfCs	Informationen sowie Reports

Tabelle 16: Beispiel für eine Schnittstellenmatrix Change Management

Fazit

Basierend auf den Ergebnissen der Analyse-Phase und der Empfehlung für eine Vorgehensweise werden in der Design-Phase alle zu implementierenden Prozesse beschrieben. Diese Beschreibung erfolgt nach einer zuvor festgelegten Darstellungsform. Prozessbeschreibungen sind u. a. deswegen so wichtig, weil in ihnen Aktivitäten, Ziele und Ergebnisse eines Prozesses festgehalten sind, was wiederum die Messung der Qualität der Prozessergebnisse erst möglich macht. Arbeitsergebnisse der Design-Phase sind neben der vollständigen Dokumentation aller zu implementierenden Prozesse die Betriebsmatrix sowie die Vorgaben für die nächste Phase, die Build-Phase.

10. *Build-Phase*

Die Build-Phase erfordert den höchsten personellen und finanziellen Aufwand bei der Einführung eines IT Service Managements. Je nach Unternehmensgröße können hier bis zu 90 Prozent der gesamten Mitarbeiter, die an der Service-Erbringung beteiligt sind, involviert sein. Die Anzahl mag groß erscheinen. Es ist aber für den Erfolg des Projektes unabdingbar, in dieser Phase „Betroffene zu Beteiligten" zu machen.

Am Ende der Build-Phase ist der Übergang der Prozesse in den Regelbetrieb vollzogen. Welche Schritte dafür erforderlich sind, lesen Sie in diesem Kapitel. Vorneweg eine Empfehlung:

> *Führen Sie ganz am Anfang der Build-Phase für die Führungskräfte eine Informationsveranstaltung über die Vorgehensweise und über die Auswirkungen, die die Prozesseinführungen auf die Organisation haben, durch. Machen Sie den Wert der Einführung für das Unternehmen, die IT und die Führungskräfte persönlich deutlich. Zeigen Sie auch unmissverständlich, dass es keine anderen Handlungsoptionen gibt. So erhöhen Sie die notwendige Beteiligung des Regelbetriebs.*

Steckbrief Build-Phase

Ziele/Nutzen der Build-Phase:

- Einführung der Prozesse in die Regelorganisation
- Umsetzung des zukünftigen Organisationsmodells

Input:

- Abgenommene und veröffentlichte Prozessdokumentation
- Entwurf der Betriebsmatrix (Rollenmodell bezogen auf die Zielorganisation, Rollenbezeichnungen und -beschreibungen)

Aktivitäten:

- Erstellen des Implementierungskonzepts
- Erstellung des Schulungskonzeptes
- Kommunikation (Infoveranstaltungen, persönliche Gespräche, Präsentationen, Publikationen)
- Durchführung von Schulungen, Infoveranstaltungen und Workshops
- Kontinuierliche Übergabe der Prozessverantwortung in die Regelorganisation

Output:

- in die Regelorganisation eingeführte Prozesse
- veröffentlichte Betriebsmatrix
- dokumentierte Abweichungen vom Soll-Prozess
- Liste der offenen Punkte für die Process Manager

Beteiligte:

- Prozessprojekt
- Führungskräfte
- alle wesentlichen Rollenträger in Workshops
- alle Prozessbeteiligten in Schulungen
- ggf. Trainer für Schulungen

Methoden, Verfahren, Hilfsmittel:

- Umfassendes Implementierungskonzept
- Statistik, Reporting zur Erfolgskontrolle
- Erfahrungsberichte und Bewertungsbögen der Schulungen
- Schulungsunterlagen

- Kommunikation der Ergebnisse und Vorgehensweisen im Intranet

Mögliche Quickwins:

- Schulung der Schlüsselrollen
- Verstärkung der Sichtbarkeit der Prozessverantwortlichen im Unternehmen
- gesteigerter Grad an zertifizierten Mitarbeitern
- Identifikation der Verantwortlichkeiten innerhalb der Prozesse
- Sichtbarkeit von Abweichungen vom Standard

Kritische Erfolgsfaktoren:

- Verfügbarkeit der Mitarbeiter aus der Regelorganisation
- Durchhaltevermögen des Auftraggebers im Hinblick auf die Kosten
- aktive Mitarbeit des Topmanagements
- möglichst hoher Durchdringungsgrad in der IT-Organisation mit ITIL-Grundausbildung
- standardisiertes, schlüssiges und flexibles Implementierungskonzept

Zusammenfassung: In der Build-Phase wird die Organisation auf die neue Aufgabe vorbereitet. Das Projekt hat sie durch diverse Maßnahmen (Schulungen, Kommunikation) in die Lage versetzt, diese Aufgaben zu übernehmen. Die wesentlichen Gremien sind eingerichtet und nehmen ihre Arbeit auf. Ein allmählicher Übergang der Verantwortung an die Regelorganisation findet statt. Nach der Build-Phase liegt die volle Verantwortung für die Prozesse bei der Regelorganisation. Aus diesem Grund ist es auch sehr ratsam, ein Zeitprojekt mit einem definierten Ende zu starten. Lieber mehr offene Punkte am Projektende riskieren, als die Übergabe zu verschleppen. Der Druck des nahenden Endes hilft bei der Übergabe der Verantwortung.

Vorgehensweise in der Build-Phase

Unsere Vorgehensweise in der Build-Phase umfasst folgende Punkte je Prozess:

- Kick-off
- Umsetzung des Implementierungskonzepts
- Umsetzung des Schulungskonzeptes

- Durchführung von Prozess-Workshops in Vorbereitung auf eine zukünftige Regelkommunikation
- Vervollständigung und Veröffentlichung der Beriebsmatrix
- kontinuierliche Übergabe an den Regelbetrieb

Kick-off

In der Build-Phase findet die Kick-off-Veranstaltung nun nicht mehr als eine übergreifende Veranstaltung statt, sondern auf der Ebene der einzelnen Prozesse, d. h. pro zu implementierendem Prozess wird eine separate Kick-off-Veranstaltung durchgeführt. Es nehmen alle Personen teil, die auch später in den gelebten Prozessen die Rollenträger sind. Die Einbindung der Prozessrollenträger gleich von Anfang an ist in unseren Augen ein wesentlicher Erfolgsfaktor in der Build-Phase.

Die Agenda des Kick-offs sollte so gestaltet werden, dass am Ende der Veranstaltung alle Beteiligten einen gemeinsamen Wissensstand und ein gemeinsames Verständnis dessen haben, was im jeweiligen Prozess geschieht. So könnte eine solche Agenda aussehen:

- Darstellung des jeweiligen Prozesses (mit Teilprozessen, Rollen, Schnittstellen)
- Relevante Dokumentation
- Begriffsdefinitionen (beispielsweise von Begriffen wie Beschreibungstiefe, Betriebshandbuch)
- Vorstellung der Implementierungsvorgehensweise gemäß Konzept
- Qualifizierte Meilensteine (Definition, Abfolge)
- Administratives (nächste Termine, Ansprechpartner)
- Feedback

Umsetzung des Implementierungskonzepts

Die Aktivitäten der Build-Phase werden anhand von zwei zentralen Dokumenten gesteuert: Das ist zum einen das Implementierungskonzept an sich (s. nächster Abschnitt); zum anderen gibt es – als ein Controlling-Instrument – die Implementierungslandkarte (s. ebenfalls nächster Abschnitt).

Implementierungskonzept

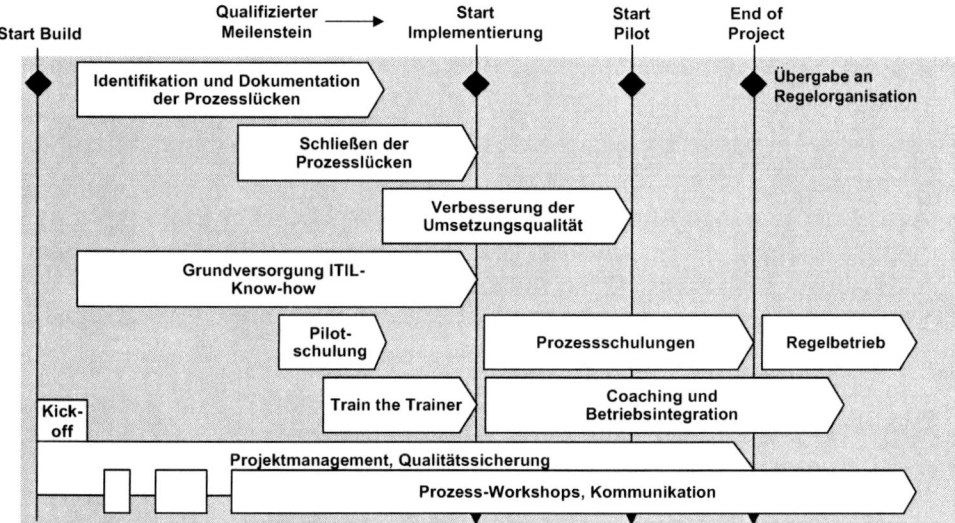

Abbildung 49: Generisches Implementierungskonzept

Nachfolgend lesen Sie unsere Anmerkungen zu den einzelnen Bestandteilen des Implementierungskonzepts:

Identifikation der Prozesslücken

Die in der Design-Phase erstellten Prozessbeschreibungen liefern die Basis für die Identifizierung der Prozesslücken, und zwar in Bezug auf nicht besetzte Rollen, nicht ausgeführte Aktivitäten, nicht bediente Schnittstellen, fehlende Daten/Reports, fehlende Tools/ Funktionen der Tools sowie Dokumentationen auf Ebene der Arbeitsanweisungen. Die Abweichungen von den Standardprozessen sind in Delta-Dokumenten zu erfassen. Dies hat durch die Process Executives zu geschehen. Sie wurden im Rahmen der Vervollständigung der Betriebsmatrix identifiziert. Wir konnten oft feststellen, dass allein der Zwang, gewisse Abweichungen vom Standardprozess dokumentieren zu müssen, zu einem hohen Standardisierungsgrad führt. Niemand dokumentiert gerne. Da nimmt man lieber den Wegfall „liebgewonnener Sonderwege" in Kauf.

> **Die Pflicht, Abweichungen vom Standardprozess dokumentieren zu müssen, führt schon zu einem Anstieg des Standardisierungsgrads.**

Schließen der Prozesslücken

Die noch bestehenden Lücken im Prozess werden geschlossen. Das kann beispielsweise durch die Ausführung eines Prozessschritts geschehen, der bis zu diesem Zeitpunkt noch gefehlt hatte. Noch nicht besetzte Rollen werden jetzt besetzt. Die Betriebsmatrix wird zu diesem Zeitpunkt veröffentlicht. Vielleicht ist auch im Rahmen des Prozesses ein regelmäßiges Treffen vorgesehen, das bisher noch nicht stattgefunden hatte, aber jetzt wie geplant durchgeführt wird. Das heißt aber nicht zwingend, dass Prozesslücken komplett geschlossen sein müssen, sondern eine Implementierung kann auch trotz dieser Lücken stattfinden.

Implementierungslandkarte je Prozess

Die Implementierungslandkarte ist ein Controlling-Instrument, um Abweichungen der Prozessdokumentation und den Implementierungsstand auf einen Blick zu erkennen. Im Detail sind das:

- Sind bisher Aktivitäten in dem Prozess erfolgt?
- Wurden Gespräche mit Process Executives aufgenommen?
- Sind Prozessabweichungen identifiziert und dokumentiert oder nicht vorhanden?
- Handelt es sich um einen Standardprozess, der aber kundenspezifische Rollen hat?
- Ist die Betriebsmatrix vollständig erstellt?
- Ist der Qualifizierte Meilenstein SI (Start Implementation) erreicht?

Diese aggregierte Sicht auf den Stand der detaillierten Prozessdokumentation ermöglicht es, vor der Implementierung Lücken dediziert zu schließen.

Verbesserung der Prozessqualität

Während den beiden letztgenannten Aktivitäten werden Sie feststellen, dass der Prozess noch nicht optimal läuft und eigentlich schon jetzt – während der Implementierung – optimiert werden müsste. Hier lautet unsere Empfehlung: Überfrachten Sie das Projekt nicht! Gerade dieser Punkt kann für erhebliche Verzögerungen verantwortlich sein. Es ist uns hier der

Hinweis wichtig, dass der Optimierungsumfang auf das absolut Notwendigste reduziert wird. Wenn Sie aber versuchen, bereits während der Implementierung die Prozesse gleichzeitig umfänglich zu verbessern, stellen Sie sich selbst ein Bein. Die Beteiligten werden verwirrt, und am Schluss ist es schlimmer als zuvor. Wenn entsprechende Optimierungspotenziale identifiziert sind, sollten diese dokumentiert werden und in die Liste der zu übergebenden offenen Punkte einfließen und im Rahmen der Swing- oder Optimizing-Phase aufgegriffen werden.

ITIL-Know-how, Prozess- und Pilotschulungen

Die Grundversorgung mit ITIL-Know-how erfolgt durch eine zielgruppengerechte Ausbildung. Dies sind: ITIL Foundation, ITIL-Überblick oder ein prozessspezifischer Kurzüberblick im Rahmen der jeweiligen Prozessschulung. Die Prozessschulungen umfassen die Vermittlung von ITIL-Basiswissen sowie die Schulung im jeweiligen Prozess bis hinunter auf die Ebene der projekt- bzw. kundenspezifischen Ausprägungen. In einer Pilotschulung wird das Schulungskonzept gemeinsam mit ausgewählten Prozessbeteiligten getestet und anschließend freigegeben. Mehr zu diesen Schulungen lesen Sie im nächsten Abschnitt.

Coaching und Betriebsintegration

Die Tatsache, dass alle Mitarbeiter in den Prozessen geschult worden sind, bedeutet noch lange nicht, dass die Umsetzung bzw. Anwendung dieses theoretisch erworbenen Wissens auch reibungslos funktioniert. Im Lauf der gelebten Prozesse werden sich deshalb noch viele Fragen und Unklarheiten ergeben. Für deren Klärung sind sogenannte Coaches zuständig. Es sind Personen, die herausgehobene Rollen im Prozess bekleiden. Bei einigen Prozessen werden wenige Coaches nötig sein; im Incident Management dagegen sicher erheblich mehr, denn in diesen Prozess sind die meisten Mitarbeiter eingebunden.

Prozess-Workshop

Der regelmäßig stattfindende Prozess-Workshop stellt *die* Kommunikationsplattform für die Prozessverantwortlichen dar. Innerhalb des Projekts werden dort die Ergebnisse der Design-Phase bearbeitet und die Aktivitäten der Implementierungsphase gesteuert. Nach der Übergabe an die Regelorganisation dient der Prozess-Workshop als zentrale Plattform für die Prozess-Governance (s. Kapitel 11). Zudem stellt er das Bindeglied zwischen dem Prozessmanagement und den operativen Prozessrollen dar. Seine Aufgabe ist es, die Prozessstandardisierung sicherzustellen sowie KVP-Maßnahmen zu definieren und zu überwachen.

Enabling-Plan

Der Enabling-Plan als Teil des Implementierungskonzepts ist das zentrale Steuerungselement, mit dem in der Build-Phase die gesamte Aktivitäten- und Terminplanung zur Einführung der ITIL-Prozesse durchgeführt wird. Er ist am sinnvollsten im Intranet zugänglich zu machen – so kann jeder Mitarbeiter nachvollziehen, wann was stattfindet. Die Themen bzw. Maßnahmen des Enabling-Plans sind nach Prozessen gruppiert, jede Maßnahme ist in einer separaten Zeile dargestellt. Mit jeder Maßnahme im Enabling-Plan ist ein Dokument verknüpft, das eine detaillierte Beschreibung der Maßnahme enthält. Als Planungs- und Darstellungswerkzeug kann im Prinzip jede dafür geeignete Software genommen werden. Denken Sie aber daran, dass er in einem Format dargestellt werden muss, der von allen gelesen werden kann.

In diesem Zusammenhang steht folgende Empfehlung:

Beauftragen Sie (abhängig von der Projektgröße) einen Vollzeitmitarbeiter mit der Pflege des Enabling-Plans, der Terminkoordination, der Buchung von Schulungsräumen und der Auswertung von Feedbackbögen und Teilnehmerlisten.

Schulungskonzept

Vorneweg noch einige wichtige Hinweise: Rechnen Sie bei der Planung der Schulungen mit einem erheblichen Umplanungsaufwand. Alle Schulungsteilnehmer werden aus dem Regelbetrieb heraus zu den Schulungen bestellt, d. h. sie haben möglicherweise andere Aufgaben mit höherer Priorität, es gibt Urlaubszeiten, Ausfälle durch Krankheiten etc. Akzeptieren Sie Umplanungen als Normalität (s. auch Kapitel 5). Sie werden häufig mit dem Satz konfrontiert: „Der Regelbetrieb hat Vorrang!"

Wesentlich ist – um es noch einmal zu betonen – die professionelle Durchführung der Schulungen im Hinblick auf die Infrastruktur, Planung, Organisation. Die Auswertung der Feedbackbögen (s. unten) kann hier wertvolle Impulse für eine Optimierung geben.

Kritische Erfolgsfaktoren

Die möglichen Erfolgsfaktoren des Schulungskonzepts sind:

- Berücksichtigung der Standorte der einzelnen Mitarbeiter
- Bündelung von Abteilungen oder Fachbereichen
- Schwerpunktveranstaltungen für Mitarbeiter in speziellen Kundensituationen
- auf Anwesenheit des zukünftigen Process Managers achten
- Zeitpunkt der Schulungen unter der Berücksichtigung der generellen Personalverfügbarkeit (Urlaubsmonate, Feiertage, Jahresabschluss)
- Prozesslücken sind geschlossen, Arbeitsanweisungen (Prozessbeschreibungen Ebene 5) liegen vor
- Prozessschulungen je Prozess zeitlich bündeln; dann sind alle Teilnehmer bzw. Mitarbeiter eines Prozesses schnell auf einem Wissensstand
- Abstimmung des Konzepts mit dem Betriebsrat; er hat viel wertvolle Erfahrung im Bereich Mitarbeiterschulung, die mit einzubeziehen ist
- Infrastruktur/Raumplanung muss funktionieren (s. oben)

ITIL Foundation

Die ITIL Foundation ist ein standardisierter zwei- oder dreitägiger Kurs. Er schließt mit einer Prüfung und einem Zertifikat ab und gibt einen Überblick über alle ITIL-Prozesse, informiert zu Wirtschaftlichkeit und Nutzen von ITIL. Wir empfehlen den Erwerb des Zertifikats für alle entscheidenden Rollenträger eines Prozesses (Process Manager, Process Executives, Process Controller), denn sie müssen in der Lage sein, ITIL in seiner Gesamtheit zu verstehen und die jeweiligen Prozesse nicht nur nachzuvollziehen, sondern auch zu erläutern (Rollenträger übernehmen oft die Rolle eines Coachs, s. oben). Für den Process Manager empfehlen wir die weiterführende Schulung als IT Service Manager.

ITIL-Überblick

ITIL-Überblick richtet sich an Mitarbeiter in Managementfunktionen. Diese Schulung dauert maximal einen Tag und liefert einen kompakten Überblick über die ITIL-Prozesse. Mitarbeiter des Managements müssen in die Lage versetzt werden, die Prozesse zu verstehen. Anders ist kein Commitment von ihnen zu erwarten. Der ITIL-Überblick beinhaltet keine anerkannte ITIL-Zertifizierung.

Prozessschulungen

Um die ITIL-Prozesse in die Regelorganisation zu implementieren, werden die betroffenen Mitarbeiter – nachdem sie idealerweise die ITIL Foundation absolviert haben – in den jeweiligen Prozessen geschult (ca. einen Tag), in denen sie eine Rolle wahrnehmen. Die Mitarbeiter sollen Ziel und Zweck des Prozesses, den Ablauf, die beteiligten Rollen, maßgebliche Schnittstellen und ihre Rollen und Funktionen in den Prozessen verstehen, denn sie müssen diese später „leben".

Die Prozessschulungen sollten bis auf die Prozessschrittebene reichen und sich auf den konkret geplanten Soll-Prozess, abgebildet in unterstützenden Verfahren, beziehen. Während die ITIL-Schulungen noch generisch sind, sind hier die Unternehmensspezifika einbezogen. Praxisrelevanz anhand konkreter Anwendungsfälle wir hier mitvermittelt.

Ein möglicher Ablauf einer Prozessschulung kann so aussehen:

- Hintergrund und Zielsetzung der Schulung
- Vorstellung des Projekts
- Vorteile für das Unternehmen
- Prozessspezifischer ITIL/Kurzüberblick
- Darstellung der (Prozess-)Organisation
- Wesentliche Abweichungen zum bisherigen Prozess
- Rollenspiel und Übungen im Verfahren
- Überblick über die relevante Dokumentation
- Ansprechpartner, nächste Schritte im Projekt

Feedbackbögen

Die Feedbackbögen dienen zwei Zwecken. Zum einen ermöglichen sie, die Schulungen besser an die Anforderungen der Teilnehmer anzupassen und Schulungsmethoden generell zu optimieren etc. Zum anderen kann man anhand der Feedbackbögen eine Statistik führen, die dokumentiert, wer an den Schulungen teilgenommen hat und wer nicht. Bestandteil des Feedbackbogens können folgende Punkte sein:

- Allgemeiner Gesamteindruck
- Bewertung des Referenten (in Bezug auf dessen Kompetenz, Präsentationsfähigkeit,

Vorgehensweise, Ausgewogenheit zwischen Theorie und Praxis)
- Bewertung der Schulungsdokumentation
- Organisation im Vorfeld und während der Schulung; Bewertung der Infrastruktur
- Verbesserungsvorschläge der Teilnehmer

> **Pflegen Sie eine Statistik, in der erfasst ist, wer wann an den Schulungen teilgenommen hat und wie die jeweilige Schulung von den Teilnehmern bewertet wurde.**

Übergabe an den Regelbetrieb

Die Prozesse werden gemäß dem Implementierungskonzept im Hinblick auf die Verantwortung sukzessive übergeben. Wichtig sind dabei drei Meilensteine.

- **Start der Implementierung**: Nach der Erstellung und Abnahme der Schulungsunterlagen und der Einweisung der Coaches (im Rahmen einer Pilotschulung) ist die Betriebsorganisation bereit für die Implementierung. Dies wird gemeinsam von Cluster-Verantwortlichem, Process Executive und Process Manager zu diesem Termin verabschiedet.
- **Start Customer Pilot:** Nach Abschluss der Schulungsmaßnahmen kann der Prozess gestartet werden. Das kann ebenfalls prozessspezifisch zu unterschiedlichen Zeitpunkten geschehen. Entscheidend ist, dass zu diesem Zeitpunkt die Prozessrollen soweit geschult sind, dass der Prozess ablauffähig ist. Im Zuge dessen erfolgt die sukzessive Übergabe der Prozessverantwortung und damit die Entlastung des Cluster-Verantwortlichen aus dem Projekt. Beteiligt an diesem Meilenstein sind der Cluster-Verantwortliche, der Process Manager und die Process Executives.
- **End of Project:** Den dritten Meilenstein stellt schließlich die finale Übergabe an den Process Manager dar. Der Cluster-Verantwortliche übergibt alle Unterlagen an den Process Manager des jeweiligen Prozesses und beendet seine Tätigkeiten für diesen Prozess. Alle Verantwortung liegt jetzt bei den jeweiligen Rollen innerhalb der Prozesse. Zum anderen besagt dieser Qualifizierte Meilenstein aber auch: Das Projekt ist zwar nicht mehr in der Verantwortung, aber das ist noch lange nicht das Ende. Bis zu diesem Punkt wurde ein gewisser Reifegrad erreicht, aber noch lange nicht der bestmögliche. Die Sicherung der Projektergebnisse kann erst nach diesem Punkt geschehen, und darum geht

es in der nächsten Phase, der Swing-Phase: um die Sicherung und Verbesserung des bisher Erreichten. Es geht darum, die Prozesse mit Leben zu füllen.

In unserem Implementierungskonzept (s. Grafik oben) können Sie die einzelnen Meilensteine nachvollziehen.

Aus der folgenden Tabelle geht hervor, für welche Bereiche die einzelnen Rollen zunächst im Projekt verantwortlich sind.

	Projekt-leitung	Cluster-Verantwort-licher	Process Quality Management	Process Executive	Process Manager
Identifikation Prozesslücken		B		V	B
Dokumentation Prozesslücken		B		V	B
Schließen der Prozesslücken				V	B
Verbesserung Umsetzungsqualität				V	B
Grundversorgung ITIL-Know-how		V			
Pilotschulung		V		B	B
Train the Trainer		V		B	
Prozessschulungen		V		B	
Coaching und Betriebsintegration				V	B
Projektmanagement, Qualitätssicherung	V		V (QM)		
Prozess-Workshops, Kommunikation			B	B	V
Abstimmung mit anderen Prozessen	B		B		V

Tabelle 17: Verantwortlichkeiten bei der Implementierung

Durch die Projektmitarbeiter wird zwar eine fachliche Expertise eingebracht, die Verantwortlichkeit sollte jedoch nach Möglichkeit beim Process Manager sein – so ist Akzeptanz,

Mitwissen und aktive Mitarbeit gewährleistet. Die rechtzeitige Integration der Organisation in das Projekt ist ein wichtiger Erfolgsfaktor.

Iterativer Übergang statt Übergabe zu einem Stichtag

Wie schon erwähnt: Der Übergang der Prozesse in den Regelbetrieb erfolgt sukzessive durch die kontinuierliche Übergabe der Verantwortung an die Regelorganisation.

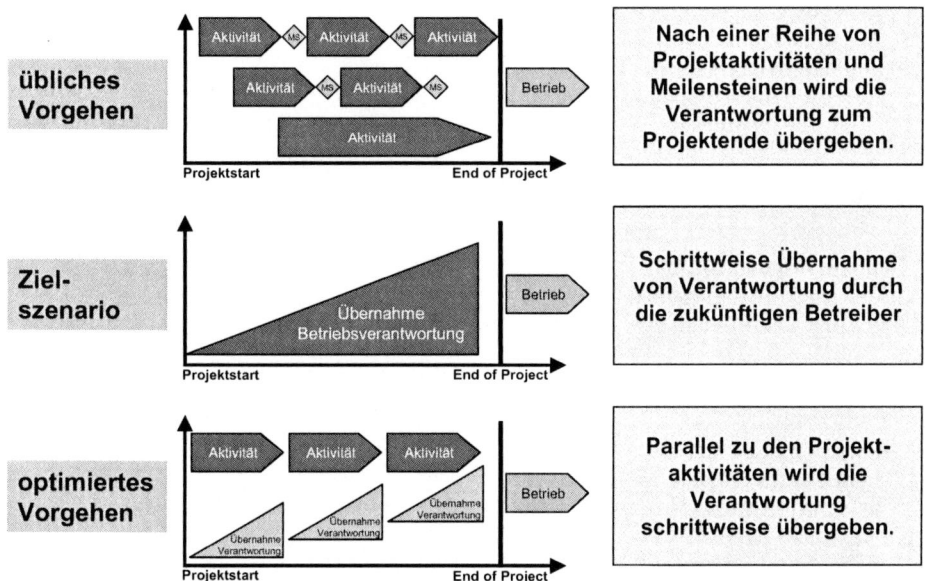

Abbildung 50: Iterativer Betriebsübergang

Konkrete Maßnahmen zur Übernahme der Verantwortung können beispielsweise folgende sein:

- im Hinblick auf die **Rollen**: Definition und Vergabe von Kompetenzen für Schlüsselrollen; Definition und Abschluss von „Rollenverträgen" (Vereinbarungen oder Arbeitsplatzbeschreibungen, in denen die Aufgaben und Kompetenzen der Rollen genau festgeschrieben sind)
- im Hinblick auf die **Kommunikation**: Moderation der Prozess-Workshops, Terminierung der Regelkommunikation (s. „Prozess-Governance"), Durchführung noch anste-

hender Schulungen

- im Hinblick auf die **Prozess-Governance**: regelmäßiger Statusbericht an den Process Owner, Review/Definition der KPIs, Übernahme und Bearbeitung der offenen Punkte aus dem Projekt sowie Übernahme der Verantwortung für die Betriebsmatrix
- im Hinblick auf das **Prozessbewusstsein**: Schulung des Vertriebs, Informationsveranstaltungen auf Führungsebene, Kick-offs zur prozessorientierten Organisation

Die zeitliche Abfolge der Maßnahmen zum Betriebsübergang ist in folgender Grafik dokumentiert:

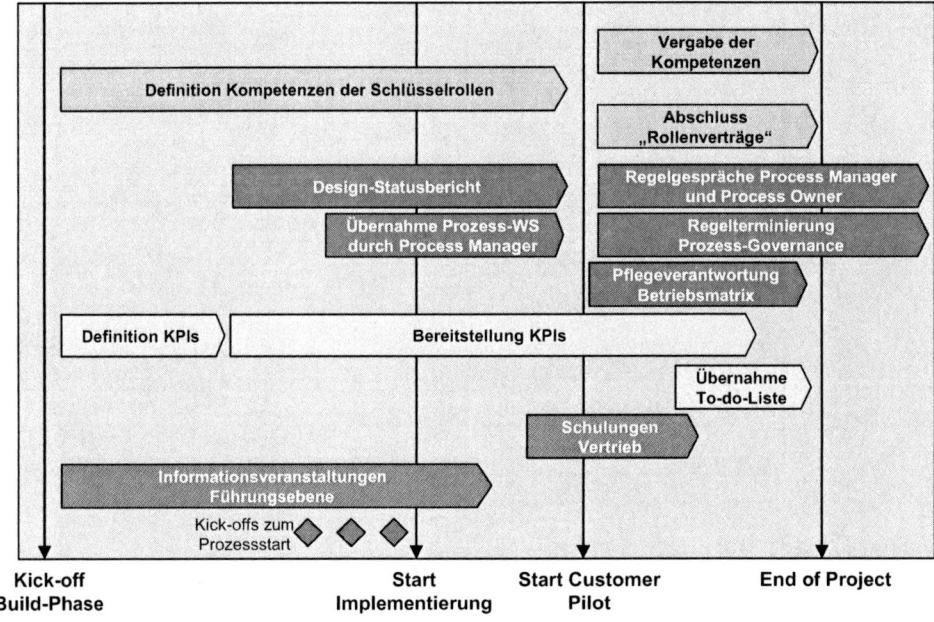

Abbildung 51: Zeitlicher Ablauf der Maßnahmen zum Betriebsübergang

Fazit

Die Build-Phase ist im Vergleich zu den vorhergegangenen Phasen durch einen erhöhten personellen und finanziellen Aufwand gekennzeichnet. In der Organisation wird die Prozesseinführung sicht- und spürbar. Nach einem Kick-off wird das Implementierungskonzept mit seinen wesentlichen Bestandteilen – Identifikation und Schließen der Prozesslücken, Grundversorgung ITIL-Know-how, Coaching und Betriebsintegration, Prozess-Workshop, Enabling-Plan – umgesetzt. Alle betroffenen Mitarbeiter werden in ITIL und in den Prozessen geschult, in denen sie später arbeiten werden. Die Verantwortung für die Prozessse geht nach und nach in den Regelbetrieb über. Die Projektmitarbeiter übergeben sukzessive ihre Verantwortung für die Prozesse.

> *Unser Implementierungskonzept beruht im Wesentlichen darauf, dass die Regelorganisation sehr früh Verantwortung übernimmt – so viel wie möglich.*

11. *Swing-Phase*

Für die Swing-Phase gibt es keine spezielle Vorgehensweise mehr – wie beispielsweise in der Analyse- oder Design-Phase –, sondern Methoden und Hilfsmittel, die relativ unabhängig von der Reihenfolge eingesetzt werden können. Einzig der Kick-off findet wie gewohnt am Anfang dieser Phase statt. Diese Methoden und Hilfsmittel dienen alle einem Ziel: die Prozesse nach der Übergabe in den Regelbetrieb mit Leben zu füllen und zu stabilisieren. Dies wird maßgeblich dadurch erreicht, dass die Entwicklung der Prozessqualität gemessen und berichtet werden kann und im Rahmen einer etablierten Prozess-Governance überwacht und gesteuert wird. Außerdem gehört die Optimierung der Betriebsmatrix zu den wesentlichen Aktivitäten.

Folgende Punkte sind also in der Swing-Phase relevant: Kick-off, Prozess-Governance, Betriebsmatrix und KPIs. Den Beginn der Swing-Phase markiert dabei der Qualifizierte Meilenstein End of Project (EoP).

Steckbrief Swing-Phase

Ziele/Nutzen:

- Stabilisierung der Prozesse im Regelbetrieb
- Begleitung des erfolgreichen Wandels der Organisation
- Messung der Entwicklung der Prozessqualität
- Vorbereitung der Organisation auf mögliche Zertifizierungen (optional)

Input:

- Prozessdokumentation, Schulungsunterlagen, Teilnahmelisten der Schulungen
- Übergabechecklisten und offene Punkte aus dem Projekt
- definierte KPIs und weitere Kennzahlen

- veröffentlichte Betriebsmatrix

Aktivitäten:

- Definition und Einführung der Prozess-Governance
- Definition, Messung und Reporting von KPIs
- Glättung und Optimierung der Betriebsmatrix
- internes Prozessaudit anhand von Analysemethoden
- Schließung von Prozesslücken
- Abarbeitung der Liste offener Punkte

Output:

- Governance-Struktur und -Kalender
- Reports und Kennzahlen
- optimierte Betriebsmatrix
- Auditergebnisse
- optimierte Prozessdokumentation

Beteiligte:

- Schlüsselrollen der Prozessorganisation

Methoden, Verfahren, Hilfsmittel:

- Schulungsunterlagen
- KPI-Definitionen und -Messverfahren
- Prozessdokumentationen
- Methoden aus Analyse-Phase (z. B. PD 0015, Fragenkatalog, Quick Assessment)

Mögliche Quickwins:

- Regelorganisation identifiziert sich stärker mit den Rollen
- geregelte Prozesskommunikation
- Vorbereitung auf Zertifizierung

Kritische Erfolgsfaktoren:

- Implementierung und Reporting der wesentlichen KPIs
- erfolgreicher Übergang zur Prozessorientierung (Prozessbewusstsein und -kompetenz)
- Leben der Prozess-Governance
- Commitment des Managements

Zusammenfassung: Die Swing-Phase dient der Sicherung der Nachhaltigkeit des Projekter-folges, indem die erarbeiteten Projektergebnisse in den Regelbetrieb überführt werden. Die Projektorganisation ist aus der Verantwortung entlassen; diese wird jetzt von den Prozessrol-lenträgern wahrgenommen und im Zuge der Swing-Phase können sie sich diverser Hilfsmit-tel bedienen. Die Messung der Prozessqualität wird anhand von KPIs vorgenommen. Die Prozess-Governance gewährleistet, dass zwischen den Führungsgremien und den ausführen-den Rollenträgern im Prozess eine permanente geregelte Kommunikation stattfindet.

Kick-off

Die Kick-off-Veranstaltung der Swing-Phase unterscheidet sich insofern von den Kick-offs der anderen Phasen, als sie von den Führungskräften selbst durchgeführt wird. Die Füh-rungskräfte des Unternehmens oder der Abteilung geben an ihre Mitarbeiter das Signal, dass sie hinter den Ergebnissen des Projekts stehen und diese konsequent weiterentwickeln. Be-standteile der Agenda können sein:

- Überblick über die Ergebnisse des Projekts und der erfolgten Übergabe an den Regelbe-trieb und somit Verdeutlichung des Verantwortungsübergangs
- Konsequenzen und Auswirkungen des prozessorientierten Rollenmodells auf die Organi-sation
- Überblick über weitere Maßnahmen zur Optimierung der Prozesse und Weiterentwick-lung der Organisation (KPIs, Prozess-Governance etc.)

Gefahren und kritische Erfolgsfaktoren, denen in dieser Veranstaltung besonderer Raum zukommen sollte, sind:

- Mehrfachzuständigkeit bei Entscheidungen als Folge der neuen Prozessorganisation (Aufbau- vs. Ablauforganisation) birgt die Möglichkeit von Konflikten; zudem besteht dadurch erhöhter Kommunikations- und Koordinationsaufwand.

- Die an einem Prozess beteiligten funktionalen Linienmanager (Abteilungsleiter) müssen die Prozesssicht auch in ihren Führungsentscheidungen berücksichtigen.
- Empfehlenswert ist es, ein Eskalations- bzw. Schlichtungsgremium zu etablieren.
- Verbindliche Prozessziele müssen an den Process Manager kommuniziert werden.

Prozess-Governance

Die Prozess-Governance gewährleistet, dass innerhalb der Prozessführungsebenen (vom Process Owner bis zu den operativen Rollen im Prozess) eine permanente geregelte Kommunikation stattfindet, und zwar mit Fokus auf der Prozesssteuerung und -optimierung. Die Prozess-Governance ist in Form von Meetings organisiert, die

- in bestimmten Zyklen,
- mit festgelegten Teilnehmern,
- mit festgelegten Input- und Output-Parametern und
- anhand festgelegter Agenden

stattfinden. Sie bilden somit die Grundlage zur Steuerung der Prozesse und die Basis zur Optimierung der Prozessqualität. Streng genommen gehören zur Prozess-Governance außer der erwähnten geregelten Kommunikation auch die Betriebsmatrix (Zuordnung von Rollen und Verantwortlichkeiten) und die KPIs (Definition sowie das Reporting von Messwerten); denn diese sind grundlegende Instrumente für die Ausübung der Prozess-Governance. (Zu Betriebsmatrix und KPIs s. die nächsten beiden Abschnitte.)

Die Prozess-Governance steuert die Prozesse vom Process Owner über den Process Manager bis hin zur operativen Ebene. Sie gewährleistet folgende Punkte:

- Qualität- und Kostenentwicklung eines Prozesses werden gemessen und berichtet.
- Die Ziele des Process Owners werden bis hinunter auf die operative Ebene kommuniziert. Andererseits werden Informationen über wichtige Entwicklungen und Ereignisse aus dem gelebten Prozess wieder in die Führungsebene getragen.
- Informationen über den Ablauf der Prozesse fließen in deren Optimierung mit ein.
- Falls sich Änderungen an den Prozessrahmenbedingungen (Verträge, Normen, Policies) ergeben, werden diese bis hinunter auf die operative Ebene mitgeteilt und in die Prozesse eingearbeitet.

Diese Aktivitäten sind zur Umsetzung einer Prozess-Governance erforderlich:

- Gestaltung und Organisation der einzelnen Meetings (Identifizierung, Information und Einladung der Teilnehmer; Erstellung von Aktivitätenlisten, Protokollen; Ablage)
- regelmäßige Erstellung des Statusberichts an den Process Owner
- Bereitstellung der KPI-Reports (s. nächster Abschnitt)
- Teilnahme an Meetings des Regelbetriebs, um einerseits über wichtige Ereignisse und Entwicklungen in der Organisation informiert zu sein und andererseits Informationen aus dem Prozessmanagement zu kommunizieren
- Abstimmung mit laufenden Projekten
- Terminplanung für alle Meetings in einem sogenannten „Governance-Kalender" (dieser Kalender sollte immer eine komplette Jahresplanung beinhalten)

Die Teilnahme an den Meetings der Prozess-Governance sollte für alle Eingeladenen zur Pflicht erhoben werden. Wenn keine Teilnahme möglich ist, muss ein Vertreter abgeordnet werden.

Das Governance Framework

Zur Regelkommunikation, die die Prozess-Governance darstellt, gehören wie erwähnt unterschiedliche Meetings. In der folgenden Grafik finden Sie ein Beispiel dafür, welche das sind, wer für das jeweilige Meeting verantwortlich ist, wer teilnimmt und in welchem Rhythmus die Meetings stattfinden können. Außerdem wird daraus ersichtlich, in welcher „Beziehung" die Meetings zueinander stehen, also welche Inputs bzw. Outputs das eine Meeting vom anderen erhält bzw. liefert.

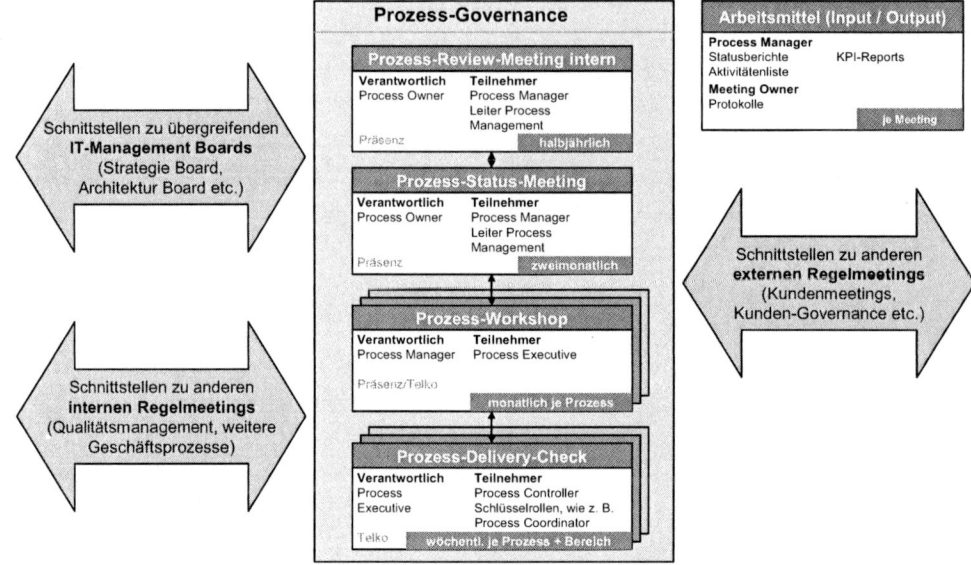

Abbildung 52: ITSM Governance Framework

Eine maßgebliche Rolle unter den Meetings spielt der Prozess-Workshop. Er stellt die Kommunikations- und Arbeitsplattform des Prozesses dar. Er ist weniger als ein Meeting, sondern vielmehr als ein Gremium einzustufen, das die Verbindung vom Management der Prozesse (Rollen am Prozess) zur operativen Ebene (Rollen im Prozess) sicherstellt und dessen Aufgabe es ist, den Prozess zu optimieren und weiterzuentwickeln. Weiterhin gehört zu seinen Aufgaben:

- Sicherstellung der Prozessstandardisierung
- Definition und Überwachung von KVP-Maßnahmen

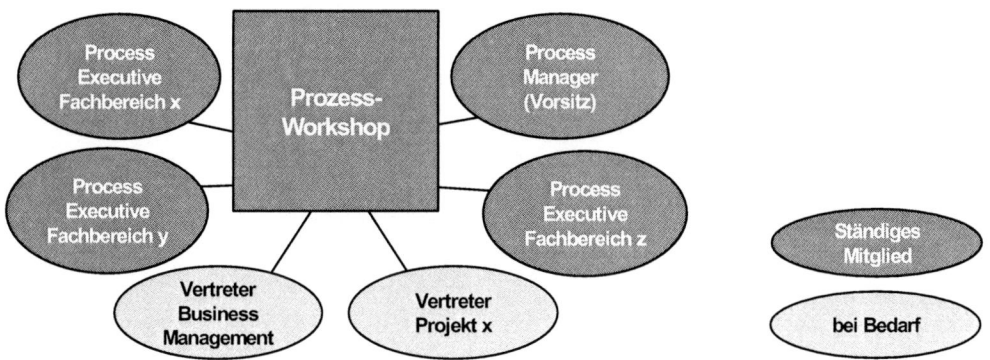

Abbildung 53: Rollen im Prozess-Workshop

So kann ein Steckbrief für den Prozess-Workshop aussehen:

Agenda	• Bericht Process Manager • Check Status des Prozesses • Prozessstabilitätskennzahlen • KPIs • Bericht Teilnehmer • weitere Schritte
Input	• letztes Protokoll • Aktivitätenliste • Anforderungen aus Prozess-Status-Meeting • KPI-Report • Prozessstabilitätskennzahlen
Output	• Protokoll • aktualisierte Aktivitätenliste • Statusbericht • aktualisierte Prozessstabilitätskennzahlen
Teilnehmer	• Process Manager • Process Executive • bei Bedarf Process Controller

Frequenz, Ort, Dauer	• monatlich je Prozess, Präsenz (ggf. Telko), 3 Stunden
Inhalt	• Durchsprache des letzten Protokolls • Status der Aktivitätenliste • KPI-Report • Prüfung und Anpassung der Prozessstabilitätskennzahlen • Bericht der Teilnehmer zu: Ergebnisse/Erkenntnisse aus den Prozess-Delivery-Checks; Umsetzung von Anforderungen in den Segmenten • neue Anforderungen/Anfragen aus dem Prozess-Status-Meeting

Tabelle 18: Steckbrief Prozess-Workshop

Betriebsmatrix

Die Betriebsmatrix muss spätestens jetzt im gesamten Unternehmen publiziert werden. Dies kann im Zuge einer Intranet-Anwendung geschehen, die allen Mitarbeitern zugänglich ist. Zuständig für deren Pflege sind jedoch nur die Process Manager.

Im Rahmen der Design- und Build-Phase wurde die Betriebsmatrix entworfen, teilweise – und das gilt besonders für die Build-Phase – unter sehr hohem Druck. Möglicherweise wurden dadurch Mitarbeiter bestimmten Rollen zugeordnet, die unter Umständen passender oder geeigneter zu besetzen sind. Manche Mitarbeiter erhielten mehr Rollen zugeordnet als andere. Manche Aufgaben wurden in Rollen zusammengefasst, obwohl sie gar nicht zueinander passen, bzw. besser auf andere Rollen verteilt werden sollten. Die Zuordnung ist in diesen Phasen auch für die Organisation nicht transparent: Man kann zwar nachlesen, wer welchen Rollen zugeordnet ist. Welche Konsequenzen das für den täglichen Ablauf, für den lebenden Prozess hat, ist zu diesem Zeitpunkt noch nicht absehbar. Im Laufe der Build-Phase und vor allem in der Swing-Phase, in der die Rollenträger anfangen, aktiv mit und in den Prozessen zu arbeiten, beginnt also eine gewisse Optimierung, und die Matrix wird verifiziert. Die Betriebsmatrix unterliegt dadurch ständigen Änderungen. Die Optimierung sollte jedoch so bald wie möglich in der Swing-Phase abgeschlossen sein und einen stabilen Zustand erreichen.

KPIs

In der Betriebswirtschaftslehre bezeichnet der Begriff KPI (**K**ey **P**erformance **I**ndicator) die Kennzahlen, mit denen innerhalb einer Organisation der Fortschritt oder der Erfüllungsgrad in Bezug auf Zielsetzungen oder kritische Erfolgsfaktoren gemessen bzw. ermittelt werden kann. In unserem Fall dienen sie dazu, die Entwicklung der Prozessqualität zu messen und sind für Erreichung des Reifegrads 3 (nach SPICE) eines Prozesses erforderlich.

Beispiele für KPIs für den Prozess Incident Management sind:

- Anstieg der Zahl der Incidents, die im First Level gelöst werden
- Reduzierung der durchschnittlichen Zeit, in der Incidents gelöst werden
- Rückgang der Kosten im Incident Management
- Reduzierung der Zeit, die ein User warten muss, bis er eine Reaktion vom Service Desk erhält

KPIs, SLAs und Betriebskennzahlen

Die Definition der KPIs überschneidet sich jedoch teilweise mit den Definitionen von Betriebskennzahlen und Service Level Agreements:

Mit Betriebskennzahlen wird quantitativ, objektiv und reproduzierbar eine Größe gemessen, die Aussagen bezüglich der Leistung eines Systems möglich macht. Wichtig ist dabei, dass die Kennzahlen zu einem bestimmten Stichtag oder für einen bestimmten Zeitraum ermittelt werden. Kennzahlen dienen u. a. der Überwachung und operativen Steuerung beispielsweise eines Prozesses. Nur anhand der Kennzahlen kann objektiv überprüft werden, welche Maßnahmen zur Verbesserung der Ergebnisse wirksam sind.

Service Level Agreements wiederum halten in Form von Verträgen mit dem Kunden nicht nur fest, welche Rechte und Pflichten die Parteien – Kunde und Dienstleister – haben, sondern regelt auch, welche Qualität der zu erbringende Service haben muss. Sie spiegeln die Erwartungen des Kunden bezüglich der zu erreichenden Prozessqualität wider (Schwellwertbetrachtung). Der Kunde ist hier in seinen Wünschen recht frei, solange die SLAs messbar sind.

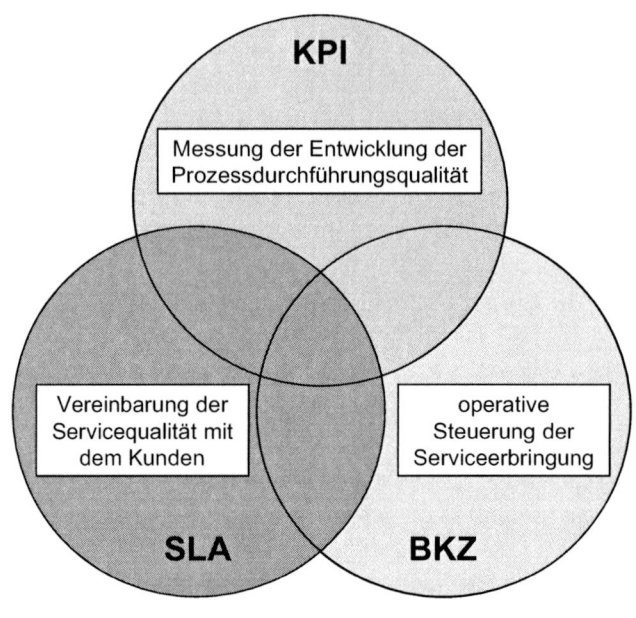

KPI = Key Performance Indicator   SLA = Service Level Agreement   BKZ = Betriebskennzahl

Abbildung 54: Abgrenzung SLA/KPI/BKZ

Kennzahltyp	Zielgruppe	Thema	Quelle/Verantwortung
Service Level	Kunde	Vereinbarung zur Servicequalität	Verträge/SLA
Key Performance Indicator	Process Owner und Process Manager	Messung der Prozessqualität	Definition im Rahmen der Prozess-Governance
Betriebskennzahl	Führungskräfte der leistungserbringenden Einheiten	Steuerung der Leistungserbringung	Jeweiliger Bereich des Regelbetriebs

Tabelle 19: Abgrenzung SLA, KPI, BKZ

Festlegung von KPIs

KPIs haben folgende Eigenschaften:

- prozesszielbezogen (und wenig durch andere Prozesse beeinflussbar)
- messbar
- beeinflussbar
- eindeutig
- reproduzierbar
- realistisch

> *KPIs müssen in jedem Fall prozessbezogen und messbar sein, und zwar mit bereits vorhandenen Mitteln. Beschränken Sie sich bei deren Festlegung auf wenige KPIs, die leicht zu messen und berichten sind.*

Bei der Festlegung der KPIs sollten Sie sich gedanklich noch einmal in die Design-Phase versetzen: Von den Design-Kriterien (z. B. maximale Qualität, hohe Geschwindigkeit oder niedrige Kosten) können Sie auf die Vorgaben für die KPIs schließen, indem Sie sich noch einmal vor Augen halten, welche drei bis fünf wesentlichen Indikatoren den Grad der Stabilität der Prozesse anzeigen. Gestalten Sie „Ihre" KPIs also so, dass sie auf die Leistungsmerkmale des jeweiligen Prozesses einwirken. Wertvolle Anregungen gibt hier im Übrigen COBIT (s. Kapitel 13).

Ein konkretes Beispiel dazu: Im Rahmen des Change Managements wird in der Regel die Anzahl der eingebrachten Changes ermittelt. Das allein ist noch kein KPI (es ist eine Betriebskennzahl); denn diese Zahl ist durch diesen Prozess überhaupt nicht beeinflussbar. Gleichwohl dient sie als Basis für die KPIs. Denn wird die Anzahl der eingebrachten Changes ins Verhältnis gesetzt zu der Anzahl Changes, die innerhalb des Prozesses dann tatsächlich abgearbeitet und nicht abgelehnt werden (weil die Eingangskriterien möglicherweise nicht erfüllt sind), ist das ein KPI: Er zeigt an, wie viele Changes aufgrund mangelnder Qualität der Eingangsparameter zurückgegeben werden. Hier wird Optimierungspotenzial bei der Initiierung von Changes identifiziert. Setzt man die Anzahl der tatsächlich abgearbeiteten Changes in Relation zur Anzahl der fehlerhaft durchgeführten Changes, ist auch das ein KPI: So lässt sich feststellen, wie gut der Prozess bezüglich der Qualitätssicherung arbeitet.

Die Herausforderung besteht also darin, unter Hunderten möglicher KPIs diejenigen herauszuarbeiten, die für die jeweilige Prozessorganisation und deren Optimierung hilfreich und notwendig sind.

Kritische Erfolgsfaktoren bei der Festlegung von KPIs sind:

- Erhebung von drei bis vier KPIs pro Prozess
- Festlegung der KPIs zunächst auf Basis der aktuellen Datenbestände, die für diesen Prozess relevant sind. Im zweiten Schritt werden Daten miteinbezogen, die bis dahin noch nicht gemessen wurden, aber grundsätzlich messbar sind. Erst in einem dritten Schritt werden dann Daten hinzugezogen, die bisher noch nicht gemessen werden konnten.
- für jeden Prozess wird ein einheitlicher KPI-Report erstellt (s. nächster Abschnitt).

KPIs messen nicht die Quantität von Aktivitäten, sondern die Qualität, die Güte eines Prozesses anhand von zwei Werten, die ins Verhältnis zueinander gesetzt werden können.

KPI-Reports

Ein KPI-Report je Prozess besteht aus einer Tabelle mit historischen Daten, Grafiken der drei bis vier wesentlichen KPIs und Aussagen zum Prozessstatus hinsichtlich der Prozessstabilitätskennzahl.

Folgendes kann Inhalt eines KPI-Reports sein

- Übergreifende Sichten:
    - o durchschnittlicher Prozessreifegrad
    - o Reifegradbewertung aller Prozesse (Ergebnis)
    - o Ampelstatus aller Prozesse

- Darstellungen pro Prozess:
    - o KPI-Datenblatt
    - o KPI-Diagramme
    - o Reifegradbewertung des Prozesses (Detail)

o   Prozessstatus

o   Ampelstatus

o   aktuelle Aktivitäten

o   anstehende Aktivitäten

o   kritische Punkte

In der nächsten Tabelle bzw. Grafik sind ein Beispiel für die Datenübersicht eines KPI-Reports und für ein entsprechendes Diagramm abgebildet.

Prozess: Incident Management **Stand: 2006**							
KPI	Einheit	Bereiche	Soll	KW 44	KW 45	KW 46	Durch-schnitt
Erstlösungsrate	Prozent	Bereich 1	70	65	66	68	~66
		Bereich 2	70	71	79	72	74
		Durch-schnitt	70	68	72,5	70	~70
Lösungsrate 2nd Level	Prozent	Bereich 1	85	86	87	85	86
		Bereich 2	85	84	85	84	~84
		Durch-schnitt	85	85	86	84,5	~85
SLA-Verletzungen während der Bearbeitung	Prozent	Bereich 1	5	5	4	0	3
		Bereich 2	5	4	3	2	3
		Durch-schnitt	5	4,5	3,5	1	3
Durchlaufzeit pro Organisationseinheit	Stunden	Bereich 1	4,5	4,4	4,3	3,2	3,9
		Bereich 2	4,5	2,8	3,0	3,1	2,9
		Durch-schnitt	4,5	3,6	3,6	3,15	3,4
Tickets pro Organisationseinheit	Stück	Bereich 1	1.000	1.100	1.100	900	1.033
		Bereich 2	1.000	800	850	890	846
		Durch-schnitt	1.000	950	975	895	940
		Summe	2.000	1.900	1.950	1790	5640
durchschnittliche Anzahl der Weiterleitungen („Tickettourismus")	Prozent	Bereich 1	80	77	80	81	~79
		Bereich 2	80	82	85	91	86
		Durch-schnitt	80	79,5	82,5	86	~83

Tabelle 20: KPI-Report, Beispiel Datenblatt

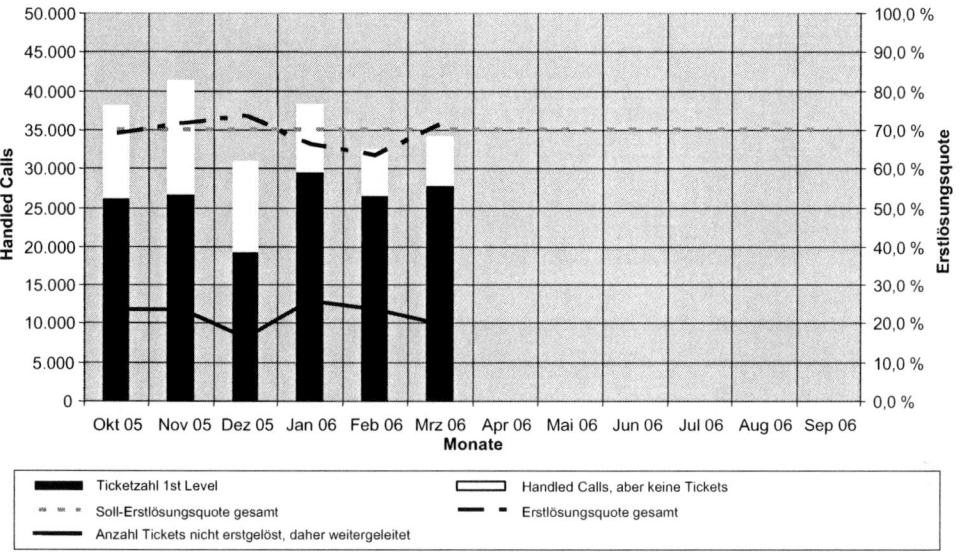

Abbildung 55: KPI-Report, Beispiel Diagramm

Fazit

In der Swing-Phase werden die Prozesse sukzessive optimiert. Dies geschieht anhand folgender Punkte:

- Es wird eine Prozess-Governance installiert, die im Rahmen einer geregelten Kommunikation zwischen Prozessführungsrollen und operativen Rollenträgern dafür sorgt, dass die Prozesse mit Leben gefüllt und optimiert werden.
- Die Betriebsmatrix wird geglättet und optimiert.
- Anhand von KPIs wird die Prozessqualität objektiv und aussagekräftig.
- Zum Abschluss der Phase wird noch einmal eine Standortbestimmung jedes Prozesses anhand einer Reifegradbewertung durchgeführt.

12. *Optimizing- und Self-Optimizing-Phase*

In dieser Phase geht es darum, die implementierten ITIL-Prozesse in ein Stadium zu bringen, in dem sie sich quasi selbst optimieren – wobei es natürlich die Menschen sind, die einen Prozess optimieren. Einen sich selbst optimierenden Prozess erhält man immer dann, wenn die Personen, die im und am Prozess arbeiten, proaktiv und mit unterschiedlichen Hilfsmitteln bzw. Methoden diesen Prozess umstellen, justieren, neu ausrichten oder optimieren. Die Optimierung wird von innen heraus angestoßen: das Kennzeichen einer selbstlernenden Organisation. Für diese Phase gibt es in unserem Framework keine lineare Vorgehensweise mehr: Es geht vielmehr darum, die unten beschriebenen Methoden (bzw. eine davon oder eine Kombination aus den einzelnen Methoden) anzuwenden und sich so Schritt für Schritt einem selbstoptimierenden Prozess anzunähern.

Das Optimizing ist dabei durch eine reaktive Herangehensweise gekennzeichnet, d. h. auf bestimmte „Schieflagen" in einem Prozess (auftretende Probleme, nicht erreichte Vorgaben etc.) wird reagiert. Dazu stellen wir Ihnen eine Methode vor, die „Fünfmal-Warum-Methode". Das Self-Optimizing dagegen ist von einer proaktiven Herangehensweise gekennzeichnet, d. h. durch bestimmte Methoden und Hilfsmittel wird die stetige Verbesserung von Prozessen erreicht, und das bereits *vor* dem Auftreten von Problemen. Hierzu geben wir Ihnen einen kurzen Überblick über einige gängige Methoden: ITIL: Continuous Service Improvement Programme, Betriebliches Vorschlagswesen, KVP (Kontinuierlicher Verbesserungsprozess), Six Sigma, TQM (Total Quality Management), PDCA (Plan – Do – Check – Act), EFQM (European Foundation for Quality Management) sowie Juran und Crosby.

Steckbrief Optimizing- und Self-Optimizing-Phase

Ziele/Nutzen:

- Erreichung des Stadiums eines sich selbst optimierenden Prozesses (Reifegrad 5 nach SPICE)

Methoden, Verfahren, Hilfsmittel:

- KPI-Reports
- Fünfmal-Warum-Methode aus dem Kaizen
- ITIL: Continuous Service Improvement Programme
- Betriebliches Vorschlagswesen
- KVP
- Six Sigma
- TQM, PDCA und EFQM, Juran und Crosby

Optimizing: reaktive Methode

Auf Basis der in der Swing-Phase erstellten KPI-Reports lässt sich sehr schnell feststellen, dass ein Prozess nicht die vorgegebenen Ziele erreicht. Welche Möglichkeiten haben die Personen, die im und am Prozess arbeiten, im Rahmen der Prozess-Governance, Maßnahmen zur Prozessoptimierung zu eruieren? Wir schlagen Ihnen dafür folgendes Vorgehen vor:

- **Problemidentifizierung und Zieldefinition:** Aufgrund der KPI-Reports oder Beobachtungen wird festgestellt, dass zum Beispiel die Quote der fehlgeschlagenen Changes zu hoch ist. Das Problem sollte in einem Satz beschrieben werden: „Die Quote der fehlgeschlagenen Changes ist zu hoch." Ebenso sollte das (realistische) Ziel in einem Satz vorgegeben werden: „In einem Zeitraum X wird die Quote der fehlgeschlagenen Changes auf YZ reduziert sein."
- **Ursachenidentifizierung:** Nun geht es darum, die Ursachen des Problems auszumachen. Wir greifen dazu auf ein Instrument aus dem Kaizen[25] zurück: die „Fünfmal-

---

[25] Das Kaizen (jap. für „Veränderung zum Besseren") ist ein Management-Tool oder -Konzept, das die kontinuierliche Verbesserung von Prozessen unter Einbeziehung aller Mitarbeiter umfasst. Der Fokus liegt auf der Steigerung der Qualität von Prozessen und Produkten. Die Wurzeln des Kaizen reichen bis

Warum-Methode". Es geht darum, durch genaues Nachfragen herauszufinden, wo die eigentliche Ursache eines Problems liegt. Ein Beispiel dafür:

1. Warum ist die Serverfarm einen Tag ausgefallen? Weil ein Update fehlgeschlagen war und die Maschinen neu aufgesetzt werden mussten.

2. Warum ist das Update fehlgeschlagen? Weil zwei aufgespielte Programmteile nicht mit der Hardwareversion kompatibel waren.

3. Warum waren sie nicht kompatibel mit der Hardwareversion? Weil in der Testumgebung eine andere Hardware installiert ist und es daher dort nicht bemerkt wurde.

4. Warum ist die Testumgebung nicht mit der Produktionsumgebung identisch? Weil beim letzten Change die Testumgebung nicht berücksichtigt wurde.

5. Warum wurde die Testumgebung beim Change nicht beachtet? Weil in der Checkliste für die RfC-Umsetzung kein Eintrag dafür vorhanden ist.

Wenn Sie die erste Warum-Frage stellen, bekommen Sie wahrscheinlich mehrere Antworten. Schreiben Sie diese auf Karten und heften Sie sie an eine Pinnwand. Verfolgen Sie nun durch die weiteren Warum-Fragen jeden einzelnen der Stränge, um dem Problem auf den Grund zu gehen. Für das oben dargestellte Beispiel könnte ein zweiter Strang von der ersten Frage „Warum hat das Wiederaufsetzen der Server so lange gedauert?" ausgehen.

Geben Sie sich nie mit nur einer Antwort zufrieden, achten Sie darauf, dass Sie zu jedem Problem fünf Warum-Fragen stellen. Achten Sie ebenso darauf, dass keine Schuldzuweisungen erfolgen!

• **Lösungsidentifizierung:** Teilen Sie nun Ihre Rollenträger im und am Prozess und sonstige Stakeholder des Prozesses in kleinere Teams von zwei bis drei Mitarbeitern auf und lassen Sie in diesen Teams im Rahmen eines Brainstormings Lösungsvorschläge für die zuvor definierten Problemursachen erarbeiten. Nach dem Brainstorming sollen die Teams die Vor- und Nachteile ihrer Lösungen dokumentieren.

---

in das Japan der 1950er Jahre zurück: Dort wurde diese Idee entwickelt, die in der Konsequenz den japanischen Produkten die Eroberung des Weltmarktes ermöglichte.

- **Auswahl einer Lösung:** Im nächsten Schritt werden – wieder in der kompletten Gruppe – alle Lösungsvorschläge zusammengetragen und deren Schwächen und Stärken miteinander verglichen. Die gesamte Gruppe entscheidet sich nun für (bzw. erarbeitet) eine Lösung, die die Stärken aller verschiedenen Lösungsvorschläge enthält.

- **Entwicklung von Maßnahmen:** Die Maßnahmen, die zur Umsetzung der erarbeiteten Lösung erforderlich sind, werden definiert und festgelegt, ggf. inklusive Zeitplan und der ausführenden Mitarbeiter.

Die „Fünfmal-Warum-Methode" ist ein schnell und leicht einzusetzendes, dabei höchst effektives Instrument zur Identifizierung von möglichen Ursachen eines Problems. Ein weiterer Vorteil: Alle Mitarbeiter sind aktiv und verantwortlich in diesen Vorgang miteingebunden.

Self-Optimizing: proaktive Methoden

Auch ohne akut auftretende Probleme sollten Prozesse optimiert und kontinuierlich verbessert werden. Ziel ist es neben der Optimierung der Prozesse, u. a. schnell auf neue Anforderungen reagieren zu können. Um dies zu erreichen, gibt es einige standardisierte Verfahren, die wir Ihnen hier kurz vorstellen möchten. Sie beziehen sich zum Teil jedoch nicht nur auf diese letzte Phase der Prozessimplementierung, sondern auf den kompletten Vorgang und führen in einem immerwährenden Zyklus dazu, dass die Optimierung niemals aufhört und sich permanent aus sich selbst heraus erneuert.

ITIL – Continuous Service Improvement Programme

Die ITIL selbst gibt eine Herangehensweise vor, wie die Qualität der Serviceerbringung permanent zu verbessern sei. Sie reicht von der Bestimmung der Vision und der Ziele („What is the vision?") über die Analyse („Where are we now?"), die Festlegung der gewünschten Arbeitsergebnisse („Where do we want to be?") und die Verbesserung der Prozesse („How do we get where we want to be?") bis hin zur Messung der Ergebnisse („How do we check our milestones have been reached?"). Unter der Prämisse „How do we keep the momentum going?" beginnt diese Herangehensweise dann wieder von vorne.

Das Continuous Service Improvement Programme ist nur sehr dünn im Service Level Management angedeutet.[26] Das Problem Management und das Availability Management sollen hierbei tatkräftig unterstützen. Wie das geschehen soll und welche Methoden dabei eingesetzt werden, bleibt dem Leser der ITIL selbst überlassen. ITIL ist an dieser Stelle also wenig hilfreich. Darüber hinaus sei beim Thema Qualität auf die von uns nachfolgend dargestellten Methoden hingewiesen (s. die nächsten Absätze).

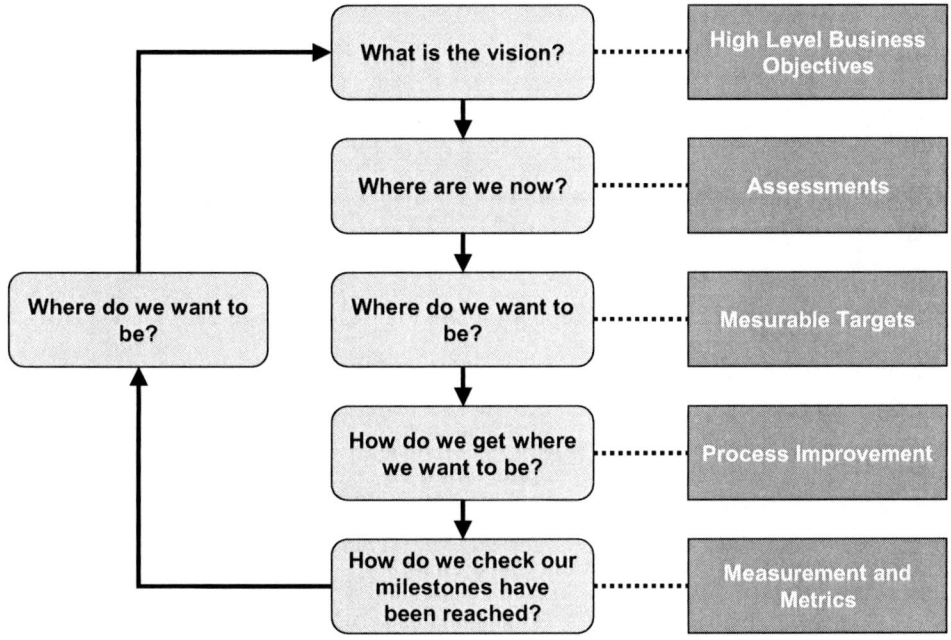

Quelle: OGC - Planning to Implement Service Management

Abbildung 56: Continous Service Improvement Programme

Betriebliches Vorschlagswesen (BVW)

Das Betriebliche Vorschlagswesen (BVW) ist relativ alt: Schon seit über 120 Jahren wird es eingesetzt. Ursprünglich war es ein Instrument zur Kostenreduzierung. Heute wird es jedoch eher als Ideenmanagement angesehen und soll die langfristige Steigerung der Qualität von

---

[26] Im Band „Planing to implement Service Management" wird das auf dem Deming-Kreis (s. u.) basierende „Process improvement model" auch als „Continous SIP" bezeichnet.

Produkten oder Services u. a. durch Innovationsförderung sicherstellen. Es beruht darauf, dass jeder einzelne Mitarbeiter Vorschläge zur Verbesserung von Abläufen einbringen kann, die im Rahmen eines strukturierten Bewertungsverfahrens abgelehnt oder genehmigt und anschließend durchgeführt und auch – entsprechend dem eingeschätzten Einsparungspotenzial – prämiert werden.

Wurden in den Anfängen die Verbesserungsvorschläge auf Papier notiert, dieses dann in einen einfachen Zettelkasten geworfen und entsprechend dem System weiterverarbeitet, sind heute intranetbasierte Lösungen üblich. Die Mitarbeiter können ihre Vorschläge direkt ins System eingeben und jederzeit nachvollziehen, in welchem Bearbeitungsbereich sich ihre Ideen gerade befinden. Abhängig von der Größe des Unternehmens können verschiedene Personen bzw. Hierarchieebenen in das Bewertungssystem miteinbezogen sein. Sie sorgen dafür, dass die Ideen in einem überschaubaren Zeitraum bearbeitet werden.

Der entsprechende Workflow kann so aussehen: Ein Mitarbeiter reicht einen Verbesserungsvorschlag an eine unabhängige Instanz im Unternehmen ein. Diese prüft den Vorschlag, lehnt ihn entweder ab oder gibt ihn anonymisiert zur fachlichen Bewertung weiter. Der bewertete Vorschlag wird einem Gremium zum Umsetzungsentscheid vorgelegt. Der Vorschlag wird ggf. zur Umsetzung freigegeben und der Mitarbeiter erhält eine Prämie.

Kontinuierlicher Verbesserungsprozess (KVP)

Auch der Fokus beim KVP liegt auf der Steigerung der Qualität von Produkten oder Services in vielen kleinen Schritten. Die Verbesserungsvorschläge gehen jedoch nicht wie beim BVW von einzelnen Mitarbeitern aus, sondern von Teams bzw. Gruppen. Der KVP wurde aus dem Kaizen heraus entwickelt bzw. stellt die westliche Adaption des Kaizen dar. Gleichzeitig bietet es einen standardisierten Ablauf für die Etablierung von vielen kleinen Verbesserungen. Dieser standardisierte Ablauf sieht so aus[27]:

1. Abgrenzung des Untersuchungsbereichs
2. Prozessdarstellung (falls erforderlich)
3. Qualitative Problemsammlung und -strukturierung
4. Messung der Häufigkeit des Problems pro Zeiteinheit (Tag, Woche, Monat, Jahr) oder Objekteinheit (Angebote, Aufträge, Los etc.)
5. Wie viel Zeit verschlingt das Problem? (Minuten, Stunden)

---

[27] Quelle: http://www.wikipedia.de, Beitrag „Kontinuierlicher Verbesserungsprozess"

6. Gesamtergebnisbildung durch Quantifizierung der bewerteten Probleme (auf ein Jahr bezogen)
7. Brainstorming im Rahmen der Lösungserarbeitung und Strukturierung der gesammelten Lösungen
8. Erarbeitung eines Lösungskonzepts aus den strukturierten Lösungsvorschlägen
9. Abgleich: Welche gesammelten Probleme sind durch die erarbeiteten Lösungen behoben, was bleibt übrig?
10. Definition von Umsetzungsmaßnahmen für die Lösungen (Termine, Verantwortliche, Ansprechpartner)
11. Bewertung des Gesamtergebnisses (beseitigte Probleme und damit verbundener „Zeitverbrauch")
12. Visualisierung der gesamten Abarbeitung (Schritte 1 bis 11 dieser Liste)
13. Präsentation
14. Zyklische Reviewdurchführung im Rahmen von Teamsitzungen zur Überprüfung der Maßnahmenabarbeitung

Six Sigma

Auch Six Sigma ist eine Methode, die zur Steigerung der Prozessqualität eingesetzt werden kann. Instrumente dafür sind Werkzeuge aus der Datenanalyse und der Statistik. So wird die Messung und die Nachweisbarkeit des Projekterfolgs bzw. die Identifizierung von Schwachpunkten von Prozessen objektiv und damit für jeden nachvollziehbar. Dies ist bei Six Sigma besonders wichtig.

Das Sigma ist nicht nur ein Buchstabe des griechischen Alphabets, sondern auch das Symbol und die Maßzahl für die Prozessvariation: Wie stark weicht die Variation[28] eines Prozess- oder Produktmerkmals vom Standard ab? Das Sigma drückt die Standardabweichung der Gaußschen Normalverteilung aus, sprich: die Abweichung (und daraus folgend die Fehlerquote) um den statistischen Mittelwert. Wenn die Leistung eines Prozesses sechs Sigma entspricht, dann sind bei einer Million möglichen Fehlern tatsächlich nur 3,4 Fehler aufgetreten. Es sei gleich gesagt: Die meisten Unternehmen und Branchen werden dieses Ziel nie erreichen. Für die Mehrzahl der Unternehmen mit Fabrikationsprozessen beispielsweise ist

---

[28] In allen Systemen – und auch ein Prozess ist ein System – gibt es Einsatzfaktoren bzw. Einflüsse, die ständig schwankende Variationen enthalten, die wiederum das Ergebnis des Systems beeinflussen. Ein nicht erfüllter Produktionsplan oder nicht eingehaltene Lieferzeiten haben ihre Ursachen in den diversen Einsatzfaktoren, darum muss auch an ihnen etwas verändert werden.

eine Fünf-Sigma-Abweichung ausreichend, und die Erreichung der Sechs-Sigma-Abweichung würde mehr Geld kosten als die fehlerhaften Teile bei der Fünf-Sigma-Abweichung.[29]

Six Sigma wurde in den 1980er Jahren in den USA entwickelt. Besondere Erfolge in der Anwendung von Six Sigma wies das Unternehmen General Electric auf; im Zuge dessen wurde Six Sigma auch erstmals populär. Heute wird dieses Instrument in zahlreichen Unternehmen eingesetzt, auch in denen aus der Dienstleistungs- und Servicebranche.

Die Fachliteratur[30] definiert drei Hauptansätze zur Einführung von Six Sigma:

- Unternehmensweite Strategie: Six Sigma wird unternehmensweit eingeführt.
- Verbesserungsprogramm: Six Sigma wird in Teilen des Unternehmens zur Verbesserung von Prozessen oder Service-Einheiten implementiert.
- Toolbox: Einzelne Tools aus der Toolbox von Six Sigma werden in bestehende Verbesserungskonzepte eingefügt.

Eine der Besonderheiten von Six Sigma ist die DMAIC-Methode. Sie folgt fünf Phasen – **D**efine, **M**easure, **A**nalyse, **I**mprove and **C**ontrol – und beruht auf Prinzipien des Projektmanagements. (Hier finden Sie im Übrigen den Begriff „Tollgates", die im Prinzip nichts anderes sind als unsere Qualifizierten Meilensteine, die wir Ihnen in Kapitel 5 vorgestellt haben.) In der nächsten Grafik sehen Sie die schematische Darstellung der DMAIC-Verbesserungsmethode mit den fünf Phasen und den Tollgates[31]:

---

[29] Quelle: Köhler, Peter T.: *ITIL. Das IT-Servicemanagement Framework.* Berlin Heidelberg 2005
[30] Kroslid, Dag. u. a.: *Six Sigma, Erfolg durch Breakthrough-Verbesserungen*, München 2003
[31] Quelle: Kroslid, Dag. u. a.: *Six Sigma, Erfolg durch Breakthrough-Verbesserungen*, München 2003

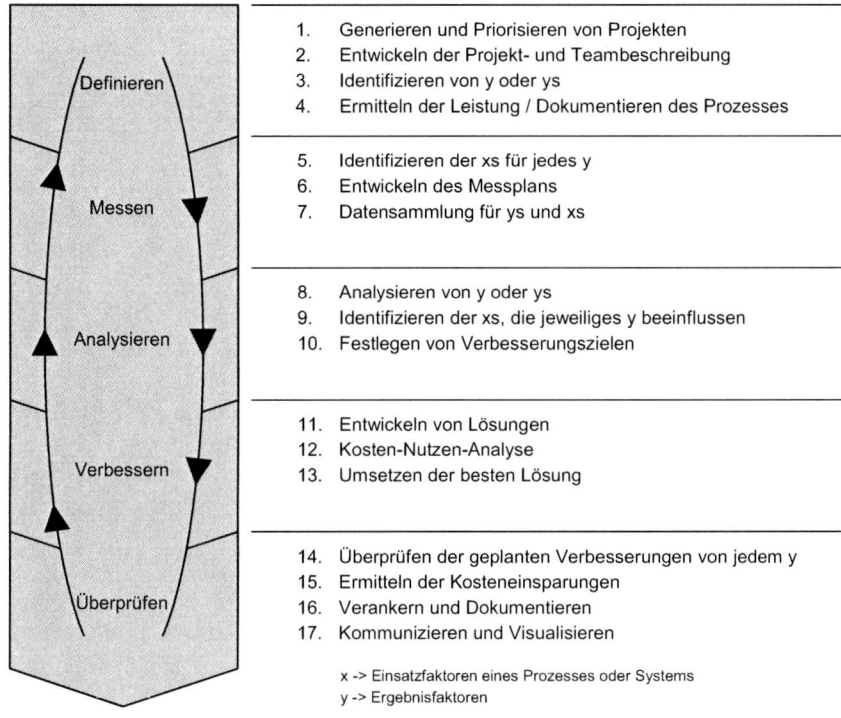

Definieren	1. Generieren und Priorisieren von Projekten 2. Entwickeln der Projekt- und Teambeschreibung 3. Identifizieren von y oder ys 4. Ermitteln der Leistung / Dokumentieren des Prozesses
Messen	5. Identifizieren der xs für jedes y 6. Entwickeln des Messplans 7. Datensammlung für ys und xs
Analysieren	8. Analysieren von y oder ys 9. Identifizieren der xs, die jeweiliges y beeinflussen 10. Festlegen von Verbesserungszielen
Verbessern	11. Entwickeln von Lösungen 12. Kosten-Nutzen-Analyse 13. Umsetzen der besten Lösung
Überprüfen	14. Überprüfen der geplanten Verbesserungen von jedem y 15. Ermitteln der Kosteneinsparungen 16. Verankern und Dokumentieren 17. Kommunizieren und Visualisieren

x -> Einsatzfaktoren eines Prozesses oder Systems
y -> Ergebnisfaktoren

Quelle: Kroslid, Dag u. a.: *Six Sigma. Erfolg durch Breakthrough-Verbesserungen.* München Wien 2003

Abbildung 57: DMAIC-Verbesserungsmethode

TQM (Total Quality Management)

Das Total Quality Management manifestiert Qualität als durchgängiges und fortwährendes Unternehmensziel, wobei Qualität sich nicht nur an technischen Funktionen bemisst, sondern auch die Beziehung zwischen einem Unternehmen und seinen Kunden berücksichtigt. Zu den Prinzipien des TQM zählen[32]:

- Qualität orientiert sich am Kunden.
- Qualität wird mit Mitarbeitern aller Bereiche und Ebenen erzielt.
- Qualität umfasst mehrere Dimensionen, die durch Kriterien operationalisiert werden

---

[32] Quelle: http://www.tqm.com/philosophie

müssen.

- Qualität ist kein Ziel, sondern ein Prozess, der nie zu Ende ist.
- Qualität bezieht sich nicht nur auf Produkte, sondern auch auf Dienstleistungen.
- Qualität setzt aktives Handeln voraus und muss erarbeitet werden.

Bemerkenswert ist die Entstehungsgeschichte des TQMs. Der Amerikaner William Edward Deming spielt hier eine sehr wichtige Rolle, er gilt als „Vater der Qualitätsbewegung" und entwickelte in den 1940er Jahren seine prozessorientierte Management-Philosophie. In den USA fand er damit wenig Anklang – dort war man nach dem Zweiten Weltkrieg noch zu sehr auf die Steigerung des Produktionsvolumens konzentriert –, in Japan dagegen kam er mit seinen Ideen besser an. Als die japanischen Unternehmen mit ihren Produkten den Weltmarkt eroberten, fanden die erstaunten Amerikaner bei näherem Hinsehen heraus, welch große Wirkung das Total Quality Management ihres Landsmannes auf deren Geschäftserfolg gehabt hatte. Seit den 1970er Jahren wird TQM auch in amerikanischen Unternehmen einge-setzt. Es bietet keine einheitliche, klar von anderen Methoden abzugrenzende Vorgehenswei-se, sondern ist vielmehr der Überbegriff für viele andere Konzepte, die sich mittlerweile dem Qualitätsmanagement verschrieben haben.

Demings Management-Philosophie manifestiert sich in 14 simplen Regeln[33]:

1. **Unverrückbares Unternehmensziel:** Schaffe ein feststehendes Unternehmensziel in Richtung ständiger Verbesserung von Produkten und Dienstleistungen.
2. **Der neue Denkansatz:** Um wirtschaftliche Stabilität sicherzustellen, ist ein neuer Denkansatz nötig. Wir sind in einer neuen Wirtschaftsära.
3. **Keine Sortierprüfungen mehr:** Beende die Notwendigkeit und Abhängigkeit von Vollkontrollen, um Qualität zu erreichen.
4. **Nicht unbedingt das niedrigste Angebot berücksichtigen:** Beende die Praxis, nur das niedrigste Angebot zu berücksichtigen.
5. **Verbessere ständig die Systeme:** Suche ständig nach Fehlerursachen, um alle Systeme für Produktion und Dienstleistungen sowie alle anderen im Unternehmen vorkommenden Tätigkeiten zu verbessern.
6. **Schaffe moderne Anlernmethoden:** Schaffe moderne Anlernmethoden und sorge für Wiederholtraining am Arbeitsplatz.
7. **Sorge für richtiges Führungsverhalten:** Schaffe moderne Führungsmethoden, die sich

---

[33] Quelle: http://www.deming.de

darauf konzentrieren, dem Menschen zu helfen, seine Arbeit besser zu verrichten.

8. **Beseitige die Atmosphäre der Angst:** Fördere die gegenseitige Kommunikation und andere Mittel, um die Angst innerhalb des gesamten Unternehmens zu beseitigen.

9. **Beseitige Barrieren:** Beseitige die Grenzen zwischen den Bereichen.

10. **Vermeide Ermahnungen:** Beseitige Slogans, Aufrufe und Ermahnungen.

11. **Setze keine festgeschriebenen Standards:** Beseitige Leistungsvorgaben, die zu erreichende Ziele willkürlich festschreiben.

12. **Gestatte es, auf gute Arbeit stolz zu sein:** Beseitige alles, was das Recht jedes Werkers und jedes Managers in Frage stellt, auf ihre Arbeit stolz zu sein.

13. **Fördere die Ausbildung:** Schaffe ein durchgreifendes Ausbildungsprogramm und eine Atmosphäre der Selbstverbesserung für jeden einzelnen.

14. **Verpflichtung der Unternehmensleitung:** Mache die ständige Verbesserung von Qualität und Produktivität zur Aufgabe der Unternehmensleitung.

Der Deming-Kreis (PDCA-Zyklus)

Auch der PDCA-Zyklus oder Deming-Kreis wurde von W. E. Deming entwickelt. Dieses Tool dient als Basis vieler Konzepte und Methoden im Bereich des Qualitätsmanagements. Es gewährleistet, dass sich Prozesse innerhalb eines qualitätssichernden Kreislaufs abspielen. Der PDCA-Zyklus besteht aus vier Elementen[34]:

- **P**lan: Der jeweilige Prozess muss vor seiner eigentlichen Implementierung geplant sein.
- **D**o: Der Prozess wird wie geplant implementiert und umgesetzt.
- **C**heck: Der Prozessablauf und seine Resultate werden überprüft. Durch einen Soll-Ist-Abgleich werden eventuelle Abweichungen identifiziert.
- **A**ct: Die Ursachen der festgestellten Abweichungen werden abgestellt, der Prozess kann wieder von vorne beginnen – unter Berücksichtigung des PDCA-Zyklus.

---

[34] Quelle: http://www.wikipedia.de, Beitrag „Demingkreis"

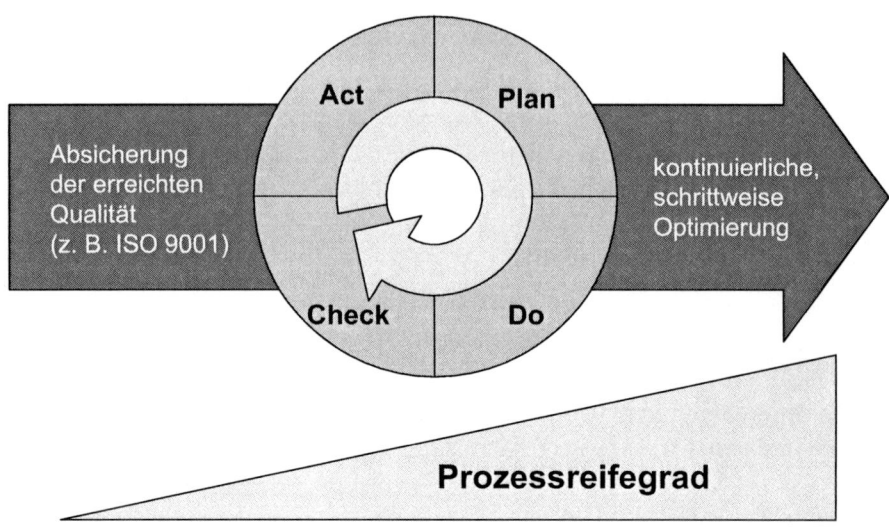

Abbildung 58: PDCA-Zyklus

EFQM

EFQM steht für **E**uropean **F**oundation for **Q**uality **M**anagement; sie ist eine gemeinnützige Organisation, die sich der Entwicklung eines europäischen Modells für das Qualitätsmanagement verpflichtet hat und 1988 von 14 großen Unternehmen gegründet wurde (u. a. Bosch, Ciba-Geigy, Fiat, KLM, Nestlé, Philips und Volkswagen). Das entwickelte Qualitätsmanagement-Modell heißt „EFQM-Modell für Excellence" und ermöglicht eine ganzheitliche Sicht auf ein Unternehmen. Im Rahmen dieses Modells werden vier sogenannte Ergebnis-Kriterien (Ergebnisse bezogen auf Mitarbeiter, Ergebnisse bezogen auf Kunden, Ergebnisse bezogen auf Gesellschaft und Schlüsselergebnisse der Organisation) in einen Kausalzusammenhang gebracht mit den sogenannten Befähiger-Kriterien (Führung, Politik und Strategie, Mitarbeitereinbindung, Partnerschaft und Ressourcen, Prozesse). Die Befähiger-Kriterien erfassen das, was die Organisation tut und wie sie es tut. Die Ergebnis-Kriterien behandeln das, was die Organisation erzielt. Ergebnisse können auf die Befähiger zurückgeführt werden, und die Befähiger werden aufgrund der Ergebnisse verbessert.[35]

---

[35] Quelle: http://www.deutsche-efqm.de

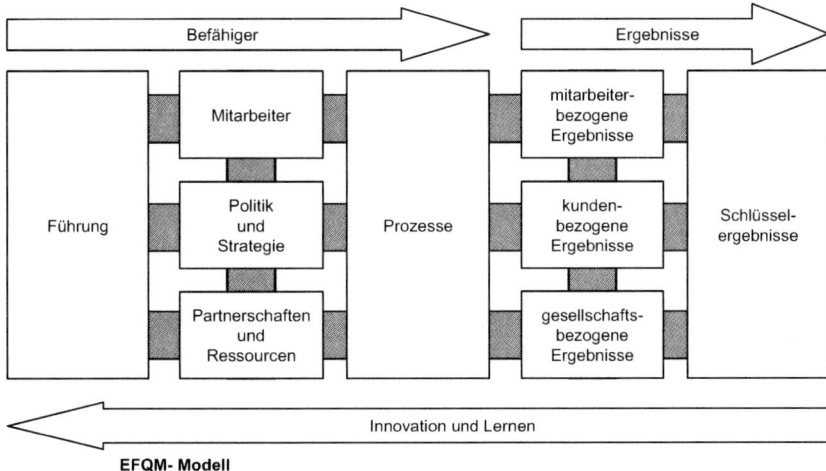

EFQM- Modell

Abbildung 59: EFQM-Modell für Excellence

Wichtig beim EFQM-Modell ist die kontinuierliche Weiterentwicklung der Organisation, die anhand eines Reifegrads bewertet wird. Für diesen Reifegrad gibt es eine EFQM-eigene Methode, die RADAR-Bewertungsmethodik. Demnach wird der Reifegrad der Organisation gemessen an Ergebnissen (**R**esults), den dazu führenden Vorgehensweisen (**A**pproach), dem Grad der Umsetzung (**D**eployment), an der Bewertung (**A**ssessment) und Überprüfung (**R**eview). Eine Bewertung erfolgt meist in Form eines Self-Assessments, das u. a. auch Verbesserungspotenziale der Organisation identifiziert, aus denen wiederum Verbesserungsprojekte abgeleitet werden können.

Juran und Crosby

Joseph Juran und Philip B. Crosby gehören ebenfalls zu den berühmten „Urvätern" des Qualitätsmanagements; sie werden oft in den entsprechenden Passagen der ITIL erwähnt. Jurans „Quality Control Handbook" ist eines der ersten Standardwerke des Qualitätsmanagements. Er führte die Qualitätsprobleme der amerikanischen Unternehmen auf die Arbeitsteilung zurück, die den Arbeitern den Blick auf den Gesamtzusammenhang der Produktion verwehre. Sein Konzept beruht folgerichtig auf der Einbindung aller Beteiligten – vom Management bis zum Produktionsarbeiter – in den Qualitätsprozess.

Das Qualitätsmanagement nach Philip B. Crosby folgt ganz anderen Regeln: Crosby fordert die Durchsetzung eines „Null-Fehler-Konzepts". Sein Credo ist: „Qualität kostet nichts. Sie wird einem geschenkt. Was dagegen Geld kostet, ist der Mangel an Qualität." Crosby ist in Großbritannien sehr populär – obwohl er keine spezielle Herangehensweise für die Verbesserung von Qualität bietet.

Fazit

In der letzten Phase unseres Frameworks soll der Reifegrad 5 nach SPICE erreicht werden. Dieses Ziel ist sehr hoch gesteckt; die wenigsten Unternehmen werden es erreichen. Wir denken: Wenn man sich die Ziele nicht ein bisschen zu hoch hängt, wird man niemals über sich selbst hinauswachsen können und wird sich niemals überlegen: Wie muss unser IT Service Management aussehen, damit wir dieses Ziel erreichen?

Um die entsprechenden Prozesse zu verbessern, gibt es zum einen die Möglichkeit, dies reaktiv zu tun; dazu haben wir Ihnen mit der „Fünfmal-Warum-Methode" ein leicht zu realisierendes und pragmatisches Instrument zur Problemdefinition und -lösung vorgestellt.

Um quasi in „höhere Gefilde" der Prozessoptimierung vorzustoßen, sind andere – proaktive – Instrumente sinnvoll, wie das Betriebliche Vorschlagswesen, Kontinuierlicher Verbesserungsprozess, Six Sigma, Total Quality Management, der PDCA-Zyklus oder EFQM. Diese Methoden bewirken, dass die Prozessoptimierung von innen, aus der Organisation heraus und ohne Einfluss von außen angestoßen wird.

Achten Sie auf „Nebelbombenwerfer", die einen Teil dieser Methoden zum Selbstzweck erheben und nicht zum Vorteil des Unternehmens einsetzen, sondern damit eine parasitäre Parallelwelt aufbauen.

---

13. Weiterführende Informationen

In diesem Kapitel wollen wir Ihnen einen kurzen Überblick über die folgenden Zertifizierungen, Einrichtungen, Normen und Frameworks geben, die in einem Zusammenhang mit ITIL stehen können bzw. auf ITIL aufbauen:

- ITIL-Zertifizierungen
- IT Service Management Forum
- BS 15000/ISO 20000
- SOX (Sarbanes-Oxley Act)
- MOF (Microsoft Operations Framework)
- COBIT (Control Objectives for Information and related Technology)

Zusätzlich stellen wir Ihnen mit unserem „ISO-20000-Check" ein Instrument zur Verfügung, anhand dessen Sie schnell feststellen können, wie hoch die Wahrscheinlichkeit ist, dass die ITSM-Prozesse Ihrer Organisation der ISO 20000 genügen.

ITIL-Zertifizierungen

Derzeit gibt es drei verschiedene Zertifikate, die auf der Grundlage von ITIL erworben werden können:

- **Foundation Certificate in IT Service Management:** Gegenstand der Prüfung sind die Grundlagen von ITIL, im Wesentlichen die Prozesse der Module Service Support und Service Delivery und die Erklärung der „ITIL-Philosophie". Zur Vorbereitung bieten unterschiedliche Institutionen Seminare an. Das Foundation Certificate ist Voraussetzung für die Erlangung weiterer ITIL-Zertifikate. Wir empfehlen dies für alle operativen Mitarbeiter im Prozess.
- **Practitioner-Level Examinations and Certificates:** Diese nächste Zertifizierungsstufe eignet sich für Personen, die schon praktische Erfahrungen mit ITIL gesammelt haben,

denn die ITIL-Kenntnisse werden hier detailliert überprüft. Diese Zertifikate konzentrieren sich auf einzelne oder eine Kombination von einigen Prozessen. Wir empfehlen dies als ergänzende Ausbildung für alle Schlüsselrollen des jeweiligen Prozesses.

- **Certificate in IT Infrastructure Management:** Mit dem Erwerb dieses Zertifkats erwirbt man den Titel IT Service Manager. Voraussetzungen für diese qualifizierte Ausbildung sind der Erwerb des Foundation Certificates sowie eine zweijährige Berufspraxis im Bereich IT Service Management. Wir empfehlen dies für alle Rollenträger am Prozess.

Die Vorgaben für die international anerkannten Zertifizierungen erfolgen durch das ISEB (Information Systems Examination Board) in Großbritannien und allen Commonwealth-Staaten und das EXIN (Examensinstituut voor Informatica) in allen übrigen Ländern. Die Prüfungen finden regelmäßig in verschiedenen Ländern und Sprachen statt; die die Prüfungsvorbereitung durchführenden Institute müssen durch das ISEB oder EXIN akkreditiert sein (Kontaktadressen finden Sie im Anhang).

> *Eine ITIL-Zertifizierung ist nur für Personen,*
> *nicht aber für Organisationen möglich.*

IT Service Management Forum (itSMF)

Das IT Service Management Forum bezeichnet sich als die „weltweit einzige unabhängige und international anerkannte Organisation für IT Service Management"[36]. Es ist ein Forum für die Anwender der ITIL. Die erste Organisation wurde 1991 in England gegründet. Auch in Deutschland gibt es eine daraus hervorgegangene Organisation, das itSMF Deutschland; es widmet sich ebenfalls der Förderung und Weiterbildung im Bereich des IT Service Managements. Ein besonderer Schwerpunkt liegt dabei auf der Verbesserung und Weiterentwicklung von ITIL.

Ziel des itSMF ist es, „Unternehmen die Anwendung und Umsetzung eines professionellen IT Service Managements zu ermöglichen". Dazu veranstaltet die Organisation u. a. Kongresse, Konferenzen und Seminare, hat Arbeitskreise und Foren gegründet und veröffentlicht eine Zeitung sowie Fachliteratur. Auf der Homepage des itSMF Deutschland

---

[36] Quelle: http://www.itsmf.de

(http://www.itsmf.de) gibt es eine Community, in der sich Mitglieder zu unterschiedlichen Themen austauschen können.

Es gibt unterschiedliche Arten der Mitgliedschaft im itSMF:

- **Private Mitgliedschaft:** geeignet für selbstständige Berater oder Mitarbeiter von Organisationen, in denen das IT Service Management noch nicht Einzug gehalten hat.
- **Unternehmensmitgliedschaft:** geeignet für Organisationen, die IT Services in einer geschlossenen Organisation erbringen.
- **Hersteller-/Lieferantenmitgliedschaft:** geeignet für Unternehmen, die IT-Service-Management-Produkte oder -Leistungen anbieten.

Eine Mitgliedschaft ist sicherlich für alle nützlich, die sich intensiver mit dem Thema IT Service Management beschäftigen und auf dem aktuellsten Stand bleiben wollen.

BS 15000/ISO 20000

BS 15000 (BS steht für „**B**ritish **S**tandard") ist ein Standard, der die Anforderungen an ein IT Service Management definiert. Er wurde in Großbritannien entwickelt. In ihm sind die Anforderungen an eine Organisation und die generischen Prozesse aufgeführt, die eine Organisation implementieren musste, wenn sie IT Services entsprechend der darin implizierten Qualität erbringen wollte. Diese Prozesse basieren auf den in der ITIL beschriebenen Prozessen und ergänzen diese. BS 15000 ermöglichte so, die erfolgreiche Implementierung der ITIL-Prozesse zertifizieren zu lassen.

Bestandteile des BS 15000 sind[37]:

- BS 15000 Part 1 – Specification for Service Management (Anforderungen an eine Organisation, die IT Services in einer festgelegten Qualität für Kunden bereitstellt)
- BS 15000 Part 2 – Code of Practice for Service Management (Empfehlungen und Anleitung für die Implementierung eines IT Service Managements)
- PD 005 – IT Service Management – A Managers Guide (PD steht für „**P**ublished **D**ocument"; Beschreibung der Ziele und Inhalte des IT Service Managements auf Basis von ITIL und BS 15000)

---

[37] Quelle: http://www.wikipedia.de

- PD 0015 – IT Service Management Self-Assessment Workbook (Selbstbewertung der bestehenden Prozesse anhand von entsprechenden Fragestellungen)

Am 15.12.2005 wurde der BS 15000 in die ISO 20000 integriert und dort als ISO/IEC 20000:2005 veröffentlicht.

Auch die ISO 20000 (ISO – International Organization for Standardization) ist ein international anerkannter Standard, der sich um die Anforderungen eines professionellen IT Service Managements dreht und in dem die generischen Prozesse dargestellt sind, die für die Erbringung von IT Services erforderlich sind. Die erfolgreiche Umsetzung dieser Prozesse kann zertifiziert werden. Die Zertifizierung erfolgt durch eine entsprechend autorisierte Organisation, die sogenannten Registered Certification Bodies. Genau wie der BS 15000 ist auch die ISO 20000 an den ITIL-Prozessen ausgerichtet und ergänzt diese.

Folgende Anforderungen und Prozesse werden in der ISO 20000 definiert[38]:

- Anforderungen an Managementsystem
- Planung und Implementierung des Service Managements
- Planen und Implementieren neuer oder geänderter Services
- Service Level Management
- Service Reporting
- Availability und Service Continuity Management
- Finanzplanung und Kostenrechnung für IT Services
- Capacity Management
- Information Security Management
- Business Relationship Management
- Supplier Management
- Incident Management
- Problem Management
- Configuration Management
- Change Management
- Release Management

---

[38] Quelle: http://www.wikipedia.de

Bestandteile der ISO 20000 sind folgende Dokumente[39]:

- ISO 20000 Part 1 – Service Management: Specification (Dokumentation der Vorgaben, die eine Organisation erfüllen muss, um die Zertifizierung zu bekommen)
- ISO 20000 Part 2 – Service Management: Code of Practice (Ergänzung der Anforderungen um Erläuterungen der Best Practice; Empfehlungen für IT-Service-Management-Prozesse im Rahmen des formellen Standards)

Zertifizieren lassen können sich nur Unternehmen, die die Kontrolle über die IT-Service-Management-Prozesse ausüben. Die Zertifizierung kann auch auf einzelne Unternehmensbereiche, -dienstleistungen, -services oder -standorte etc. beschränkt werden (s. Kapitel 4).

Der ISO-20000-Check

Um die Anforderungen der Norm an die ITSM-Prozesse besser einschätzen zu können, haben wir für jeden Prozess gemäß der ITIL einige Themen auf Basis der PD 0015 identifiziert und aufgelistet. Die aufgeführten Punkte decken jedoch nicht vollständig alle Teilaspekte einer ISO-20000-Zertifizierung ab. Sie weisen auf die Kernthemen hin, die bei den jeweiligen Prozessen eine besondere Rolle spielen und mehrfach in unterschiedlichen Facetten abgefragt werden. Wenn diese positiv beantwortet werden können, ist die Wahrscheinlichkeit hoch, der ISO 20000 zu genügen. Aber seien Sie gewarnt: Die Punkte sind so verdichtet zusammengefasst, dass jede einzelne Frage teilweise umfangreiche Prozesseinführungs- oder Optimierungsprojekte zur Folge haben kann. Die in der ISO 20000 zusätzlich abgefragten Prozesse wie z. B. Business Relationship Management und Supplier Management sind nicht Bestandteil unseres Buches und deshalb hier nicht aufgeführt.

Allgemein

- Die in ITIL definierten Prozesse sind in der Organisation abgebildet.
- Alle Ziele leiten sich direkt oder indirekt von den Anforderungen der Kundengeschäftsprozesse ab.
- Prozesse, Rollen und Verantwortungen sind dokumentiert.
- Prozessziele (KPIs) werden gemessen und in einem Serviceverbesserungsprogramm betrachtet.

---

[39] Quelle: http://www.wikipedia.de

- Ressourcen, Risiken und Budgets werden geplant und überwacht.
- Es existiert ein Berichtswesen.
- Audits überprüfen regelmäßig die Prozesse.

Incident Management

- Alle Incidents werden aufgezeichnet, priorisiert, klassifiziert, gelöst oder die Lösung überwacht (schwerwiegende Incidents werden gesondert betrachtet).
- Es gibt eine Knowledge Base zur Unterstützung der Lösungsfindung.
- Incidents werden durch die Systemüberwachung automatisch erkannt und Tickets erzeugt.
- Der Anwender wird über den Lösungsstatus auf dem Laufenden gehalten.

Problem Management

- Alle identifizierten Probleme und Known Errors werden aufgezeichnet.
- Die Lösungsdatenbank wird gepflegt (permanente Lösungen und Workarounds).
- Die Fehlervorbeugung (proaktives PM) ist permanenter Bestandteil des Prozesses.
- Die Umsetzung der Lösungen aus dem Change Management wird überwacht und überprüft.

Change Management

- Änderungsanträge (RfC) werden aufgezeichnet.
- Alle Änderungen an CIs werden aufgezeichnet.
- Einführungen oder Änderungen von IT Services werden durch ein Änderungsmanagement aufgezeichnet, klassifiziert, bewertet, genehmigt und durchgeführt.
- Das Change Management stellt sicher, dass getestete Back-outs vorhanden sind und der Erfolg überprüft wird.

Release Management

- Es existiert eine Release Policy, in der Frequenz, Freigabe, Rollen und Regeln zur Erstellung und Verteilung von Releases geregelt sind.
- Das kommunizierte Freigabeverfahren stellt sicher, dass Notfallpläne vorhanden sind.
- Erfolge und Fehlschläge werden dokumentiert und kommuniziert.

- Es gibt eine Softwarebibliothek (Definitive Software Library), in der alle freigegebenen und autorisierten Applikationen archiviert sind.

Configuration Management

- Es gibt eine CMDB, die die IT-Infrastruktur und die Beziehungen aller Komponenten abbildet.
- Es gibt ein geregeltes Änderungs- und Kontrollverfahren für die Configuration Items in der CMDB.
- Die CMDB kann von allen relevanten Rollen und Prozessen eingesehen werden und enthält die für sie benötigten Informationen.
- Die CMDB ist aktuell, enthält Statusinformationen, historische Daten und wird regelmäßig auditiert.

Service Level Management

- SLAs, OLAs, UCs und das Serviceportfolio sind allumfassend erstellt worden und werden gepflegt.
- Die vereinbarten SLAs sind mit allen abgestimmt, messbar und allen bekannt.
- Es existiert ein Service-Verbesserungsplan (Service Improvement Programme).
- Die Zielerreichung wird überwacht, berichtet und überprüft.

Financial Management

- Die Finanzen werden in Budgets geplant und überwacht (Soll-Ist-Vergleich).
- Die entstehenden Kosten der Leistungserbringung werden vollständig gesammelt und kategorisiert.
- Es gibt ein Kontroll- und Genehmigungsverfahren für das IT-Budget.
- Es gibt eine kommunizierte Preisrichtlinie.

Capacity Management

- Es gibt einen Kapazitätsplan, der die Entwicklung der Kapazitäten widerspiegelt.
- Die Auswirkungen von erkennbaren Tendenzen, technischen Neuerungen oder einer geänderten Strategie des Kunden führen zu Anpassungen der IT-Infrastruktur.
- Das Capacity Management unterstützt bei der Serviceabstimmung.

- Die Leistungserbringung wird anhand von Kapazitätsschwellwerten überwacht.

Availability Management

- Die Ziele des Availability Management basieren auf geschäftlichen Anforderungen und einer Risikoanalyse.
- Es existiert ein Verfügbarkeitsplan.
- Im Verfügbarkeitsbericht werden unterschiedliche Zeitspannen (Erkennung, Behebung etc.) berücksichtigt.
- Die Gründe der Nichtverfügbarkeit werden analysiert, dokumentiert und Maßnahmen abgeleitet.
- Alle Systeme und Prozesse berücksichtigen die Ergebnisse des Availability Managements.

Continuity Management

- Es gibt Risikominimierungsmaßnahmen.
- Es existiert ein IT-Notfallplan, der Rollen und Aktivitäten im Falle einer Katastrophe festlegt und auf einem Business-Notfallplan basiert.
- Der Notfallplan wird regelmäßig getestet und überprüft.
- Der Notfallplan ist nicht nur allen Mitarbeitern, sondern auch den Kunden und Lieferanten bekannt.

Security Management

- Es gibt eine veröffentlichte Security Policy, die auch Kunden und Lieferanten kennen.
- Sicherheitsvorfälle werden aufgezeichnet und dokumentiert.
- Es gibt Maßnahmen und Verfahren zur Vermeidung, Erkennung, Minderung und Beseitigung von Sicherheitsvorfällen.
- Die Zuständigkeiten für die Einhaltung der IT-Sicherheitsrichtlinien sind zugewiesen.

Sarbanes-Oxley Act (SOX)

Bilanzfälschungsskandale von Unternehmen wie Enron oder Worldcom führten dazu, dass die amerikanische Regierung 2002 den Sarbanes-Oxley Act of 2002 in Kraft setzte. Es ist ein Gesetz, das neben der Verbesserung der Unternehmensberichterstattung auch die Wiederherstellung des Vertrauens der Öffentlichkeit und der Anleger in veröffentlichte Finanzdaten zum Ziel hat. Es gilt für alle Unternehmen (inklusive deren Tochterunternehmen), die an amerikanischen Börsen gelistet sind. Die Chief Executive Officers (CEO) und Chief Finance Officers (CFO) eines Unternehmens haften demnach persönlich für die Richtigkeit der Finanzergebnisse. Die beiden Verfasser des Gesetzes Paul S. Sarbanes und Michael Oxley fungierten auch als Namensgeber.

Wesentlicher Inhalt des Gesetzes ist neben der Offenlegungspflicht für alle an US-Börsen gelisteten Unternehmen auch die Offenlegungspflicht für Steuerberatungs- und Wirtschaftsprüfungsgesellschaften, die die jeweiligen Audit-Berichte für die Unternehmen erstellen.

Darüber hinaus sind Inhalte des Gesetzes u. a.:[40]

- Bestätigung der Ordnungsmäßigkeit der Abschlüsse (ähnlich einer eidesstattlichen Erklärung) durch den CEO und den CFO
- Rückzahlung erfolgsabhängiger Vergütungen von CEO und CFO im Falle unrichtiger Abschlüsse, die nachträglich zu Korrekturen führen
- Verbot der Darlehensgewährung an das Management
- Verschärfte Vorschriften zur Unabhängigkeit der Mitglieder des Audit Committees
- Verpflichtung des Audit Committees, Nicht-Prüfungsleistungen des Abschlussprüfers zu genehmigen
- Verbot der Erbringung prüfungsnaher Dienstleistungen bzw. Nicht-Prüfungsleistungen neben der Abschlussprüfung durch den gewählten Abschlussprüfer
- Verpflichtung des Abschlussprüfers, das Audit Committee über kritische Vorgänge und Alternativvorschläge zur Rechnungslegung zu informieren
- Schaffung einer neuen und unabhängigen Aufsichtsbehörde über die Wirtschaftsprüfer: Public Company Accounting Oversight Board (PCAOB) mit weitreichenden Überwachungsrechten
- Regelungen zur Unabhängigkeit und verschärften Haftung von Wirtschaftsprüfern (Rotation der Audit Partner, Interessenkonflikte etc.).
- Neuregelung der Verantwortlichkeiten von Managern des börsennotierten Unternehmens
- Erweiterte finanzielle Offenlegungspflichten (z. B. über das interne Kontrollsystem)
- Verschärfung der Strafvorschriften

---

[40] Quelle: http://www.wikipedia.de

In Bezug auf SOX sind alle Prozesse relevant, die einen Einfluss auf den Jahresbericht haben. Wesentliche SOX-Anforderungen generieren sich aus der Beschreibung der Prozesse (standardisierte Dokumentation sämtlicher SOX-relevanter Geschäftsprozesse), aus Kontrollen (Prozesssteckbriefe, die die Risiken, die Kontrollen und Vorgaben für die Durchführung eines neutralen Tests beinhalten), Risikoidentifikationen (Identifikation sämtlicher Risiken in den relevanten Prozessen) sowie Testing (Überprüfung durch neutralen Tester, ob die oben genannten Kontrollen effektiv und dokumentiert sind).

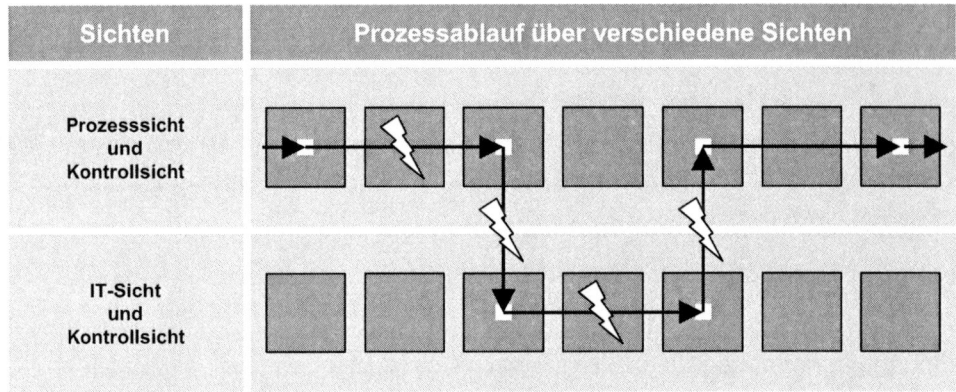

Abbildung 60: Modellhafte Darstellung eines SOX-relevanten Prozesses

Der Zusammenhang zwischen Business-Prozessen und IT-Prozessen und damit auch den ITIL-Prozessen leitet sich aus folgenden Punkten ab: Geht man bei SOX von den Business-Prozessen aus, so sind die Risiken üblicherweise an den Schnittstellen zu anderen Prozessen bzw. zu IT-Systemen zu finden. Zur Minderung der Risiken sind entsprechende Kontrollen festzulegen und zu beschreiben.

In diesem Zusammenhang müssen auch die IT-Prozesse, die die Business-Prozesse unterstützen, betrachtet werden. Auch in den IT-Prozessen und an den Schnittstellen können sich Risiken ergeben. Für ITIL besonders relevante Prozesse sind Service Level Management und Financial Management; sie beinhalten Risiken, die einen Einfluss auf den Jahresbericht haben können.

Microsoft Operations Framework (MOF)

Das Microsoft Operations Framework ist eine Vorgehensweise zum erfolgreichen Betrieb einer IT-Infrastruktur, und zwar unter Einsatz der Microsoft-Produkte; es ist also im Gegensatz zur ITIL *nicht* herstellerunabhängig. Dieses Best-Practice-Modell soll die Verfügbarkeit, Sicherheit und Zuverlässigkeit von Produktionssystemen sicherstellen, die mit Microsoft-Produkten und -Technologien aufgebaut wurden. Die detaillierte Beschreibung des Modells ist im Internet über die Microsoft-Website abrufbar.[41]

ITIL ist die Basis für MOF, denn MOF ergänzt die Einzelprozesse der beiden ITIL-Module Service Support und Service Delivery um einige weitere Prozesse und um die in der ITIL fehlenden Anleitungen für den Betrieb von IT-(Microsoft-)Produkten und -Technologien. Darüber hinaus hat MOF eigene Konzepte entwickelt, die beispielsweise dem iterativen Lebenszyklus des IT Service Managements Rechnung tragen. Microsoft hat selbst zur Weiterentwicklung und Verbesserung der ITIL beigetragen und war mitbeteiligt an der Erstellung der beiden ITIL-Publikationen „Planning to implement Service Management" und „Application Management".

MOF unterstützt drei grundlegende Modelle, die jeweils einen Hauptbestandteil des IT-Betriebs ausmachen:

- Prozessmodell (Modell der Prozesse, die von Organisationen eingesetzt werden, um IT Services zu erbringen)
- Teammodell (nötige Rollen für den Betrieb)
- Risikomodell (Integration eines Risikomanagements auf Basis eines strukturierten Prozesses)

Das Prozessmodell

Während in der ITIL die beiden wichtigsten Module Service Support und Service Delivery zur Einteilung der Einzelprozesse herangezogen werden, geschieht dies bei MOF in einem Modell, das den Lebenszyklus eines IT Services erfasst. Aus der Grafik geht hervor, dass fast alle ITIL-Prozesse in das MOF übernommen wurden.

---

[41] http://www.microsoft.com/germany/mof (deutschsprachig)

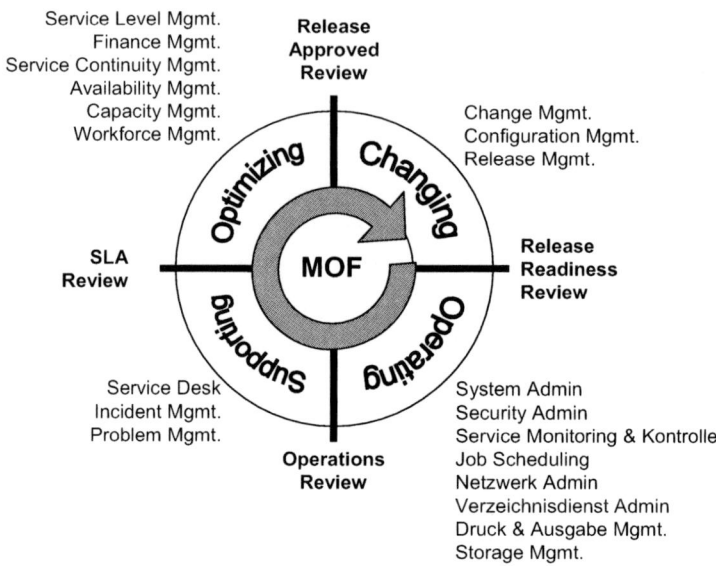

Service Level Mgmt.
Finance Mgmt.
Service Continuity Mgmt.
Availability Mgmt.
Capacity Mgmt.
Workforce Mgmt.

Release
Approved
Review

Change Mgmt.
Configuration Mgmt.
Release Mgmt.

SLA
Review

MOF

Release
Readiness
Review

Service Desk
Incident Mgmt.
Problem Mgmt.

Operations
Review

System Admin
Security Admin
Service Monitoring & Kontrolle
Job Scheduling
Netzwerk Admin
Verzeichnisdienst Admin
Druck & Ausgabe Mgmt.
Storage Mgmt.

Abbildung 61: MOF mit allen IT-Service-Management-Funktionen

Die einzelnen Quadranten sind miteinander verbunden und laufen wiederholt ab: Changing (Änderung), Operating (Betrieb), Supporting (Unterstützung) und Optimizing (Optimierung). In den Quadranten sind die jeweiligen Service-Management-Funktionen angesiedelt. Das Prozessmodell beinhaltet – jedem Quadranten zugeordnet – verschiedene Reviews. An diesen Punkten werden die Leistungen jedes Quadranten geprüft und dokumentiert.[42]

Das Teammodell

Das MOF-Teammodell bietet einen guten Überblick über die Teamrollen und hilft dem Management, Mitarbeiter effektiv einzusetzen. Es besteht aus sechs Tätigkeitsbereichen, denen jeweils Rollencluster zugeordnet sind. Die Rollencluster stellen weder Arbeitsplatzbeschreibungen noch eine hierarchische Anordnung dar. Die Tätigkeiten einer Rolle können auf mehrere Personen verteilt werden, müssen es jedoch nicht. Die Rollencluster können in einem weiteren Schritt den Quadranten des Prozessmodells zugeordnet werden.

---

[42] Quelle: Pultorak, Dave u. a.: *Das MOF-Taschenbuch*, 2003

Das Risikomodell

Das MOF-Risikomodell identifiziert und verwaltet anhand eines fünfstufigen Prozesses die Risiken, die im Rahmen des IT-Betriebs entstehen. Ein Risiko ist dabei als ein möglicher Verlust von Daten, Sicherheitslücken oder die Unterbrechung eines Services definiert. Der Risikomanagement-Prozess besteht aus folgenden Schritten:[43] Feststellen, Analysieren, Planen, Nachverfolgen, Steuern.

Control Objectives for Information & related Technology (COBIT)

Auch COBIT ist ein IT-Rahmenwerk zur IT Governance, bestehend aus Best Practices, zusammengestellt von der Herstellervereinigung ISACA (Information Systems Audit and Control Association). Es wurde 1996 veröffentlicht. Die Definitionen und Begriffsbestimmungen greifen zum Teil auf die ITIL zurück. 16 der 34 COBIT-Prozesse werden von der ITIL behandelt, ebenso fast alle Kriterien[44], auf die die IT-Ressourcen untersucht werden, sowie alle IT-Ressourcen[45]. Ähnlich wie bei der ITIL liefert COBIT keine Anweisungen, WIE die jeweiligen Anforderungen umzusetzen sind, sondern nur, WAS umgesetzt werden soll.

Bestandteile von COBIT sind:

- Executive Summary
- Framework
- Control Objectives
- Management Guidelines
- Implementation Tool Set
- Audit Guidelines

Das Framework von COBIT beinhaltet u. a. insgesamt 34 Einzelprozesse, die den in der folgenden Grafik dargestellten Domänen Planung & Organisation, Beschaffung & Implementierung, Betrieb & Unterstützung und Überwachung zugeordnet sind. Den Einzelprozes-

---

[43] Quelle: Pultorak, Dave u. a.: *Das MOF-Taschenbuch*, 2003
[44] Vertraulichkeit, Verfügbarkeit, Integrität, Effektivität, Leistungsfähigkeit, Vollständigkeit, Zuverlässigkeit
[45] Personen, Anwendungen, Technologien, Einrichtungen, Daten

sen wiederum sind jeweils zwischen drei und dreißig Kontrollziele (Control Objectives) zugeordnet.

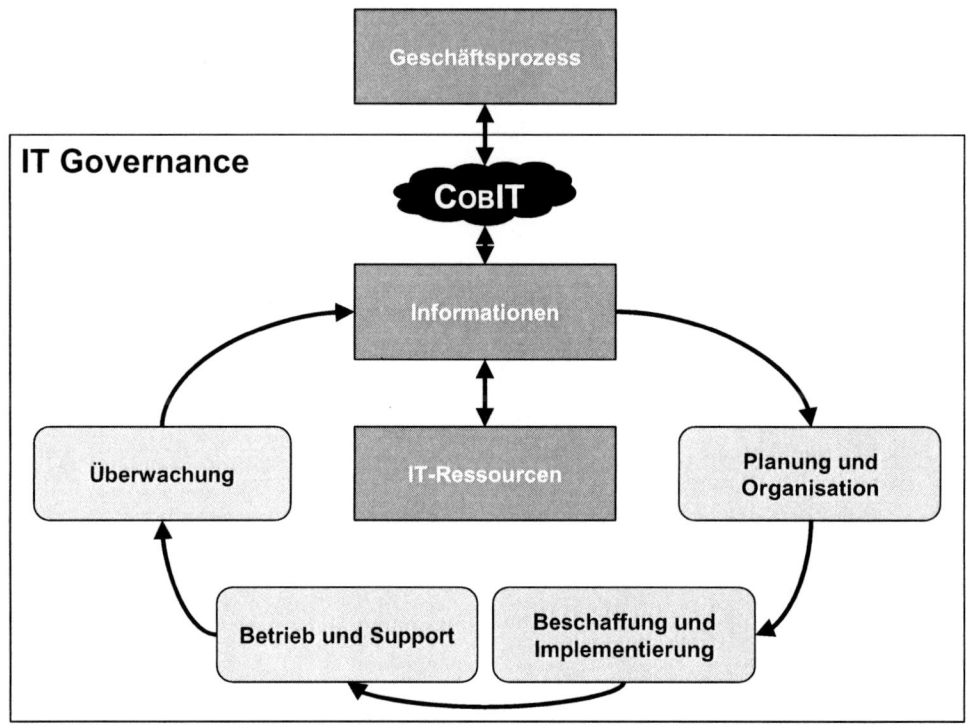

Abbildung 62: Wirkungskreislauf COBIT

14. *Tools zur Prozessmodellierung*

Die folgenden Informationen beruhen auf Angaben der Hersteller der einzelnen Tools (Stand: Juli 2006).

Bonapart

Hersteller

EMPRISE Process Management GmbH, Post Str. 24, 53111 Bonn;
Tel.: +49 (0) 2 28 6 29 27-96, Fax: +49 (0) 2 28 6 29 27-97, info.epm@emprise.de,
bonapart@emprise.de, www.emprise.de

Die EMPRISE Process Management GmbH (EPM) ist ein Anbieter von Software und Consulting für das Geschäftsprozessmanagement, um Prozesse und Organisationen optimal zu gestalten. Die EPM setzt hierbei auf den Erfolg des renommierten und in einer Vielzahl von Projekten erfolgreich eingesetzten Produkts BONAPART® sowie umfassendes Technologie- und Beratungs-Know-how, mit dem das Team seit über 14 Jahren erfolgreich im Markt positioniert ist.

Die EPM gehört zur überregional tätigen EMPRISE Unternehmensgruppe. Mit rund 200 festangestellten Mitarbeitern berät EMRPISE in allen Fragen rund um die IT-gestützte Gestaltung der Geschäftsprozesse. EMPRISE entwickelt außerdem branchenspezifische Lösungen, die das Prozessmanagement vereinfachen und den Unternehmenserfolg durch eine messbare Steigerung der Produktivität sichern.

Die EPM arbeitet aktiv an der Weiterentwicklung des ITIL-Referenzmodells. Zusätzlich ist das in zahlreichen Infrastrukturprojekten unter Beweis gestellte Know-how der EMPRISE in detailliertere Referenzmodelle bspw. für das Business Continuity Management eingeflossen. Darüber hinaus bietet die EPM Service Packages an, die dem Kunden durch Bündelung von

Beratung, BONAPART-Lizenz und Referenzmodell einen effizienten und kostengünstigen Einstieg in das jeweilige Thema (z. B. auch ITIL und Business Continuity Management) erlauben.

Tool

BONAPART ist ein universell einsetzbares Instrument zur Modellierung und Optimierung von Geschäftsprozessen und Organisationsstrukturen – bei nachhaltiger Sicherung des darin enthaltenen Wissens – und damit eine Anwendung für die kontinuierliche Entwicklung innerbetrieblicher Ablauf- und Organisationsstrukturen.. Zur Unterstützung von Experten und Laien entwickelt, dient das Programm als organisatorische Entscheidungshilfe und zur strategischen Planung. BONAPART wird bereits von vielen Unternehmen erfolgreich in Projekten der Geschäftsprozessoptimierung (GPO) eingesetzt.

Mit BONAPART lassen sich

- Unternehmen und Prozesse abbilden und modellieren
- Modelle simulieren und Schwachstellen ermitteln
- Engpässe analysieren und optimieren
- Prozesse automatisieren
- Ergebnisse in Arbeitshandbüchern oder im Internet/Intranet publizieren

BONAPART hat sich seit Markteinführung 1992 in einer Vielzahl von Projekten als leistungsfähiges, aber dennoch leicht erlern- und bedienbares Werkzeug für die Modellierung und Optimierung der Prozesse eines Unternehmens etabliert. Unterschiedliche Informationsquellen lassen sich leicht anbinden; der Im- bzw. Export von Daten aus verschiedenen Formaten ist unkompliziert.

Technologiebasis

BONAPART existiert in zwei Versionen. Die Standalone-Version (BONAPART Professional) benötigt lediglich einen Standard-Windows-PC.

Die webbasierte Version (BONAPART Collaborative) kommt serverseitig mit einem handelsüblichen NT- oder Windows-2000-Server aus. Am Client wird neben dem Browser lediglich das jeweils aktuelle Java Plug-in von Sun vorausgesetzt.

Templates für die ITIL-Prozesse

BONAPART-ITIL ist ein mittels BONAPART entwickeltes Referenzmodell. Für die Bereiche „Service Support" und „Service Delivery" sowie den verbindenden Service Desk werden Modelle für die Kernprozesse und Beschreibungen der Schnittstellen bereitgestellt. Den Prozessen sind praxisorientierte Arbeitsvorlagen, Checklisten und CoBIT-basierte Kennwerte zugeordnet. BONAPART-ITIL basiert auf den ITSMF-Dokumentationen, ergänzt durch die Projekterfahrung zertifizierter Berater. In Projekten erfolgt die Anpassung des Referenzmodells auf individuelle Anforderungen.

Einsatzgebiete

BONAPART hat seine Eignung sowohl für kleine Unternehmen als auch für den Mittelstand und für Großunternehmen in einer Vielzahl von Projekten unter Beweis gestellt. Typischerweise wird BONAPART von den mit Organisationsfragen befassten Abteilungen eingesetzt, aber auch Fachabteilungen nutzen das Werkzeug zur Dokumentation ihrer Abläufe.

BONAPART hat sich in nahezu jeder Branche bewährt. Einen gewissen Schwerpunkt stellen Dienstleistungsunternehmen dar (Finanzdienstleister, Logistik, IT-Dienstleister usw.), da sich hier die Prozessqualität am schnellsten auf die Servicequalität und damit auf den Kunden auswirkt.

Added Value

BIONAPART® hilft effektiv bei der Einführung von (ITIL)-Prozessen im Unternehmen durch:

- qualitativ hochwertige Prozessmodelle durch den Einsatz des bewährten Werkzeugs BONAPART
- die Verkürzung von Projektlaufzeiten mittels lösungsorientierter Referenzmodelle
- praxisorientierte, ins Prozessmodell eingebettete Vorlagen, Checklisten und Dokumentationen
- flexible Anpassung der Prozessmodelle an sich ändernde Anforderungen
- Messbarkeit der ITIL-Prozesse durch ein CoBIT-basiertes Kennzahlensystem
- Möglichkeiten der nachfolgenden Prozessanalyse und -simulation
- schnelle und effektive Publikation der Prozesse für alle Beteiligten im Intranet

Durch die Kombination des Referenzmodells mit langjähriger Beratungskompetenz entstehen durchgängig abgebildete Geschäftsprozesse, welche die Voraussetzung für eine mögliche Abbildung in einem DV-System darstellen. Mittels Business Process Execution Language (BPEL) kann die Überführung der fachlich beschriebenen Prozesse in die IT-Sicht automatisiert erfolgen. Durch den Einsatz von BONAPART können ITIL-Projekte effizient, zielorientiert und am Unternehmen orientiert durchgeführt werden.

jPass!, jLive! und jFlow!

Hersteller

jCOM1 AG, Franz Böhm, Lilienthalstraße 17, 85296 Rohrbach/Germany;
Fon: +49 8442-9678 32, Fax: +49 8442-9678 31, franz.boehm@jcom1.com,
www.jcom1.com

Dr. Albert Fleischmann und Franz Böhm gründeten 1998 das Softwareunternehmen jCOM1, das seit April 2004 als AG firmiert. Die im bayerischen Rohrbach ansässige jCOM1 AG entwickelt innovative Lösungen für das Geschäftsprozessmanagement (Business Process Management – BPM). Seit September 2004 besteht zwischen SAP Corporate Research und jCOM1 eine erfolgreiche Forschungskooperation.

Tool

jPASS!® ist die Basis der Tool-Familie von jCOM1. Mit Hilfe dieses entwickelten Prozessmanagement-Werkzeugs ist es möglich, komplett auf der Basis von Eclipse, sowohl interne als auch nach außen gerichtete Unternehmensabläufe konkret zu beschreiben. Dabei werden die betrachteten Abläufe mit Hilfe des Produkts erfasst, in plattformunabhängige Prozesse umgewandelt und gegebenenfalls bereits bestehende Anwendungen in den automatisch generierten Coderahmen integriert. Alle Beteiligten (Subjekte) werden persönlich in das Prozessdesign involviert und ihr Verhalten Schritt für Schritt bestimmt. Auch ist es möglich, existierende Prozessbeschreibungen, wie zum Beispiel aus ARIS, zu importieren und anschließend nachzubearbeiten. Durch die einzelnen Werkzeuge sind bei der Implementierung von Geschäftsprozessen Kosteneinsparungen von bis zu 80 Prozent gegenüber herkömmlichen Vorgehensweisen möglich.

Technologiebasis

Die Systemvoraussetzungen zur Installation von jPASS! umfassen:

- Pentium III; 600 MHz; 256 MB Speicher
- JDK Version 1.4 (oder höher)
- CD-ROM-Laufwerk
- VGA-Grafik mit mindestens 256 Farben
- Linux-System, Windows 95 und höher oder jede andere Java-Oberfläche

Templates für die ITIL-Prozesse

Alle ITIL-Prozesse wurden mit jPASS! beschrieben. Die an einem ITIL-Prozess beteiligten Mitarbeiter können sofort überprüfen, ob die Prozesse den firmenspezifischen Bedingungen entsprechen. Die Anpassung der beschriebenen Referenzprozesse an die spezifischen Unternehmensanforderungen ist ebenso möglich wie die sofortige aktive Überprüfung durch die Nutzer bzw. die Einbettung der adaptierten Prozesse in die Unternehmensorganisation. Spezifische Anwendungen wie Remedy können in den automatisch erzeugten Workflow integriert werden.

Einsatzgebiete

jPASS! wurde sowohl in kleinen und mittelständischen Unternehmen als auch einigen Großunternehmen in zahlreichen Projekten evaluiert und eingesetzt. Vorrangig wird jPASS! zur intuitiven und schnellen Modellierung der Geschäftsprozesse in den Fachabteilungen genutzt, was eine erhöhte Akzeptanz auf Mitarbeiterseite zur Folge hat.

Die Branchen, in denen jPASS! eingesetzt wird, erstrecken sich vom mittelständischen Buchhandel über Automobilhersteller bis hin zu großen Finanzdienstleistern, die ihre Prozesse und Services nachhaltig verbessern wollen.

Added Value

Das Besondere an der Vorgehensweise der BPM-Spezialisten von jCOM1 ist die so genannte Subjekt- oder auch Arbeitsplatzsicht. Alle beteiligten Mitarbeiter werden bereits in der Planungsphase bei der Erstellung der Prozessbeschreibung involviert.

Ein Prozess besteht aus strukturierten Interaktionen zwischen den am Prozess Beteiligten (Subjekte). Diese können Mitarbeiter, Anwendungsprogramme, Maschinen oder eine Kombination daraus sein. Sämtliche Prozesse lassen sich mit jCOM1 vor der Implementierung „durchspielen" beziehungsweise direkt erleben und problemlos anpassen. Die einfache Handhabung sowie eine grafische Benutzeroberfläche erlauben einen Test der Prozesslogik „per Knopfdruck" vor dem Einsatz. jCOM1 bietet auch bei unternehmens- bzw. organisationsübergreifenden Prozessbeschreibungen dem Kunden eine optimale Planungssicherheit – nicht zuletzt liefern sie eine optimale Dokumentation bzw. Schnittstellen für beispielsweise ein geplantes Outsourcing oder interne Schulungen bei neuen Mitarbeitern.

Unternehmen können so sehr schnell auf die sich rapide ändernden Marktbedürfnisse reagieren. Damit sparen sie nicht nur Zeit und Kosten, sondern erhalten durch die proaktive Planung auch einen Wettbewerbsvorteil. Auch ITIL-Schulungsanbieter profitieren von diesem Tool: Die theoretischen Grundlagen können von den Teilnehmern direkt „erlebt" werden, wodurch ein größeres Vertrauen in die Einführung neuer ITIL-Projekte geschaffen wird.

Aeneis

Hersteller

intellior AG, Zettachring 12, 70567 Stuttgart;
Tel.: 07 11/728765-00, Fax: 07 11/728765-19, info@intellior.ag, www.intellior.ag

Die intellior AG bietet mit dem GPM-Tool AENEIS eine mächtige, innovative Standardsoftware für effizientes Geschäftsprozessmanagement. AENEIS ist seit über 12 Jahren mit rund 3.000 Lizenzen bei mehr als 1.000 Kunden aller Branchen und Größenordnungen erfolgreich im Einsatz. Durch MeliorNet, das dynamisch wachsende Berater-Netzwerk von intellior, steht den Kunden hochkarätige Kompetenz für individuelle GPM-Lösungen zur Verfügung.

Tool

AENEIS bietet folgende Features:

- Aufgaben- und benutzerorientierte Oberfläche:
  - o Sichten statt Masken

- o Perspektiven (Sicht-Kombinationen)
- o Look & Feel-Style
- o Suchfunktion
- o Verwendungslisten
- o Mehrsprachigkeit

- Intuitives Modellieren für mehr Effizienz:
  - o Modellierung durch Drag & Drop
  - o Grafikoptionen (Swimlanes, Input-/Output-Dokumente)
  - o rein grafische Prozessmodellierung möglich (d. h. ohne Verantwortlichkeiten)
  - o beliebig tiefe Verschachtelung (stufenloser Zoom in Diagrammen)
  - o Undo-/Redo-Funktion

- Anpassungs-Tools für maximale Flexibilität:
  - o Schema-Verwaltung (anpassbares Metamodell: z .B. Registerkarten, Felder, Links)
  - o Shape-Editor
  - o Benutzerverwaltung

- Cross-mediales Publishing der jüngsten Generation:
  - o Dokumentation (HTML-Berichte, Word, XHTML, PDF)
  - o Grafikformate (JPG, PNG, SVG)

- Schnittstellen für nahtlose Integration:
  - o SAP-Schnittstelle
  - o XML-Schnittstelle
  - o Excel-Schnittstelle
  - o LDAP-Schnittstelle

- Projektspezifische Features:
  - o Prozesskostenrechnung
  - o Versionierung
  - o Freigabe-Workflow
  - o Export/Import
  - o Dynamische Simulation (in AENEIS 5.5)
  - o Single User, Multi-User

Technologiebasis

- Alle gängigen Betriebssysteme:
  - Windows 2000, Windows XP, Windows 2003 Server
  - Suse Linux 9
  - MacOS 10.3

- SQL-Datenbank-Anbindung
  - SQL-Datenbank „HSQL Einzelplatz" integriert
  - Anbindung z. B. an Oracle 9i, IBM DB2, MS-SQL
  - Datenübernahme aus Poet-DBs möglich

- 100 % Java-Modellierung
  - Anpassungen und Anbindungen über Java-API

- BPMN-Notationsstandard
  - Business Process Modelling Notation
  - Vorgangsketten-Diagramme horizontal und vertikal

Templates für die ITIL-Prozesse

Für die ITIL-Hauptprozesse hat intellior AG ein AENEIS-Prozessmodell mit einer vorkonfigurierten Datenbankstruktur entwickelt. Die Prozesse sind bis zur Aufgabenebene modelliert und mit Erläuterungen näher beschrieben. Die Rollen IT Service und IT Delivery stehen im Zentrum der Verantwortlichkeiten. Durch Modellierung der Schnittstellen und des Informationsflusses zwischen den Aktivitäten ergibt sich ein durchgängiges Gesamtbild der ITIL-relevanten Prozesse.

Einsatzgebiete

- Allgemeine GPM-Lösungen:
  - für Unternehmen aller Branchen
  - für beliebige Firmengröße (vom Konzern bis zum KMU)
  - Prozessmanagement und Prozess-Improvement
  - Integrierte Managementsysteme (QM, UM etc.)
  - Intelligentes Organisationsinformationssystem
  - Simulation von Geschäftsprozessen

- Branchen-orientierte GPM-Lösungen:
    - o Industrie, u. a.: Automotive, Lebensmittelproduktion und -logistik
    - o Dienstleistungsbereich, u. a.: Messe, Verbände und Organisationen, Verwaltungen, Sozial- und Gesundheitseinrichtungen

Added Value

AENEIS, die Standardsoftware zur Modellierung, Dokumentation und Analyse von Geschäftsprozessen und Organisationsstrukturen, setzt Projektaufgaben rund um das Geschäftsprozess-Management zielorientiert, ressourcenschonend und rasch um. Diese lassen sich unternehmensweit kommunizieren und langfristig mit wenig Aufwand pflegen.

AENEIS bietet dabei alle Funktionalitäten eines professionellen Organisations-Engineering-Tools und ist über aufgabenorientierte Oberflächen von allen Mitarbeitern intuitiv und sicher zu bedienen. Dokumentation auf Knopfdruck kommuniziert die Inhalte empfängerorientiert. Die datenbankgestützten Lösungen erfüllen die Bedürfnisse aller Anwenderkreise durch individuelle Anpassung von Metamodell und Zeichenobjekte an die jeweilige Unternehmensspezifikation bzw. die CI.

Beim bundesweit ersten BPM-Tool-Shootout im Juni 2006 setzte sich AENEIS gegen namhafte Wettbewerbsprodukte durch und errang den 1. Platz.

Anhang

Glossar

All Processes Approach	eine in der ITIL beschriebene Herangehensweise, bei der alle Prozesse nahezu parallel implementiert werden
Analyse-Phase	Phase eines Projekts, in der die Ist-Situation analysiert wird
Anwender (User)	Personen, die IT-Dienstleistungen erhalten bzw. nutzen
Assessment	strukturierte und zielgerichtete Befragung, mittels derer bestimmte Sachverhalte erfasst und eingeschätzt werden sollen
Availability	Verfügbarkeit einer Komponente oder eines Services
BaFin	Bundesanstalt für Finanzdienstleistungsaufsicht; einheitliche staatliche Aufsicht für alle Bereiche des Finanzwesens (Allfinanzaufsicht)
BCM (Business Continuity Management)	Sicherstellung von Geschäftsprozessen bei Störungen unterschiedlicher Ursachen
Big Bang	s. All Processes Approach
BPO (Business Process Outsourcing)	Auslagerung von Geschäftsprozessen bzw. Teilen von Prozessen

BS 15000

Standard, der die Anforderungen an ein IT Service Management definiert. Er wurde in Großbritannien entwickelt. In ihm sind die generischen Prozesse aufgeführt, die eine Organisation implementieren müsste, wenn sie IT Services entsprechend der festgelegten Qualität erbringen wollte.

Build-Phase

eigentlich: Endphase im Produktionsprozess einer Konfiguration; hier: Phase eines Projekts, in der Prozesse in die Regelorganisation eingeführt werden, Zertifizierungen und Schulungen erfolgen

CAB (Change Advisory Board)

Änderungsbeirat, der einberufen wird, um Changes zu beurteilen und zu autorisieren

CCTA (Central Computers and Telecommunications Agency)

britische Behörde, die Ende der 1980er Jahre die Bücher der ITIL erarbeitete; 2001 ging die CCTA in das Office of Government Commerce (OGC) über – eine Stabsstelle der britischen Regierung, die seither auch für die Überarbeitung und Weiterentwicklung von ITIL zuständig ist.

CDB (Capacity Database)

Datenbank im Capacity Management, in der Kapazitäts- und Performancedaten von CIs erfasst und ausgewertet werden

Change

geplante Änderung an einem Vorhaben oder Service in der IT-Infrastruktur

Charging

Leistungsverrechnung, Weiterberechnung von Kosten

CI (Configuration Item)

Komponenten der IT-Infrastruktur wie Hardware, Software, Dokumente und Services

CMDB (Configuration Management Database)

Datenbank, in der alle Komponenten der IT-Infrastruktur und deren Beziehung untereinander erfasst sind

Customer

s. Kunden

Deming Cycle, Deming-Kreis, PDCA-Zyklus

von W. E. Deming entwickeltes Modell, das als Basis vieler Konzepte und Methoden im Bereich des Qualitätsmanagements dient; es gewährleistet, dass sich Prozesse innerhalb eines qualitätssichernden Kreislaufs abspielen (Plan, Do, Check, Act)

Design-Phase

Phase eines Projekts, in der der Soll-Zustand definiert wird (hier: Beschreibung der Prozesse und Rollen sowie der Schnittstellen zu den anderen Prozessen)

DHS (Definitive Hardware Storage)

abgeschlossener Bereich für maßgebliche Hardware-Ersatzkomponenten, die nicht verändert werden dürfen

Dringlichkeit

Notwendigkeit, eine wichtige Handlung kurzfristig zu erledigen, also die (zeitliche) Priorität; die Dringlichkeit kann aus einer subjektiven Einschätzung erfolgen oder auf objektiven Gegebenheiten beruhen

DSL (Definitive Software Library)

Speicherort (Datenträger oder Datenbank) für alle im Unternehmen eingesetzte, autorisierte und freigegebene Software inklusive eines Archivs für die älteren Versionen

EFQM (European Foundation for Quality Management)

gemeinnützige Organisation, die sich der Entwicklung eines europäischen Modells für das Qualitätsmanagement verpflichtet hat und 1988 von 14 großen Unternehmen gegründet wurde (u. a. Bosch, Ciba-Geigy, Fiat, KLM, Nestlé, Philips und Volkswagen)

Eskalation

Es gibt zwei Arten der Eskalation: Die hierarchische Eskalation wird eingesetzt, um bei Schwierigkeiten im Rahmen der Lösungsfindung innerhalb der Organisation „nach oben" zu eskalieren, also Bericht zu erstatten und gleichzeitig höhergestellte Entscheidungsinstanzen miteinzubeziehen. Die funktionale Eskalation bedeutet, dass ein Incident in eine Fachgruppe mit relevanten Spezialkenntnissen weitergeleitet wird, weil die Kompetenz derer, die den Incident aufgenommen haben, zu dessen Bearbeitung nicht mehr ausreicht.

EXIN	Examensinstituut voor Informatica in den Niederlanden, autorisierte ITIL-Prüfungs- und -Zertifizierungsstelle für alle Länder außerhalb des Commonwealth
First Level	erste Anlaufstelle an einem Help Desk oder in einem Call Center; Fehler oder Fragen werden vom dort arbeitenden Personal erfasst und beantwortet bzw. es leitet die entsprechenden Maßnahmen ein
FSC (Foreward Schedule of Change)	Änderungskalender, Planungen und Einzelheiten der Changes
Governance	s. IT Governance
Help Desk	zentrale Anlaufstelle für Kunden mit bereits klassifizierten Problemen; es gibt beispielsweise Applications Help Desk, Hardware Help Desk o. Ä.; s. a. Service Desk
ICT	Abkürzung für: Information and Communication Technology (Informations- und Kommunikationstechnologie)
Impact-Analyse	Analyse von Auswirkungen; dient zur Bewertung eines Risikos
Incident	Vorfall, Störung bzw. ein Ereignis, das Normalbetrieb behindert oder unmöglich macht; in der ITIL wird zusätzlich auch ein Service Request (Anfrage oder Serviceanforderung) als Incident betrachtet
ISEB	Information Systems Examination Board in Großbritannien; autorisierte ITIL-Prüfungs- und -Zertifizierungsstelle für alle Commonwealth-Länder
ISO	Abkürzung für: International Organization for Standardization – eine internationale Vereinigung von Normungsorganisationen aus über 150 Ländern, die am 23. Februar 1947 in Genf gegründet wurde. Die ISO erarbeitet internationale Normen für fast alle Bereiche (Ausnahmen: Elektrik und Elektronik)

ISO 20000
international anerkannter Standard, der sich um die Anforderungen eines professionellen IT Service Managements dreht und in dem die Prozesse dargestellt sind, die für die Erbringung von IT Services erforderlich sind

ISO 9000
international anerkannter Standard im Bereich der Qualitätssicherung

ITIL (IT Infrastructure Library)
Die ITIL bietet Prozessleitlinien und eine einheitliche Nomenklatur zur Planung, Erbringung und Unterstützung von IT Services.

ITIL Framework
die eigentliche ITIL-Struktur, das Framework, wird gebildet durch die sieben Hauptbereiche: Service Support, Service Delivery, Security Management Book, ICT Infrastructure Management, Application Management, Planning to Implement Service Management, The Business Perspective

IT Service
Dienstleistungen, die die IT ihren Kunden erbringt bzw. die sie erhalten

ITSM (IT Service Management)
IT Service Management (ITSM) umfasst Best-Practice-Methoden, die die Geschäftsprozesse eines Unternehmens durch eine IT-Organisation unterstützen. Das ITSM basiert auf einer kunden- und service-orientierten Haltung; Gewährleistung und Überwachung der IT Services spielen eine wichtige Rolle. Ziel ist Sicherstellung von Effizienz, Wirtschaftlichkeit und Qualität der IT-Organisation. ITIL ist ein Leitfaden für das ITSM.

IT Governance
Organisation, Steuerung und Kontrolle der IT eines Unternehmens durch das IT-Management

itSMF (IT Service Management Forum)
User-Forum mit Beiträgen und Informationen rund um ITIL (s. Link-Verzeichnis)

Katastrophenfall
geschäfts- und unternehmensbedrohende Situation oder Gefahr

Known Error
bekannter Fehler, dessen Ursache bereits bekannt ist

KPI (Key Performance Indicator)	Kennzahlen, mit denen innerhalb einer Organisation der Fortschritt oder der Erfüllungsgrad in Bezug auf Zielsetzungen oder kritische Erfolgsfaktoren gemessen bzw. ermittelt werden kann.
Kunde	Gemäß ITIL sind Kunden (Customer) diejenigen, die eine Leistung einkaufen und mit denen die Qualitätsparameter festgelegt werden. Diejenigen, die die Leistungen nutzen, sind die Anwender (User).
Lenkungsausschuss	oberstes, beschlussfassendes Gremium in einer Projektorganisation; in ihm versammeln sich die Project Owner, der Projektleiter und möglicherweise die Geschäftsverantwortlichen
Maintainability	Wartbarkeit (Sicherstellung der Fähigkeit, Komponenten bei Ausfall wieder herstellen zu können)
Major Incident	Fehler mit massiven Auswirkungen auf den Geschäftsbetrieb
Multi Process Approach	eine in der ITIL beschriebene Herangehensweise, bei der mehrere Prozesse nahezu parallel implementiert werden; in den meisten Fällen sind dies Incident-, Change-, Problem- und Release Management; hierbei handelt es sich um die wesentlichen Kernprozesse im IT Service Management
Notfall-Change	Änderung an einem Vorhaben oder Service, die im Rahmen eines Not- oder Katastrophenfalls nötig wird und im Ablauf ein verkürztes Verfahren durchläuft (z. B. durch schnellere Genehmigung)
OGC (Office of Government Commerce)	Nachfolgeorganisation der CCTA (s. o.), zuständig für die Überarbeitung und Weiterentwicklung der ITIL
OLA (Operational Level Agreement)	Vereinbarung über die Zulieferungen der internen IT-Organisation (Absicherung der SLA intern)

PD 0015	Dokument aus dem BS 15000 „IT Service Management Self-Assessment Workbook", mit dessen Hilfe eine Selbstbewertung der bestehenden Prozesse vorgenommen werden kann
Performance	Leistungsniveau eines Service oder von Hard- und Software-Komponenten
PIR (Post Implementation Review)	Kontrollverfahren, das ermittelt, ob eine Änderung vollständig und fehlerfrei durchgeführt wurde
proaktives Problem Management	Probleme sollen erkannt werden, bevor sie akut sind (beispielsweise durch Anwender-Feedback oder Analyse von historischen Incident-Daten)
Process Executive	Rolle am und im Prozess; sie wird nur eingerichtet, wenn aufgrund unterschiedlicher Unternehmenssituationen eine zusätzliche Hierarchieebene innerhalb der Prozessorganisation erforderlich ist; sie zeichnet sich durch ihre kunden- oder bereichsspezifische Ausprägung aus; deren Aufgaben entsprechen im Wesentlichen denen des Process Managers
Profit Center	(Geschäfts-)Bereich, der auf die Erwirtschaftung von Gewinnen ausgerichtet ist
Project Owner	Der Project Owner verantwortet die Zielvorgaben und die Kontrolle eines Projekts.
Projected Service Ability	Dokument, das geschätzte/geplante Abweichungen von den vereinbarten SLA hinsichtlich der Verfügbarkeit enthält; es basiert auf dem FSC (s. dort)
Provider	Dienstleister (häufig extern)
Prozess-Enabling-Faktor	Der Enabling-Faktor gehört zu den Indikatoren, die anzeigen, wie weit ein Projekt auf dem Weg zur Erreichung der festgelegten Prozessziele schon vorangeschritten ist. Er berücksichtigt die Selbstbeurteilung der in den Prozessen involvierten Mitarbeiter.

Prozessstabilitätskennzahl

Auch diese Zahl gehört zu den Projektzielerreichungsindikatoren; sie drückt die Prozessüberlebensfähigkeit aus. Diese ist dann gegeben, wenn ein Prozess ohne weitere Unterstützung durch das Projekt oder andere externe Ressourcen innerhalb der Regelorganisation gestützt durch Dokumentation, Werkzeuge und Mitarbeiter lauffähig ist und die definierten Prozessergebnisse langfristig erreicht werden können.

Qualifizierter Meilenstein

Ein Qualifizierter Meilenstein bezeichnet den (Zeit-) Punkt in einem Projekt, zu dem Leistungen und (Zwischen-)Ergebnisse überprüft und abgenommen werden. Qualifizierte Meilensteine sollte es in Prozessprojekten immer dann geben, wenn ein wesentliches Arbeitsergebnis erreicht ist.

Quickwin

schnell und kurzfristig erreichbarer Gewinn oder Mehrwert

Readiness Check

Der Readiness Check ist ein Bestandteil der Qualifizierten-Meilenstein-Methode: Vor jeder abzuschließenden Projektphase werden Leistungen und (Zwischen-)Ergebnisse überprüft und hinsichtlich Qualität und Vollständigkeit bewertet. Der Readiness Check ist die fachliche Verifizierung der zu erbringenden Liefereinheit.

Reifegrad nach SPICE

s. SPICE

Release

Zusammenstellung mehrerer Komponenten (bspw. Software-Module), die zusammen in der IT-Infrastruktur implementiert werden oder worden sind

Reliability

Zuverlässigkeit (hier: der IT-Systeme)

Reporting

Einrichtung eines betrieblichen Berichtswesens (Erarbeitung, Weiterleitung und Speicherung von Informationen über den Betrieb und zwar in Form von Berichten)

RfC (Request for Change)

Antrag auf Durchführung einer Änderung innerhalb der IT-Infrastruktur

Rollout	Massenverteilung bzw. Installation von Soft- und Hardware
Schnittstelle	Übergang von einem System zu einem anderen; hier werden bspw. Informationen, Energie, Spannungen, Materie analog oder digital ausgetauscht
Scope	abgegrenzter Anwendungsbereich
Service	Dienstleistung; hier: IT-Dienstleistung; s. dort
Service Delivery	Modul aus dem ITIL Framework; beinhaltet Prozessmodelle für Service Level Management, Financial Management for IT Services, Capacity Management, Continuity Management und Availability Management
Service Desk	zentrale Anlaufstelle für Kunden; aufgenommen und ggf. weitergeleitet werden alle Probleme innerhalb der IT; s. a. Help Desk
Service-Katalog	Bestandteil des ITIL-Prozesses Service Level Management; im Service-Katalog sind alle verfügbaren IT Services eines IT-Dienstleisters und deren mögliche Ausprägungen beschrieben.
SLA (Service Level Agreement)	Dokument, das die Rechte und Pflichten der Parteien – Kunde und Dienstleister – vertraglich regelt, und zwar hinsichtlich der angeforderten IT-Dienstleistungen und deren vereinbarten Qualitäten
Service Support	Modul aus dem ITIL Framework; beinhaltet Prozessmodelle für Incident Management, Problem Management, Change Management, Configuration Management, Release Management und die Funktion Service Desk
Single Process Approach	eine in der ITIL beschriebene Herangehensweise, bei der ein Prozess nach dem anderen oder nur einer entwickelt, eingeführt und verbessert wird

253

SIP (Service Improvement Program); auch Continous Service Improvement Program	ITIL-spezifische Herangehensweise zur Verbesserung der Qualität der Serviceerbringung; reicht von der Bestimmung der Vision und der Ziele über die Analyse, die Festlegung der gewünschten Arbeitsergebnisse und die Verbesserung der Prozesse bis hin zur Messung der Ergebnisse
Six Sigma	Methode, die zur Steigerung der Prozessqualität eingesetzt werden kann. Instrumente dafür sind Werkzeuge aus der Datenanalyse und der Statistik.
SPICE	Der Standard ISO 15504 (SPICE – Software Process Improvement and Capability Determination) ist ein Modell für das Assessment von Unternehmensprozessen. Dieser Standard ermöglicht eine Bewertung von Prozessen nach einem klar definierten Modell. Die Leistungsfähigkeit der Prozesse wird in sechs verschiedenen Reifegradstufen festgestellt: unvollständig, durchgeführt, gesteuert, definiert, vorhersagbar, optimierend.
Stakeholder	Anspruchsberechtigter; Gruppe oder Person, die ihre berechtigten Interessen wahrnimmt
SWOT-Analyse	Instrument zur Situationsanalyse, das Stärken (Strengths), Schwächen (Weaknesses), Chancen (Opportunities) und Gefahren (Threats) betrachtet
TQM (Total Quality Management)	Umfassendes Qualitätsmanagement; dient dazu, Qualität als Unternehmensziel einzuführen und dauerhaft zu sichern; Qualität bemisst sich dabei nicht nur an technischen Funktionen, sondern berücksichtigt auch die Beziehung zwischen einem Unternehmen und seinen Kunden
UC (Underpinning Contract)	Vertrag mit externem Dienstleister
Unit	Einheit, Geräte-Einheit
User	s. Anwender
Workaround	Methode zur Vermeidung oder Lösung eines Incidents/Problems bzw. Aufgaben; Interimslösung

Links

http://www.ogc.gov.uk/	Office of Government Commerce
http://www.itsmf.de/	IT Service Management Forum Deutschland
http://www.itsmf.com/global	Internationales IT Service Management Forum
http://www.exin-exams.com/	Anbieter von Examen/Prüfungen und Akkreditierung von Ausbildungsunternehmen für alle Länder außerhalb UK, Irland und des British Commenwealth
http://20000.fwtk.org/	ISO-20000-Informationen
http://www.15000.net/	ITIL- und ISO-20000-Portal
http://www.tuev-cert.de/	TÜV „Zertifizierungs-Zentrale" mit Links zu allen beteiligten TÜV-Instituten
http://www.dqs.de	Deutsche Gesellschaft zur Zertifizierung von Managementsystemen
http://www.koeln-net.com/aksm/	Arbeitskreis Service Management der Gesellschaft für Informatik
http://www.itil-blog.de/	Deutschsprachiger Blog zu ITIL
https://www.openbc.com/net/itservicemanagement/ https://www.openbc.com/net/itzertifizierung/ https://www.openbc.com/net/itilinderpraxis/	Verschiedene Foren in OpenBC zum Thema
http://www.pinkelephant.com	Zertifizierungen für IT-Service-Management-Tools
http://www.readit.biz	Website der Autoren dieses Kompendiums

255

Literatur

Becker, Jörg u. a.: *Prozessmanagement. Ein Leitfaden zur prozessorientierten Organisationsgestaltung.* Berlin Heidelberg New York 2005

Elsässer, Wolfgang: *ITIL einführen und umsetzen.* Leitfaden für effizientes IT-Management durch Prozessorientierung. München Wien 2005

itSMF (Hrsg.): *IT Service Management, eine Einführung.* Frankfurt 2002

itSMF (Hrsg.): *IT Service Management. Ein Begleitband zur IT Infrastructure Library.* Reading 2001

Köhler, Peter T.: *ITIL. Das IT-Servicemanagement Framework.* Berlin Heidelberg 2005

Kostka, Claudia u. a.: *Change Management. 7 Methoden für die Gestaltung von Veränderungsprozessen.* München Wien 2002

Kroslid, Dag u. a.: *Six Sigma. Erfolg durch Breakthrough-Verbesserungen.* München Wien 2003

Office of Government Commerce: komplette ITIL

Olbrich, Alfred: *ITIL kompakt und verständlich.* Wiesbaden 2004

Pultorak, Dave u. a.: *Das MOF-Taschenbuch. Effizientes Management von Dienstleistungen im IT-Betrieb.* 2003

Vogt, Walter (Hrsg.): *Nutzen ohne Frust. IT-Services kundenorientiert planen und steuern.* Basel 2000

Abbildungsverzeichnis

Abbildung 1: Prozesskosten im Verhältnis zum Reifegrad 17

Abbildung 2: Gründe für die Einführung von ITIL 18

Abbildung 3: Ziele und Nutzen von ITIL 22

Abbildung 4: Die Bücher der ITIL 25

Abbildung 5: Service Support und Service Delivery – die ITIL-Kernprozesse 26

Abbildung 6: Mapping der Prozessrollen auf das Organisationsmodell am Beispiel
              Change Management 28

Abbildung 7: Service Support – Incident Management 30

Abbildung 8: Service Support – Problem Management 33

Abbildung 9: Service Support – Change Management 36

Abbildung 10: Service Support – Release Management 39

Abbildung 11: Service Support – Configuration Management 42

Abbildung 12: Service Delivery – Service Level Management 45

Abbildung 13: Service Delivery – Financial Management 48

Abbildung 14: Service Delivery – Capacity Management 51

Abbildung 15: Service Delivery – Availability Management 54

Abbildung 16: Service Delivery – Continuity Management 57

Abbildung 17: Security Management 60

Abbildung 18: Geschäftsvorfälle gehen durch viele Prozesse 64

Abbildung 19: Kundenprozesse sind mit den Dienstleisterprozessen verzahnt 67

Abbildung 20: Konflikte in der hierarchischen Aufbauorganisation 69

Abbildung 21: Die drei Dimensionen der Implementierungsmethode 78

Abbildung 22: Exemplarische Projektorganisation 90

Abbildung 23: Einbindung der beteiligten Rollen in die Projektorganisation 92

Abbildung 24: Qualifizierte Meilensteine zur Projektsteuerung 103

Abbildung 25: Qualifizierte Meilensteine 104

Abbildung 26: Abnahmeprotokoll eines Qualifizierten Meilensteins 107

Abbildung 27: Statusüberblick Qualifizierte Meilensteine 108

Abbildung 28: Einschwingverhalten der Prozessstabilität 112

Abbildung 29: Konflikte an Bereichsgrenzen im Prozessablauf 117

Abbildung 30: „Gemäßigte" Matrixorganisation, Variante 1 118

Abbildung 31: „Gemäßigte" Matrixorganisation, Variante 2 119

Abbildung 32: Modell zum Verständnis von Veränderungen 121

Abbildung 33: Modell für Kommunikation zwischen Projekt- und Linienorganisation 124

Abbildung 34: Einführungsframework 128

Abbildung 35: Projektkosten und Reifegradentwicklung im Verlauf der Phasen 129

Abbildung 36: Einfluss von Normen auf die Prozessbewertung im Rahmen der ISO 20000 135

Abbildung 37: Reifegradmodell nach SPICE 136

Abbildung 38: Kontinuierliche Verbesserung durch Prozessbewertung 137

Abbildung 39: Exemplarische Auswertung der Reifegradanalyse 142

Abbildung 40: Spannungsdreieck der Prozessabweichung 143

Abbildung 41: Gesamtsicht Reifegradbewertung über alle betrachteten Bereiche 144

Abbildung 42: Gesamtsicht auf alle Analyse-Ergebnisse 145

Abbildung 43: Beispiel einer Roadmap für die Design-Phase 154

Abbildung 44: Generisches Prozessmodell von ITIL 157

Abbildung 45: Wertschöpfungskettendiagramm 158

Abbildung 46: Ereignisgesteuerte Prozesskette 159

Abbildung 47: Ereignisgesteuerte Prozesskette in Spaltenform 160

Abbildung 48: Mastermodell der Prozessdokumentation 162

Abbildung 49: Generisches Implementierungskonzept 179

Abbildung 50: Iterativer Betriebsübergang 187

Abbildung 51: Zeitlicher Ablauf der Maßnahmen zum Betriebsübergang 188

Abbildung 52: ITSM Governance Framework 196

Abbildung 53: Rollen im Prozess-Workshop 197

Abbildung 54: Abgrenzung SLA/KPI/BKZ 200

Abbildung 55: KPI-Report, Beispiel Diagramm 205

Abbildung 56: Continous Service Improvement Programme 211

Abbildung 57: DMAIC-Verbesserungsmethode 215

Abbildung 58: PDCA-Zyklus 218

Abbildung 59: EFQM-Modell für Excellence 219

Abbildung 60: Modellhafte Darstellung eines SOX-relevanten Prozesses 230

Abbildung 61: MOF mit allen IT-Service-Management-Funktionen 232

Abbildung 62: Wirkungskreislauf COBIT 234

Tabellenverzeichnis

Tabelle 1: Einflussfaktoren für die Vorgehensweise 80

Tabelle 2: Bewertung der Einflussfaktoren, Fallbeispiel 1 82

Tabelle 3: Bewertung der Einflussfaktoren, Fallbeispiel 2 84

Tabelle 4: Bewertung der Einflussfaktoren, Fallbeispiel 3 85

Tabelle 5: Checkliste Qualifizierte Meilensteine 106

Tabelle 6: Bewertung Unternehmenskultur 122

Tabelle 7: Bewertung Kommunikationskultur 123

Tabelle 8: Beispiel Reifegradbewertung 137

Tabelle 9: Nutzwertanalyse zur Auswahl der Implementierungsmethode 147

Tabelle 10: Ebenen der Prozessdokumentation 164

Tabelle 11: Prozesskarte 165

Tabelle 12: Dokumentenmatrix 166

Tabelle 13: Dokumentenbeziehungsmatrix 167

Tabelle 14: Betriebsmatrix 168

Tabelle 15: Pflegeverantwortung für Prozessdokumentation 171

Tabelle 16: Beispiel für eine Schnittstellenmatrix Change Management 173

Tabelle 17: Verantwortlichkeiten bei der Implementierung 186

Tabelle 18: Steckbrief Prozess-Workshop 198

Tabelle 19: Abgrenzung SLA, KPI, BKZ 200

Tabelle 20: KPI-Report, Beispiel Datenblatt 204

Stichwortverzeichnis

1st Level Support 30

Ablauforganisation 63, 68, 69, 70, 71, 80, 83, 115, 116, 193

Aeneis 160, 240

All Processes Approach 70, 73, 75, 81, 86, 245

Analyse-Phase 79, 85, 86, 90, 91, 103, 111, 127, 129, 131, 132, 133, 134, 141, 148, 149, 150, 152, 153, 156, 173, 192, 245

Analyse-Werkzeuge 132

Analyse-Workshop 132

Anwender 15, 30, 31, 32, 34, 64, 66, 222, 226, 245, 250, 251, 254

Application Management 26, 231, 249

Architektur Board 92, 97

Aufbauorganisation 63, 68, 69, 70, 71, 89, 115, 116, 117, 118, 120

Availability Controller 56

Availability Coordinator 56

Availability Management 25, 32, 35, 37, 46, 52, 54, 58, 172, 173, 211, 228, 253

Back-out-Pläne 140

BaFin 170, 245

BCM 57, 245

Beharrungsvermögen der Organisation 67, 68, 71

Best-Practice-Ansatz 11, 13, 15, 19, 23

Betriebliches Vorschlagswesen 207, 208, 211

Betriebskennzahlen 199

Betriebsmatrix 106, 149, 150, 151, 154, 164, 166, 168, 169, 171, 173, 176, 179, 180, 188, 191, 192, 194, 198, 205, 260

Big Bang 73, 75, 76, 77, 81, 84, 146, 245

Bonapart 235

BS 15000 134, 145, 221, 223, 224, 246, 251

Build-Phase 96, 110, 127, 129, 132, 138, 144, 146, 149, 151, 161, 163, 169, 173, 175, 177, 178, 182, 188, 198, 246

Business Continuity Management 25, 57, 235, 245

Business Process Outsourcing 20, 245

BVW 211, 212

CAB 37, 167, 246

Call Agent 32

Capacity Controller 53

Capacity Coordinator 53

Capacity Management 25, 35, 37, 47, 49, 51, 52, 53, 55, 58, 77, 173, 224, 227, 246, 253

Capacity Plan 52, 77

CCTA 23, 63, 246, 250

Certificate in IT Infrastructure Management 24, 222

Change Advisory Board 37, 38, 53, 246

Change Approver 38, 168

Change Control Board 92, 97

Change Controller 38, 167, 168, 171

Change Implementer 38, 168

Change Initiator 38, 165, 168

Change Management 25, 27, 28, 31, 32, 33, 34, 36, 37, 40, 43, 46, 47, 53, 55, 58, 61, 63, 74, 138, 168, 172, 173, 224, 226, 253, 256, 260

CI 31, 34, 35, 35, 36, 37, 40, 41, 42, 43, 44, 44, 45, 46, 48, 61, 139, 173, 243, 246

CI-Daten 43

CIO 168, 171

Cluster 76, 90, 91, 92, 94, 105, 185, 186

Cluster-Verantwortliche 185

CMDB 34, 36, 37, 40, 42, 43, 44, 45, 46, 49, 53, 55, 80, 140, 170, 227, 246

COBIT 201, 221, 233, 234

Commercial Manager 92

Commitment 79, 81, 82, 83, 85, 86, 97, 125, 133, 141, 146, 147, 148, 183, 193

Communications Management 98, 101

Configuration Controller 43

Configuration Coordinator 44

Configuration Designer 43

Configuration Items 31, 42, 227

Configuration Management 25, 27, 31, 34, 35, 36, 37, 40, 42, 44, 46, 49, 53, 55, 58, 61, 64, 91, 173, 224, 227, 246, 253

Configuration Operator 44

Configurator 41

Continuity Coordinator 58

Continuity Management 25, 35, 37, 43, 53, 55, 57, 58, 91, 173, 224, 228, 236, 253

Continuity Manager 58

Continuous Service Improvement Programme 207, 208, 210, 211

Cost Management 98, 100

Crosby 207, 208, 219, 220

Customer Pilot 185

Dateinamenkonventionen 161, 162

Debriefing-Methodik 109

Definitive Hardware Store 40, 40

Definitive Software Library 39, 227, 247

Deming 127, 211, 216, 217, 247

Design-Phase 85, 96, 103, 111, 127, 132, 133, 148, 149, 151, 152, 153, 154, 161, 162, 163, 168, 169, 170, 172, 173, 179, 191, 201, 247

DHS 40, 40, 247

DIN 66021 87, 155

DIN 69901 87, 98

DMAIC-Methode 214

Dokumentenbeziehungsmatrix 164, 166, 167, 171, 260

Dokumentenmatrix 106, 164, 166, 171, 260

Dokumentenstruktur 149, 161, 162, 163, 171

Dringlichkeit 139, 247

DSL 39, 40, 41, 247

EFQM 207, 208, 218, 219, 220, 247

Einführungsframework 127, 128

Enabling-Faktor 110, 111, 112, 251

Enabling-Plan 182

End of Project 185, 191

Ereignisgesteuerte Prozesskette 158, 159, 160

Ergebnisspinne 141

Eskalation 31, 44, 247

European Foundation for Quality Management 207, 218, 247

EXIN 24, 222, 248

Feedbackbögen 95, 182, 184

Financial Controller 49

Financial Coordinator 49

Financial Management 25, 47, 48, 50, 53, 173, 227, 230, 253

Financial Planer 49

Financial Sales Controller 50

Financial Supporter 50

Foundation Certificate in IT Service Management 24, 221

FSC 34, 37, 40, 52, 248, 251

Fünfmal-Warum-Methode 207, 208, 209, 210, 220

Generisches ITIL-Prozessmodell 156

Geschäftsprozess 18, 87, 155, 243

Governance 16, 20, 29, 127, 181, 187, 188, 191, 192, 193, 194, 195, 196, 200, 205, 208, 233, 248, 249

Human Resource Management 98

IBM IT Process Model 65

ICT Infrastructure Management 25, 249

Impact-Analyse 248

Implementer 41

Implementierungskonzept 150, 176, 177, 178, 179, 185, 186, 188, 189

Implementierungslandkarte 178, 180

Implementierungsmethode 70, 71, 73, 77, 78, 82, 84, 85, 86, 121, 133, 147, 260

Incident Controller 32

Incident Coordinator 32

Incident Management 25, 27, 30, 34, 35, 37, 46, 52, 61, 63, 64, 68, 74, 85, 106, 173, 181, 199, 204, 224, 226, 253

Inspector (Input) 41

Inspector (Output) 41

Integration Management 98

Intranet 124, 151, 162, 166, 169, 171, 177, 182, 198, 236, 237

ISEB 24, 222, 248

ISO 15504 135, 254

ISO 20000 13, 21, 66, 132, 134, 135, 145, 150, 221, 223, 224, 225, 249

ISO-20000-Check 221, 225

ISO-20000-Zertifizierung 134, 137, 225

IT Infrastructure Library 15, 23, 24, 27, 249, 256

IT Service 15, 11, 13, 15, 24, 27, 30, 45, 65, 70, 74, 75, 81, 82, 90, 93, 94, 116, 131, 134, 164, 175, 183, 220, 221, 222, 223, 224, 231, 242, 246, 249, 250, 251, 255, 256

IT Service Management 15, 24, 222

IT-Dienstleister 21, 76, 83, 237

Iterativer Übergang 187

ITIL Foundation 181, 184

ITIL-Überblick 181, 183

IT-Infrastruktur 19, 36, 42, 47, 52, 53, 55, 61, 227, 231, 246, 252

IT-Kapazität 51

IT-Management 34, 249, 256

IT-Prozess 18

itSMF 24, 222, 223, 249, 256

ITSM-Prozess 29

jPASS 151, 160, 238, 239

Juran 207, 208, 219

Kaizen 208, 212

Kapazitätsengpässe 51

Katastrophenfall 53, 57, 58, 59, 249

Kennzahlen 19, 27, 29, 54, 111, 139, 147, 191, 192, 198, 199, 250

Key Performance Indicator 27, 198, 200, 250

Kick-off 124, 133, 134, 151, 152, 177, 178, 188, 191, 193

klassische Projektorganisation 89, 90, 113

Known Error 40, 249

Kommunikationskonzept 150

Kommunikationskultur 123, 260

Kontinuierlicher Verbesserungsprozess 164, 207, 212, 220

Kosten-Nutzen-Analyse 53, 147

KPI 27, 32, 35, 38, 41, 44, 47, 50, 53, 56, 59, 62, 127, 192, 195, 197, 198, 200, 201, 202, 203, 204, 205, 208, 250, 260

KVP 127, 164, 182, 207, 208, 212

Lenkungsausschuss 89, 92, 93, 96, 97, 148, 250

Lessons Learned 83, 84, 85, 103, 109, 110, 113

Linienorganisation 80, 83, 84, 88, 89, 93, 124

Linienprojektorganisation 89

Maintainability 54, 250

Major Incident 33, 250

Management Commitment 125

Mastermodell der Prozessdokumentation 152, 162

Matrixorganisation 116, 118, 119, 125

Matrix-Projektorganisation 89

Mehrliniensystem 116

Meilenstein-Status 108

Microsoft Operations Framework Process Model 65

Modellierungstechnik 156

Modellierungstools 152, 160, 161

MOF 65, 221, 231, 232, 233, 256

Multi Process Approach 70, 73, 75, 79, 81, 86, 146, 250

Notfall-Change 250

Notfallplan 228

Nutzwertanalyse 79, 86, 132, 145, 146, 147, 148, 260

OGC 15, 23, 24, 246, 250

OLA 45, 46, 47, 56, 250

Operational Level Agreement 45, 250

Operational Service Level Controller 47

Optimizing-/Self-Optimizing-Phase 208

Organisational Change 119, 120

Organisationsstruktur 15, 80, 82, 83, 85, 86

PD 0015 132, 134, 138, 192, 224, 225, 251

PDCA 207, 208, 217, 218, 220, 247

Pflegeverantwortung 169, 170, 171, 260

Pilotierungskonzept 150

Pilotschulung 186

PIR 37, 165, 251

PMO Project Management Office 92, 95

Post Implementation Review 37, 40, 251

Practitioner-Level Examinations and Certificates 221

proaktives Problem Management 33, 34, 251

Problem Controller 35

Problem Coordinator 35

Problem Handling Staff 35

Problem Management 25, 31, 33, 34, 37, 40, 43, 52, 55, 61, 63, 64, 74, 91, 173, 211, 224, 226, 253

Process Designer 92, 95, 96, 105

Process Executive 29, 70, 93, 153, 168, 171, 185, 186, 197, 251

Process Manager 28, 29, 70, 91, 93, 95, 105, 106, 119, 138, 149, 150, 153, 164, 168, 171, 176, 183, 185, 186, 194, 197, 198, 200

Process Owner 28, 29, 96, 106, 150, 164, 168, 188, 194, 195, 200

Procurement Management 98

Profit Center 251

Project Management Institute 87, 98

Projektauftrag 88, 111, 133

Projektdefinition 88, 99, 113, 132

Projektgesellschaft 89

Projektleiter 15, 13, 89, 92, 93, 94, 96, 101, 105, 134, 152, 250

Projektmanagement 11, 13, 87, 98, 110, 112, 186

Projektmanager-Vereinbarung 88, 113

Projektphasen 88, 104

Projektzielerreichung 110, 111, 112

Projektzielerreichungsindikatoren 103, 110, 112, 113, 252

Provider 251

Prozessaudit 192

Prozessbeschreibung 104, 106, 143, 151, 152, 157, 161, 162, 163, 164, 165, 239

Prozess-Cluster 91, 94

Prozessdarstellungsarten 158

Prozessdokumentation 29, 91, 98, 105,
111, 132, 143, 149, 150, 151, 155,
162, 163, 164, 166, 171, 176, 180,
191, 192, 260

Prozesseinführung 69, 74, 95, 116, 170,
188

Prozessfehlkosten 16, 128

Prozess-Governance 194

Prozesskarte 165, 260

Prozesskosten 16, 17, 19

Prozesslücken 179, 180, 183, 186, 188,
192

Prozessmodell 20, 23, 65, 67, 151, 156,
157, 231, 232, 237, 242

Prozessmodellierung 149, 152, 156, 160,
235, 241

Prozessprojekt 70, 81, 87, 98, 102, 125,
127, 129, 146, 176

Prozessqualität 128, 155, 180, 191, 193,
194, 199, 200, 205, 213, 237, 254

Prozessreifegrad 16, 66, 80, 82, 84, 85,
111, 202

Prozessrollen 28, 111, 182, 185

Prozessstabilitätskennzahl 110, 112, 202,
252

Prozesssteckbrief 106, 171

Prozess-Workshop 181, 189, 196, 197,
198, 260

PSK 110, 112

Qualifizierte Meilensteine 101, 103, 104,
105, 106, 107, 108, 113, 152, 178,
252, 260

Qualitätsmanagement 92, 96, 98, 101,
103, 150, 216, 218, 220, 247, 254

Quality Management 98, 101, 186, 207,
215, 216, 220, 254

Quickwin 77, 252

RADAR-Bewertungsmethodik 219

Readiness Check 104, 105, 152, 252

Regelbetrieb 11, 16, 62, 75, 77, 80, 82,
84, 85, 86, 91, 119, 127, 143, 146,
153, 161, 168, 170, 171, 175, 178,
182, 185, 187, 189, 191, 193

Regelorganisation 16, 83, 84, 90, 91, 93,
99, 102, 105, 112, 113, 127, 151, 175,
176, 177, 181, 184, 187, 189, 192,
246, 252

Reifegrad 17, 29, 73, 80, 91, 110, 111,
112, 128, 136, 137, 143, 151, 164,
169, 185, 208, 219, 220, 252

Reifegradanalyse 142

Reifegradbestimmung 134, 137, 141

Release Controller 41

Release Management 25, 37, 39, 42, 43,
53, 64, 75, 91, 173, 224, 226, 250, 253

Reliability 54, 252

Reporting 46, 47, 53, 55, 140, 170, 176,
192, 193, 194, 224, 252

Request for Change 31, 36, 171, 252

RfC 31, 33, 34, 36, 37, 38, 40, 41, 46,
52, 165, 166, 173, 209, 226, 252

Risk Management 98, 102, 153

Rollen am Prozess 28, 164, 196

Rollen im Prozess 20, 27, 28, 29, 32, 35, 38, 41, 43, 47, 49, 53, 56, 58, 62, 66, 91, 164, 171, 181, 194, 196, 197

Rollenbeschreibungen 65, 66, 88, 169

Rollout 29, 40, 41, 75, 253

Sarbanes-Oxley Act 221, 228

Schnittstellenmatrix 172, 173, 260

Schnittstellen-Workshop 152, 172

Schulungskonzept 95, 181, 182

Schulungsunterlagen 151, 164, 166, 176, 185, 191, 192

Scope Management 98, 99

Security Management 25, 27, 35, 37, 43, 47, 60, 61, 173, 224, 228, 249

Security Manager 62

Security Officer 62

Service Delivery 25, 26, 27, 31, 42, 43, 45, 48, 51, 54, 57, 63, 73, 87, 112, 148, 221, 231, 237, 249, 253

Service Desk 25, 27, 30, 31, 32, 46, 64, 170, 199, 237, 248, 253

Service Level Agreement 37, 45, 51, 253

Service Level Controller 47

Service Level Management 25, 31, 37, 45, 46, 49, 53, 55, 58, 61, 173, 211, 224, 227, 230, 253

Service Request 248

Service Support 25, 26, 27, 30, 33, 36, 39, 42, 43, 63, 73, 87, 112, 148, 221, 231, 237, 249, 253

Serviceability 54

Service-Katalog 45, 52, 253

Single Process Approach 70, 73, 74, 76, 81, 82, 85, 86, 146, 253

Six Sigma 207, 208, 213, 214, 220, 254, 256

SLA 37, 44, 45, 46, 47, 47, 50, 52, 56, 57, 58, 60, 61, 136, 200, 204, 250, 251, 253, 260

SOX 170, 221, 228, 230

SPICE 110, 111, 131, 134, 135, 136, 199, 208, 220, 252, 254

Stablinienprojektorganisation 89

Stakeholder 98, 134, 163, 209, 254

Swing-Phase 127, 186, 191, 193, 198, 205, 208

SWOT-Analyse 75, 254

Szenarioentscheid 146

Teilprojektleiter 91, 92, 94, 95

The Business Perspective 26, 249

Time Management 98, 99

TQM 207, 208, 215, 216, 254

UC 45, 46, 47, 56, 254

Underpinning Contract 45, 254

Unternehmenskultur 120, 122, 260

User 15, 56, 199, 241, 245, 249, 250, 254

Verfügbarkeit 32, 46, 52, 54, 55, 56, 60, 81, 91, 133, 140, 146, 147, 151, 153, 155, 177, 231, 233, 245, 251

Vorgehensmodell 13, 23

Vorgehensweise 13, 29, 70, 73, 74, 75, 77, 78, 79, 80, 81, 83, 86, 97, 104, 131, 132, 133, 134, 149, 151, 154,

173, 175, 177, 185, 191, 207, 216,
231, 239, 260

Wartbarkeit 54, 250

Wertschöpfungskettendiagramm 158

Workarounds 31, 33, 34, 35, 40, 226

Workflow 41, 170, 212, 239, 241

Der Fisch ist geputzt.